收录法国蓝带厨艺学院大厨们的经典技艺

法国蓝带
烘焙宝典 上册

LE CORDON BLEU

［法］ 法国蓝带厨艺学院 著

许学勤 译

中国轻工业出版社

图书在版编目（CIP）数据

法国蓝带烘焙宝典. 上册 / 法国蓝带厨艺学院著；
许学勤译. —北京：中国轻工业出版社，2023.2
  ISBN 978-7-5184-1114-6

  Ⅰ. ①法… Ⅱ. ①法… ②许… Ⅲ. ①烘焙—糕点加
工 Ⅳ. ①TS213.2

中国版本图书馆CIP数据核字（2016）第223706号

The Chefs of Le Cordon Bleu

Le Cordon Bleu's Patisserie & Baking Foundations, 2012

EISBN: 978-1-4390-5713-1

责任编辑：马　妍　　　　责任终审：劳国强　　封面设计：王超男
版式设计：印象·迪赛　　责任校对：晋　洁　责任监印：张　可

出版发行：中国轻工业出版社（北京东长安街6号，邮编：100740）
印　　刷：鸿博昊天科技有限公司
经　　销：各地新华书店
版　　次：2023年2月第1版第5次印刷
开　　本：889×1194　1/16　印张：18.75
字　　数：200千字
书　　号：ISBN 978-7-5184-1114-6　定价：138.00元
著作权合同登记　图字：01-2014-3490
邮购电话：010-65241695
发行电话：010-85119835　传真：85113293
网　　址：http://www.chlip.com.cn
Email：club@chlip.com.cn
如发现图书残缺请与我社邮购联系调换
250085S1C106ZYW

前　言

　　我很自豪地介绍蓝带烹饪基础教科书——《法国蓝带烘焙宝典》。本书旨在为您进入糕点世界提供有用参考，也为您本人以业余或专业方式从事这方面的工作提供帮助。乍一看，你可能会觉得这又是一本"烹饪教科书"，但仔细阅读你会发现，本书的重点是讲解烘焙技术。这点对于法式糕点特别重要，掌握了基础技术和配方，就等于掌握了制作任何（包括创新）糕点的必要元素。

　　本书的操作步骤照片，可为大部分基本技巧学习提供视觉帮助。我们了解到，世界各地许多学生和毕业生，都在寻找介绍已有三百多年历史并受世人推崇的法式糕点和烘焙的基本技术书。尽管人类聪明才智的发展在糕点房也得到了体现，但技艺都基本保持不变。过去几个世纪，糕点师们经历了用灰烬、柴炉直到感应炉和"抗扒炉"进行烹饪的变化。这些进步无疑影响着糕点的演变，但糕点配方是经验性的，有的保留了下来，也有的得到了改进。

　　本书对这些技术史和知识重新进行了整理和拓展。在此，你会发现整个法国糕点史中出现的各种配方，并可了解经典技术在这些配方中的应用。同时，由于烘焙已在国际范围内流行起来，书中也介绍了其他国家或地区的糕点和面包配方，例如可颂面包和巧克力泡芙。从整体上来观察这些国际美食，你会在其中发现法国经典技术的影子。

最后，我们必须向坚持不懈、致力于将烹饪热情代代相传的几代厨师们致敬。从曾在炽热火焰前转动烤叉当过学徒的纪尧姆·塔耶勒（Guillaume Tirel），到用现代技术重新定义美食的艾伯·亚德里亚（Alber Adria）——都是厨艺传承厨师的代表。

一个多世纪以来，蓝带厨艺学院通过重要的厨师教学活动，传授着这门技艺。自从蓝带厨艺学院1895年在巴黎诞生以来，来自世界各地的学生，加入到我们所推崇的法国烹饪事业中。不管你是为亲人还是为客户烹饪，重要的不是配方，而是在厨房中的操作。

我非常高兴地看到，本书和其他形式的媒体，使我们的"教室"超过了国际学院和网络教学范围。《法国蓝带烘焙宝典》一书，不仅具有指导和参考作用，而且也有助于激发灵感，希望你们能喜欢上这本书。

法国蓝带厨艺学院院长

Andr J. Cointreau

致　谢

巴黎蓝带厨艺学院，伦敦蓝带厨艺学院，渥太华蓝带厨艺学院，马德里蓝带厨艺学院，阿姆斯特丹蓝带厨艺学院，日本蓝带厨艺学院，蓝带厨艺学院股份有限公司，澳大利亚蓝带厨艺学院，秘鲁蓝带厨艺学院，韩国蓝带厨艺学院，利班蓝带厨艺学院，墨西哥蓝带厨艺学院，泰国蓝带厨艺学院，马来西亚蓝带厨艺学院，新西兰蓝带厨艺学院，亚特兰大蓝带烹饪艺术学院，奥斯汀蓝带烹饪艺术学院，波士顿蓝带烹饪艺术学院，芝加哥蓝带烹饪艺术学院，达拉斯蓝带烹饪艺术学院，拉斯维加斯蓝带烹饪艺术学院，洛杉矶蓝带烹饪艺术学院，迈阿密蓝带烹饪艺术学院，明尼阿波利斯／圣保罗蓝带烹饪艺术学院，奥兰多蓝带烹饪艺术学院，波特兰蓝带烹饪艺术学院，萨克拉门托蓝带烹饪艺术学院，圣路易斯蓝带烹饪艺术学院，加州烹饪学院，斯科茨代尔蓝带烹饪艺术学院，以及西雅图蓝带烹饪艺术学院。

特别感谢：帕特里克·马丁大厨，让·雅克·东享大厨，克里斯蒂安·福尔大厨，财政部，赫维·夏伯特大厨，西里尔·内奥特大厨，让-马克·巴克大厨，凯瑟琳·肖，凯丽·卡特，查尔斯·格雷戈里，亚当·莱姆以及凯西·麦金太尔。学生助理：莉莲·卡多萨，金敏君，萨乌桑·艾哈迈德-阿里，卡珊德拉·彼得罗保罗，阿斯玛·阿罗特曼，莎莎·扬，以及保拉·格雷科。

目 录

第 一 章　*Chapter one*

法国糕点史

引言

糕点制作的奥秘令历代厨师畏惧。能熟练地加这加那，轻易做成咸味菜肴的人们，常常会因做蛋糕需要精确量取配料而忙得满头大汗。人们通常认为，糕点制作既需要有科学家的严谨态度，又需要有艺术家的创造性，并且其中有一定的奥秘。糕点制作的核心是四种基本配料的结合——面粉、黄油、鸡蛋和糖。它们是制成各式糕点的基础。

因此，除了这四样配料和你所喜欢的配方以外，还需要有信心，并要对确保成功的技术加以理解。理解并最终通过实践掌握这些技术，有助于让你懂得何时用蜂蜜如何替代糖，以使蛋糕做得较为柔和湿润，使得蛋白霜轻如空气，并可使烘焙产品无论在潮湿还是干燥条件下都能发起来。

历史

直到20世纪后期，年轻厨师仍然由师父培训。他们既是教师，同时也将其厨艺经验和热情传授给徒弟。如今，这种传艺方式虽然仍会在厨房中进行，但准备以厨艺和糕点艺术为职业者，更普遍地会选择烹饪学校进修。"烹饪学校"名称并不恰当，因为人们进入这类学校并非为了学会烹饪，而是因为会烹饪！烹饪学校帮助人们提高技艺，使其有机会接触专业场合，而最为主要的是烹饪学校可以使人了解烹饪史，从而可以了解各种厨艺的起源。

用甜味强化水果的做法要追溯到人类最早从花朵和水果中发现糖蜜的时代。早期的糕点制作和现在不一样，当时只是简单地制作烹饪面团，而且大多是咸味制品。当时不像今天，将甜味和咸味分得十分清楚。

最早对几种面包进行的描述出现在公元前3000年的埃及墓穴壁上。一些人认为这些面包最初是用香料强化麦粉糊在余烬中烧制而成的。炉灶出现以前，烹饪首先在明火中进行，而后出现了炉缸。利用这种炉缸，早期面包师学会了通过拨弄余烬控制烹饪过程，并且知道还可通过调整食品与火源的距离来控制这种过程。

早期的饼是面粉、蜂蜜和乳（或油）的混合物。蜂蜜是古代最常用的甜味剂。古埃及人发明养殖蜜蜂，他们在公元前2600年左右就已大量生产蜂蜜。古埃及人将蜂蜜作为神明贡品用于宗教仪式，并且也将其作为有价商品进行交易。到了古希腊和古罗马时代，养蜂成了一种主要产业，而蜂蜜也以不同形式得到广泛使用，使其从宗教仪式的贡品变成糕点面包的甜味剂。早期的糕点师也使用香料、干果、蛋和新鲜奶酪，以改进产品风味和质地。

烹饪和糕点制作齐头并进的过程，使人类开始意识到吃饭不只是为身体提供食物，而且也能得到满足的愉悦。古希腊面包师和厨师是社会地位很高的成员。罗马人将焙烤看得十分重要，首先于公元前168年建立了面包师同业公会。此公会中的面包师受到高度尊敬和赞赏，并且是唯一以自由人，而不是以奴隶身份存在的古罗马商人。这种职业受到十分严格的管理，面包师及其徒弟不得离开此同业公会。他们不得观看露天剧场表演，因为人们认为普通人会对面包师产生污染。这反映了西方文明已经将焙烤场所确立为专门场所，这一古代传统一直保持到了中世纪。

拉姆塞三世时代的焙烤，引自牛津百科全书的古埃及描述

　　古罗马人拥有世界上最早的"烹饪书"。公元1世纪在罗马以盛宴、奢侈口味和无节制嗜好闻名的美食家马库斯·加维乌斯·阿皮克乌斯（Marcus Gavius Apicius）的名字，成了著名烹饪书*Apicius*的书名。据说，他因豪华生活而耗尽所有财富后，选择了一种自我醉酒无约束的生活方式。虽然食品历史学家曾经对该书中提到的异国情调配料（如火烈鸟和夜莺舌头）感到惊奇，但它也包括了许多广泛实用的制备方法。书中包括果馅饼、蜂蜜小面包和布丁配方，使用的是在地中海地区可获得的配料。

　　糕点（pâtisserie）术语首先出现在中世纪。糕点一词原意只是面团（面糊）制备物。现代糕点师的始祖是祭品制作师，他们负责制作正规的教堂祭品——奥布里。该词源于希腊词"obelia"，意为祭品。这些祭品制作师为教堂制备奥布里（一种利用两块铁板夹制而成的华夫饼），后来在节日和庆典时也销售（添加风味的）奥布里。到了1270年，糕点师名称出现在了工人名册中，当时正式承认的工人名称有上百种。

　　到了1351年，对糕点制作已有严格管理。面团不得保持一天以上，在果馅饼中使用酸牛乳或发霉干酪会受到严厉惩罚。查理九世最后将祭品制作师和糕点师归在一类进行管理，而面包师则分开管理。

　　当时的祭品师和糕点师在教会和王权的帮助下，成了祭品制备的垄断者，因为这种祭品对于宗教庆典很重要。尽管这些祭品通常由神职人员消费，但这

文字发现于西班牙阿伦纳岩洞，距今有6000~10000年的岩画复制品

些节日也为普通百姓提供了食用这些祭品的机会。

修道院经常参与各种集市交易，也从事农业生产，以便自我生存，提供收入。在这种交易中，许多修道院养殖蜜蜂提供蜂蜡和蜂蜜。利用蜂蜜精制的产品对于普通消费者来说是奢侈品。利用蜂蜜制作的面包为神职人员使用，这样，糕点开始在教会控制下发展。

这一时期也出现了香料面包，并且在传统蜂蜜面包的基础上，出现了茴香面包。最终，这些面包受到了从平民百姓到贵族社会各阶层的欢迎。

利用蜂蜜和果汁制成的果酱，因早期十字军从中东带回的甘蔗而得到发展。到了1350年，意大利人已开始在西西里岛种植甘蔗。然而，当时法国的蔗糖大多控制在药剂师手中。由于稀少和昂贵，糖主要作为药品使用。事实上，糖在当时相当珍贵，因而短语"价值蔗糖的"比"价值千金的"更先出现。

塔耶旺（Taillevent）所著名为《肉食》（Le Viandier）的第一本法国食谱在这一时期出版。正如书名所示，该书主要介绍肉类制备，但它也包括了一些糕点的制备方法，特别是至今仍在消费的最古老制备物之一的葛根奶冻。然而，虽然葛根奶冻如今被认为是一种甜点，但在《肉食》中，塔耶旺提供的食谱却是用鱼、鸡肉和杏仁葛根冻奶制备的食物。

16世纪法国油酥点心仍然以咸味为主，然后出现了果子奶油蛋糕和面食之类的甜味产品。出现于这一时期的"dessert"一词原指一餐中最后一道菜（desserte）。这道菜肴以后再提供干酪、果酱、糕点、水果和糖果。后面出现的这些无名菜，常被称为"desserte"后点心（service après dessert），因此，最后简称为甜食（dessert）。

16世纪法国糕点品种相当少，质量也相当差，主要原因是甜味仅靠蜂蜜提供。姜饼继续在法国盛行，但当时意大利和瑞士的糕点发展较快，当地可得到较多蔗糖。

以上情形在1555年法国亨利二世与凯瑟琳·德·梅迪奇（Catherine de Médici）结婚以后发生了变化。凯瑟琳·德·梅迪奇将她的厨师、糕点师及冰淇淋制作师（当然还有叉子和高跟鞋）也带到了法国。她嫁到法国时，意大利已有200多年甘蔗种植历史。结果，法国人的饮食受到了意大利食品的影响。

纪尧姆·塔耶勒（公元1310—1395年），更多人称其为塔耶旺，常常被认为是《肉食》的作者，但事实上他喜欢收集编辑早于其诞生之前100年的"食谱"，并将其后的食谱也加入到其中。该书原主题是肉的烹调，但它也包括了一些其他食谱，例如糕点的制作，当然当时的糕点主要是咸味的，而不是甜味的。塔耶旺的果子奶油蛋糕有咸味的，也有甜味的，由面皮加肉或干果制成，并在外面加有糖粉。

冰淇淋制作器，引自乌尔班·迪布瓦的《当今厨艺》

当然，16世纪已经在法国出现了杏仁泥饼、皇冠杏仁派、奶油蛋卷、杏仁奶油饼、玉米糕、酥皮饼、手指蛋糕、造型糕点、糖片剂、霜糕点和软果糕点、木瓜糕、牛轧糖，以及冰淇淋和沙冰。这些糕点多数由凯瑟琳·德·梅迪奇带来的佛罗伦萨厨师引入。

整个17世纪，法国的糕点制作在意大利人的影响下得到了发展，如今所称的法国厨艺开始形成。某些这一年代出现的传统制作方式至今仍受欢迎，其中包括可颂面包、玛德琳蛋糕、果仁甜面包（由阿尔萨斯引入的奥地利式面包）、尚蒂伊奶油、糕点奶油、焦糖布丁、奶油泡芙类糕点、马卡龙、修颂苹果派（瓦瑞纳地区）、小杏仁蛋糕，以及巧克力。

泡芙面团

原来称为（以凯瑟琳·德·梅迪奇的糕点师命名的）蓬塔雷利面团，用于制作一种称为蓬塔雷利的蛋糕，从而将制作蛋糕的面团称为蓬塔雷利面团。这种蛋糕的配方发生过变化，并且由安东尼·卡勒姆早期的师傅琼·埃维斯完善。卡勒姆利用这种面团制作泡芙（意为卷心菜），这种配方如今仍在使用。卡勒姆出于对其师傅的尊重，总是将埃维斯称为泡芙糕点的祖师爷。

最初的玛德琳蛋糕模具。引自于迪布瓦的《厨艺学校》

食谱的出现

　　全欧洲早期的食谱书出现在16世纪中叶，其中有一本为诺查丹玛斯（Nostradamus）所著。然而，这类早期食谱均较长、复杂，且较含糊。第一本真正的食谱书是1651年出版的《法兰西菜谱》（*Le Cuisinier FranCois*）。弗朗索瓦·皮埃尔·拉·瓦雷纳（Francois Pierre La Varenne）（1618—1678）是玛丽·德·梅迪奇（Marie de Medicis）和克塞勒公爵的厨师长，在1651年出版了这本《法兰西菜谱》，这是他的第一本书。他与尼克拉斯·博纳丰（Nicolas Bonnefons）和弗朗索瓦·玛西阿劳（Francois Massialot）一道打破已在法国流行的意大利传统，促进各种天然风味配料应用，其努力方向是不再主要依靠香料。随后出版的《法兰西糕点》（*Le Patissier Francois*）似乎属于最早一批将烹饪与糕点制作区别开来的书。

法国名厨，弗朗索瓦·皮埃尔·拉·瓦雷纳（Francois Pierre La Varenne）（1618—1678）。引自法国国立博物馆联盟／纽约艺术资源公司

1691年，弗朗索瓦·玛西阿劳（1660-1733）又推出了他另一本书——《王室和贵族新厨师》（*Le Nouveau Cuisinier Royal et Bourgeois*）。应用"王室"一词是因为该书中某些食谱是为王室准备的。人们可以发现，该书的第一道食谱是焦糖布丁（Crème brulée）。玛西阿劳的书以词典形式将配方和配料根据字母顺序排列。正如该时代所有烹饪书一样，一些食谱并不完整，并非全部定量，有些也缺少明确说明。

1746年，梅侬（Menon）发表了《贵族菜谱》（*La Cuisiniere Bourgeoise*）。梅侬是笔名，其真实姓名至今未知。然而，这是一本专为女士写的书（因为"cuisiniere"是阴性名词）。梅侬在该书中将食谱简化为可在家庭使用的书。这些书均早于安东尼·卡勒姆的《法国菜艺术大全》（*L· Art de la Cuisine Francaise*）（1832—1833），这一时期的法国烹饪完全不同于意大利风格，已经树立起独特的法式菜风格。当时出现了许多供专业厨师和家用的烹饪书，以上介绍的仅是其中的有代表性的几本。一般，每本烹饪书中均会包括糕点制作内容。然而，这类书通常介绍的是咸味糕点。

这一时期许多烹饪书突出的一点是生命周期都很长，许多书多次出版所跨越的时间超过了书作者的寿命。《法兰西菜谱》在75年间出版了30次。

这一时期出版的烹饪书大多是家用烹饪书，这种情形直到1867年，朱勒·古菲（安东尼·卡勒姆的一位受保护者）的《烹饪》（*Le Livre de Cuisine*）出现才发生变化，该书既介绍家常菜做法，也介绍大餐做法。古菲在他的引言中写道：

至今大多数烹饪书均无多大用处，因为它们都是他人食谱的翻版，并且总是相同的食谱，这些食谱常常含糊不清或出现错误，原因是这些书所引用的食谱本身就有错误。这类书中的定量或烹饪时间不精确，因此对于烹饪完全没有帮助，这种书对于有烹饪经验或无烹饪经验的人、对于普通百姓或专业人员都是无用的。要问我能否在这方面有所改进？我只能说我的书在某些方面有别于至今所见的其他烹饪书。

如瓦雷纳一样，古菲出版《烹饪》后也出版了《糕点》。

安东尼·卡勒姆曾经被其贫困的父母遗弃街头，但后来成了名厨。他将烹饪称为"厨房建筑"，认为食品应被当作艺术品对待，应在餐桌上得到客人赞赏。这种如今称为法式服务的不足是，当食物准备好供餐时已经冷了。而且，

安东尼·卡勒姆（1832—1833）。引自《法国菜艺术大全》

所有食物同时出现在大餐桌上，使得客人只能食用就近的菜肴。当时使食物沿桌子转动被认为是粗鲁之举。

皮埃尔·拉康（1836—1902）。引自皮埃尔·拉康所著《糕点的历史和地理回忆》

菲力克斯·乌尔班·迪布瓦（Felix Urbain Dubois）（1818—1901）是一位热食运动推动者。他写了大量关于使用俄国供餐方式（按顺序将食物分发给每位客人的做法）的文章，以此改变欧洲人的用餐方式。1856年，他出版了两卷本《经典厨艺》（La Cuisine Classique）。他随后也出版了一本关于糕点的书。

如果说奥古斯特·埃斯科菲耶是法国烹饪之父的话，那么，法国糕点之父又是谁呢？虽然第一本糕点书好像是瓦雷纳（La Varenne）所著的《法国糕点》（Le Patissier Frangcois），但据我们所知，首次正式编写法国糕点内容书的是皮埃尔·拉康（Pierre Lacam）（1836—1902）所著的《糕点的历史和地理回忆》（Le Mémorial Historique et Géographique de la Patisserie）。

拉康生于1836年，其厨艺生涯始于1850年。1865年，他出版了第一本有关甜食制作的《新式甜味糕点》（Le Nouveau Patissier-Glacier）。然后在1895年，他开始转入出版巨著《糕点的历史和地理回忆》。第一版编辑了1600种糕点、冰淇淋和果酱食谱。到了他离世的1902年，该书内容已经惊人地扩展到3000种食谱。如果安东尼·卡勒姆被认为是首位出众的厨师，那么，皮埃尔·拉康可以被认为是首位企业家厨师。他不仅出版自己的书，而且也销售自产的糕点皱皮类工具，还销售拨糖丝工具——这些工具均因出现于其书中，因而得到促销。除出版书以外，他还自己编辑杂志《法国和国外烹饪》（Cuisine Francaise et Etrangère）。

奥古斯特·埃斯科菲耶（August Escoffier）（1846—1935）是《烹饪指南》（Le Guide de Culinaire）的作者。虽然他常被认为是法国名厨，但他对始于百年前的瓦雷纳（Le Varenne）行动作出了贡献。他与西莎·里兹（César Ritz）的合作关系最为闻名，他的军队经历促使其创立了经典厨师团队。

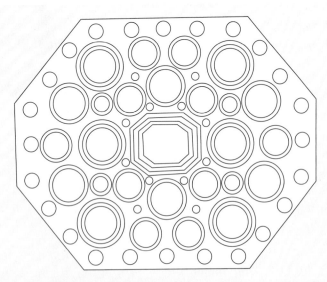

20~25位客人的餐桌布置。置于外围的小圆表示客人所用的盘子。引自安东尼·卡勒姆（1832—1833）的《法国菜艺术大全》

正如他在《糕点的历史和地理回忆》一书引言中所述：

我们不得不承认本世纪有关糕点的书确实稀少。也许总共只有三本。伟大的卡勒姆1810年左右出版的《巴黎王室糕点师》（*Le Patissier royal parisien*）引起了轰动。当时所有糕点师均想得到一册该书，但价格贵得令许多人望而却步。卡勒姆在1833年去世时仍未见到它的书出版。厨师泼勒梅罕（Plummeret）完成了这一事业。人们长期以来一直在谈论这件事：这本书中的食谱与当今的食谱有什么不同！无馅料、无果仁糖、无意大利酥皮、无摩卡奶油、无栗子泥。

本书书名用了"历史回忆"，是因为干我们这一行记忆非常重要，许多年轻人离开糕点行业就是因为没有掌握成为一名糕点师所应掌握的内容；而书名用了"地理"一词，是因为我要将读者引入糕点工作及创新涉及的方方面面，即使是城市和省份也总有值得一提的内容。因此，我会通过介绍烹饪界名人（包括卡勒姆大师），来说明如何才能对糕点职业产生兴趣。

这本书的特殊历史意义在于它重点介绍了经营一家企业的日常事务。拉康讨论了500克面粉食谱可赢利多少。他既重点介绍糕点史发展中有贡献的人物，也为人们介绍无名糕点师。最为重要的是，他有意写糕点进展史，以及他认为糕点可发展的方向。他对法国不同区域糕点的特点描述得十分详细，为读者当了一回品尝法国各地美食的向导。

最后，他认为所有厨师都应学些糕点制作技术。朱勒·古菲（Jules Gouffé）在《糕点》（*Le Livre de Patisserie*）一书中也有这种观点。

亨利·保罗·贝拉帕特（Henri–Paul Pellaprat）（1869—1950）是一位徒弟众多的厨师，其出版物也很有名。他出版了《现代烹饪艺术》（*L'Art Culinaire Moderne*）以后，还出了一本名为《实用糕点技术》（*La Patisserie Pratique*）的糕点制作书。他在该书前言中声明要填补现有烹饪技术资料的空白。当时缺少一本既适用于专业厨师也适用于家庭主妇的书。当时为数不多的糕点书针对的是专业人员，不容易理解，并且只有简单解释。他的目的是出一本不需专门设备就可在家庭厨房方便实现的食谱书，该书也可作为厨师糕点制作操作备忘录。他在介绍该书组织结构时，将基本面团称为面食之母——母亲面团。

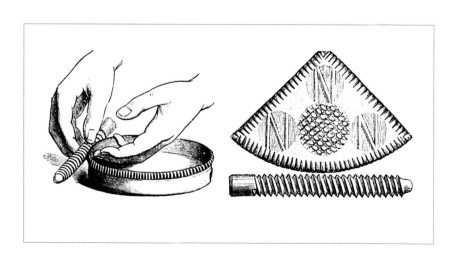

一种用于面团收边的拉康面食工具。引自皮埃尔·拉康的《糕点的历史和地理回忆》

在谈到糕点进展时，拉康说不出真实感受是什么。与烹饪相比，糕点进展受到技术进展很大影响。比较一下柴炉与现代对流炉，就可以想象到当时制作蛋白酥饼或海绵蛋糕该有多难了。感应作用可使糕点房保持加热水平，而速冻机可加速生产，并使生产发生革命性的变化。

搅拌器、微波炉、冰淇淋机、压模机，甚至明胶片，均降低了糕点师的劳动强度，并简化了他们的工作。结果，糕点制作变得较为多余，但总的来说，搅打蛋白、搅拌比例，以及面团制作仍然保持不变。虽然技术进步节省了糕点师的制作时间，但在需要较快完成操作的场合，人们并未感觉有什么空闲时间。

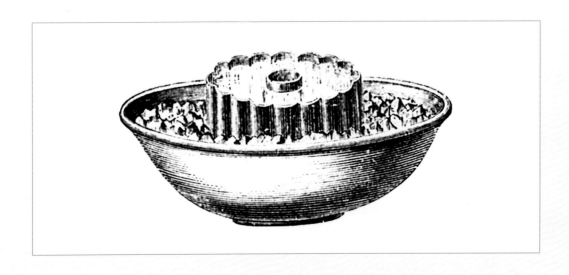

机械制冷出现之前置于冰中的果冻。引自于乌尔班·迪布瓦（Urbain Dubois）的《烹饪学校》（*Ecole des Cuisinieres*）

当代法式糕点

人们可以从过去两个世纪的烹饪书中看出烹饪技术的进展及消费者口味的变化。这些书最早只有供厨师阅读的，后来出现了家庭烹饪书，最后出现了家庭和专业人士都可阅读的烹饪书。烹饪书有不同主题，有的介绍法国食谱，有的介绍外国食谱，还有的介绍著名烹饪大师的食谱。世界性事件对烹饪也有影响——战争、入侵、饥饿，以及多文化结合，都对食品、烹饪和厨师角色的演变产生着很大影响。

然而，最大的变化出现在最近几十年间，这种变化始于20世纪70年代出现的新厨艺。由于技术进步，推出名厨的媒体也发生了变化。厨师的熟练技术和知识对于制作巧克力甜饼和纸托蛋糕来说显得多余。进入21世纪，分子料理的流行，将科学引入厨房烹饪中。无论烹饪方式或技术多新、多独特，有一点可以肯定，总有一些介绍这些新技术的书马上出现。

蓝带厨艺学院的《法国蓝带烘焙宝典》

本书的目的是利用传统糕点师食谱向读者介绍法式糕点经典技术。由于设备改进和口味变化，这些技术和食谱也已发生变化。这些技术的产生均受到过同时代审美观、新配料引入以及时代的影响。然而，这些技术仍然相当有用，读者一旦掌握这些技术，便可获得创造性技巧。本书既包括基础面包制作技术，也包括一些国际化食谱。虽然这些食谱可能源于英国、美国或世界其他地区，但它们都已经被纳入糕点和甜食领域。人们可在保持某一成熟食谱特色的前提下，根据具体环境或市场，有选择地应用这些技术。

第 二 章 *Chapter two*

西饼屋
职业与生活

烹饪是为数不多的融生意与乐趣于一体的职业。千万记住，厨房工作既繁重、时间又长。这种职业生涯的动力来自对于食品和烹饪的热情。

厨房工作很辛苦，但随着21世纪到来，由于技术和社会变化，厨师生活也发生了很大变化。特别是如今炊事人员工作时数只有奥古斯特·埃斯科菲耶年代工作时间的一半，并且工艺方面也发生了许多变化。例如，如今的厨房空调和轻质工装都使工作环境得到改善。笨重的铜制或铸铁炊具已经被较轻、较耐用的不锈钢和铝制器具所替代。对流加热烤箱和电磁炉已使厨房变得较温和舒适。商业蒸汽锅之类的现代机械，可使人们同时进行大批量制备作业，从而可以轻松地生产大量产品。由于各类新事物的出现，如今的厨师已经不再像从前那样要进行繁重的劳作。

然而，对厨师的创造性要求始终很高，因此厨师需要不断地跟上食品发展趋势。例如，20世纪60年代后期和70年代前期，全球范围的厨师开始经历了一场所谓新式法菜烹饪变化。厨师在该如何制备食品方面发生了观念变化。新式法菜烹饪的倡导者提倡避免使用油腻食品，采用最新鲜的高品质配料制备较清淡、较简单的食品，改变了传统厨艺面貌。

进入20世纪80年代，这项运动出现了一些名厨。当时，在饭店用餐已经成为一种社交活动。这些名厨利用媒体，通过电视及流行餐厅指南，推销其餐厅。这种高调举措意味着这类厨师可以开创自己的餐厅。厨师，而不是餐厅，首次成了明星。

20世纪80年代新式法菜烹饪运动在商业上取得成功，引来了一些不太熟练的模仿者利用这项运动进行牟利。这些非专业厨师将小份额复杂设计概念推到了极端程度，他们为劣质饭菜开出天价。这种现象使得新式法菜烹饪运动开始走下坡路，从而使得用传统方式制备的经典法式食谱重新流行。传统法菜通常在小酒馆、啤酒店和专门餐厅提供家常菜。尽管新式法菜烹饪不再盛行，但它注重新鲜配料、高度程式化上菜方式，以及重视供餐质量而不是数量的做法，得到了当今烹饪的继承。

这类厨房某些业主通过开设不同概念和形式的连锁餐厅，最终扩大了生意。过去，厨师几乎完全依靠外部投资。如今的厨师自己也能投资，但如果想要取得好回报，将事业做得更大，仍然会依靠投资者。

要成为得到同行、老板和经理认可和尊重的厨师，先要掌握如何烹饪，但要取得成功，还得掌握一些其他职业技术。厨师必须是多面手，并且为了带领、鼓动和管理雇员，还必须能够在专业知识和性格方面保持平衡。他们必须具有餐厅社交能力，要能够以文明方式机智地与客人沟通，并能始终幽默地介绍厨艺。为了既能完成生意经济指标，又具有开创性的新意，厨师必须能与经理和业主共事。此外，厨师要能经常自豪地展现专业能力，并积极介绍工作单位，以便在行业内保持地位。

尽管技术进展已使烹饪进入新的高度，但基础培训基本上没有改变。与其他艺术一样，熟练的烹饪技术需要通过实践取得，而对于厨房工作来说，这种技术熟练体现在操作速度上。成功的厨师都会通过工作或正规培训，向更有经验的厨师取经或学习。长期以来，烹饪技术和知识一直通过传承方式代代相传。这可使成熟厨师有朝一日成为其他新手、年轻烹饪人才的导师和师父。随着经验积累和年纪增长，厨师自然成为教师，传授其知识和艺术。厨师将自己在职业生涯中培养和完善的厨艺奥秘传给下一代。他们会在世界各地不同餐馆交流工作经历。这种教学活动、传统传授和经历分享是无价之宝。其价值对于个人来说是独特的，只能终身积累。这些技术、专业和情感是无价的，难以从经历有限者身上学到。有经验的厨师都知道，创造性来源于不同文化、不同生活方式和不同思维方式。具有这种工作和生活背景的厨师可以不断成长发展。

烹饪活动要求有纪律性、常识、组织性、创造性、积极性、热爱分享，而最为主要的是，要有真诚的职业热情。

食品是人类生存的基本要素，但其内涵远不至于此。食品与滋味、香气、质地和记忆有关。食品会给人带来感觉，可以唤起人们生理或情感反应。许多人喜欢高品质食品就是这个原因。包括从简单家常菜到优雅美食不同层次高质量烹饪食品都可得到人们欣赏。厨师的莫大荣幸是能够从食客脸上见到对其精制食物真实满意的笑容。

纪律和厨房团队

奥古斯特·埃斯科菲耶将其战时经历引入厨房，使各种规则正规化。他从军队经历得到灵感，建立了一种至今仍在全球大小厨房实行的等级制度。由于烹饪节目和名厨的流行，甚至来餐馆投资者也能认出大多数这种等级名称。

埃斯科菲耶是现代法国烹饪书《烹饪指南》（*Le guide Culinaire*）的作者，该书基于几代厨师的经历和知识写成。埃斯科菲耶的等级制度称为团队（brigade），规定了厨房各种成员和职能，包括从厨师【根据厨师所戴帽子（gros bonnet）高度可与其他人员区分开来】到洗碗工。他还将这种制度应用于餐厅，根据年龄和经验规定不同角色的称呼和职责，包括从餐厅经理到餐馆勤杂工。

如今的厨房与埃斯科菲耶时代相比，由于技术创新和员工薪水较高，规模已经缩小。法国五星级饭店通常仍然配备传统厨房团队，诸如Lenotre、Dalloyau和Fauchon等顶级餐饮企业也还保留这种团队。

从9世纪末到20世纪初这段时期，厨师帽子高度代表了厨房团队成员的角色和职责，最高的帽子由主厨戴。决定厨房团队成员地位的不是年龄，而是技术能力、专业知识，以及领导和管理能力。因此，有个性（不要与气质混淆）的厨师尽管技术上与别人相当或者甚至不如别人，但仍然具有更多机会率先取得厨师职称，而其他人由于态度和行为（无耐性、体罚等）方面原因而没能得到顾客和经理尊重。

如今，学徒和年轻厨师不再需要工作特别长的时间，不会遇到艰苦工作条件，也不会像过去那样受到虐待。由于社会和政府管理已经注意到对工人权利的尊重，因此，厨师工作成了当今年轻人喜欢的职业。在埃斯科菲耶年代，甚至更早年代，十二三岁的少年小学毕业后就开始在厨房当学徒。自20世纪70年代起，根据法国法律，年轻人可以从十六岁开始当学徒。如果中学毕业得较早，也可以从十五岁开始当学徒。这种开始当学徒年龄的延迟，可使年轻人在智力和文化方面得到成熟，可使未来的厨师不仅能够通过手艺，而且也能用文字更好地自我表达。

埃斯科菲耶年代，在烹饪学校流行以前，教学厨师不像工作厨师那样得到高度尊重。通过比较可以发现，埃斯科菲耶和贝拉帕特（Pellaprat）是同代法国烹饪界的名人。尽管他们间存在不同的一面，但他们却经常合作。两人都是多产作者，都受到过类似培训，并取得类似技艺。然而，埃斯科菲耶在同行和媒体中更出名，原因是他曾经在伦敦萨瓦（Savoy）饭店厨房和巴黎的里兹（Ritz）饭店厨房工作过。而贝拉帕特则在巴黎蓝带厨艺学校（Le Cordon Bleu）从事过26年教学工作。

如今的厨师教练受到高度尊重，因为他们除了传授理论知识以外，还为学生提供实践机会，而这种实践机会以往只在饭店或餐馆厨房才有。因此，如今的年轻厨师可在烹饪或处理过程中要求解释产品发生的过程。过去，年轻厨师从来不敢要求年长厨师对这种过程进行解释。详细询问技术解释会被认为不礼貌，这样做会被看成对师父的权威性有疑问。进入20世纪后，烹饪艺术仍然通过口头传授，而没有解释。这可在没有疑问的情况下自动地使一些食

法国学徒制行会

法国学徒制行会是一种存在于若干传统行业的协会统称，它起源于中世纪法国兴建大教堂和城堡时期。行会的学徒大意是指会员要经过3~10年学徒期，在此期间，会员学徒要与同行业师傅一起工作，师傅通过口授、交流和游历等方式将技艺传授给徒弟。

这种组织在法国始于1347年，经过几个世纪，这种组织已经发展到整个欧洲。最初，泥瓦匠、木匠及其他手工艺者是仅有的几个以组织形式存在的群体。如今，众多行业也引入这类体制，其中包括厨师和理发师。每个行会分别代表不同行业，但它们采用相同概念、价值、精神和职业态度。行会是一所生活学堂，它包括一般文化和哲学教育，也包括行为艺术，它描述荣誉准则，这种准则可促进工作和生活中的诚信和自律。

典型现代家庭是双亲均有工作的家庭，生活内容大致包括按时工作、用餐、娱乐和休息。然而，如今的会员生活与过去一样，生活在一起，鼓励传统家庭价值和习惯。这种做法可为每位年轻学徒提供独特的职业和个人生活，可使他们成为整体中的一员。他们的住所称为卡宴（cayenne），照料这一住所的人称为"妈妈（la mère）"。妈妈是住所的家长，她向学徒逐渐灌输严格的道德观，家庭成员必须接受这种道德观。学徒必须在任何场合遵循这种道德准则，即便离开这个家庭也是如此。像所有母亲一样，妈妈也是学徒遇到问题或情绪低落时可依赖的支柱。总之，妈妈是家庭的核心，她的照料可以使学徒安心，也将智慧带给学徒。

出师以后，学徒必须创造一件作品，以展示从师父处学到的技艺。如果作品得到接受，则该学徒便可被接受成为会员，并被授予一个反映学徒来源地区的名字。成为会员后便可进入相应行业，但要作为师父带领下一代徒弟。传统上，只有男子可成为学徒，并进入行会，但近来妇女也已经可以参加行会。

1902年德尔模尼科在纽约的厨房团队。引自纽约市博物馆

谱代代相传，但缺乏任何深入的技艺了解。

厨房观念另一进展表现在接受妇女和女生进入厨房。直到最近，厨房仍然被看成是男人的领地。具有讽刺意味的是，除了入侵和战争因素以外，法国厨艺起源于法国母亲，她们在法国不同地区菜肴和烹饪文化的建立过程中起着重要作用。布拉齐耶妈妈（La Mere Brazier）和布朗妈妈（La Mere Blanc）等是同时代法国杰出女名厨，并得到其男同行尊重。她们反过来又培养出了保罗·博古斯（Paul Bocuse）、米歇尔·盖哈（Michel Guerard）和乔治·布朗（Georges Blanc）等厨师，这三人均由于其出色技能而获得米其林三星级称号。这些女性如其男性同行一样，在烹饪方面起着重要作用。她们的创造性、展示技能，以及细腻手感弥补了男性同行的不足。

烹饪方面的进展还得感谢全球不同民族厨师的贡献。不同民族的厨师有着各自文化经历，他们使其他地方的厨师有机会接触新产品，也有机会接触可以用来创造新美食的配料。如今，全球范围的厨艺仍在不断发展。这种厨艺发展新时代，不仅使厨师们可在全球范围展示技能和厨艺，而且也可成为像运

二战以后，对上学不感兴趣的少年由教育当局安排进入餐饮行业。父母们会欣然接受这种安排，因为他们经历过战争造成的配给供应、饥饿和贫困，相信餐馆职业会确保其孩子和家庭不再挨饿。这是经过战争和战后带来的创伤、饥饿和极度艰难经历所引起的典型反映。

在巴黎蓝带国际厨艺学院从事教学的帕特里克·泰里安（Patrick Terrien）厨师。引自蓝带国际厨艺学院

动员、音乐家、演员和艺术家一样代表地区或国家的交流使者。由国际厨师混合成厨房团队的最好例子，可在豪华游轮中发现，这种游轮由于规模较大，保持着传统厨房团队。对船上厨房团队进行管理，对于任何厨师来说都不是一件容易办到的事，原因是船的空间有限，并且要在此环境下制备大量食物。在这种游轮上工作的厨师来自不同国家，讲着不同语言，并且受过训练的程度也不同。尽管如此，他们还得以协调方式一起工作和烹饪。在游轮厨房团队工作经历的有益原因如下：

可以接触不同文化和民族。

船上有每日变化的菜单，并且需要多次供餐，包括早餐、午餐、午后点心、晚餐和宵夜，需要24小时服务，而且还有客房服务。

能够登岸，访问不同港口，并发现不同文化。

通过在工作案板上共事，可以确保做出最高品质的食物，并且不同类型食品服务方面可以相互帮助。

在整个合同期内（3~6个月，具体时间取决于与游轮的协议），要在船上（无论是厨房还是生活间）有限空间过集体生活。

在同一航线工作几个合同期后，有可能获得一份薪水与职能相符的终身职位。

几年前，45岁或50岁以前的人不可能获得厨师头衔，也不可能担当与此称呼相符的职能。成为厨师被认为已经到了职业生涯终点，具体时间与个人专业成就有关。20世纪七八十年代，许多烹饪界工作人员从不期望能取得厨师职称。他们的最高职称可能保持在副厨师水平。许多其他人员会自傲地以领班名誉结束职业生涯。缺乏教育往往使他们的技艺不能在厨房团队出众，也不能得到发展。有些具有冒险精神和幸运的厨师，会从有名的厨房出来，在附近开一家小酒店或小饭店，并在当地取得声望，从而过上舒适生活。

如今，由于有了公共教育系统，也有了烹饪学校，有抱负的厨师与前辈相比，会在学校学习更长时间。他们可能会学习另一种语言，学习使用计算机和其他技术，并接受更多理论，包括卫生方面的课程。

这种教育经历会使学生缺乏实践，而这种实践是掌握技巧（速度、肌肉记忆）所必需的。年轻厨师与前辈相比，在烹饪训练方面操作较少。没有基础，缺少对基本原理和烹饪艺术的背景了解，年轻厨师的创新和创造性，以及成长都会受到限制。如今，烹饪者成为厨师的年龄比以前低。许多没有受过适当培训的人，只会复制著名餐馆或著名厨师的食谱——这与他们祖先的美食毫无关系。为了成为名厨，必须掌握基本原理，操练技术，并对食品知识发生兴趣。

成长中的厨师也可参加继续教育，并通过参加竞赛提高厨艺水平。厨艺竞赛是对青年专业人员或厨师以及行业协会提出的挑战，不仅可以提高他们的知识和技能，而且也可激励他们的进取心。

不同竞赛的重要性大小取决于奖金多少。在法国，法国最佳匠人赛（Meilleur Ouvrier de France）和博古斯赛（Bocuse d'Or）是最著名的国际厨艺大赛。获得这种称号或奖金的厨师（获得一项或两项全取得），会被认为不仅是非常能干的厨师，而且也会在行业受到高度尊重，会受到世界不同国家厨房的承认。媒体会对获奖者进行比其同行更多的报道，就像在体育方面取得世界冠军一样。

为了参加比赛，选手必须胆大，并且必须清楚取得成功的要领。选手还必须根据以往成败经历进行准备。竞赛给人应用新技术、新产品的机会，有些参赛者甚至未曾了解过这些新技术、新产品。参赛是一项可使选手在等级厨师和其他餐馆职位中取得适当位置的活动。

蓝带国际厨艺学院

1913年马德里皇宫酒店的厨房团队。引自让-保罗·布莱特里（Jean-Paul Blettery）

厨房团队

我们通过观察现代厨房各种职位来介绍始于埃斯科菲耶团队的厨房组织。

带＊（星号）的头衔表示埃斯科菲耶时代还没有这种头衔，是当今厨房团队设置的新功能职位。

企业行政总厨＊

随着国际旅游业发展，密集的连锁酒店、度假区和饭店快速增加。企业行政总厨起着参谋作用，但其最为重要的任务是对多家单位进行指导，以进行质量控制。企业行政总厨通过观察现场摆设，对厨房成员及其技术成果进行评估，并且鼓励厨师参加继续教育。

继续教育是当今企业保持长期成功应当考虑的重要方面。一项继续教育计划中，单位要选送有积极性和诚实的雇员到顶级厨房实习，或者参加短期的专门培训班，从而使雇员有机会完善或学习新技能，这种技能有助于他们自己厨房的发展。

行政总厨要对厨师的技术能力和态度进行测试，以决定他们的天资是否符合操作需要。企业行政总厨还要负责起草用于其所负责供餐的各条渠道的菜单。

这种职位要由熟悉专业的人担任，要具有相当丰富（技术和人员管理方面的）的经历，要愿意经常出差，并且要对财务运行和厨艺方面加以指导。

总厨 *

总厨这一头衔较新，埃斯科菲耶年代不设这一职位。你会发现，这一称呼北美用得较多，而欧洲用得较少。饭店已经成为大企业，要求在大型厨房工作的厨师具有相当强的经营和管理能力。大型饭店厨房总厨会经常参加经营会议，要与人力资源部门打交道，并要计算和节减开支。

如今，除了处理特殊事件、推出新菜单、进行竞赛培训或准备促销以外，平时在厨房不大会见到总厨。总厨已成为管理和组织者，要向董事或经理汇报财务。总厨还经常被要求提出经营建议，这需要懂得营销和扩大销售所需的公共关系。杜卡斯（Ducasse）、博古斯（Bocuse）和埃斯科菲耶都是营销人才。

过去，只从烹饪、准备食谱和领导厨房团队方面来判断厨师的能力。在埃斯科菲耶年代，不同层次和专业的厨师能够通过顾客、厨师或同事介绍而在不同厨房之间流动。厨房的声誉取决于其团队的档次或特点。如今，人们可以通过考试取得总厨职称。总厨角色已经扩展到对所有与厨房相关的成员进行管理，包括制作面点、巧克力、糖果和冰淇淋的成员，还包括面包师和屠夫，甚至还包括保养和清洁工。

主厨

主厨负责厨房的全面管理：指导成员、推出菜单和新食谱、与饭店经理共事、购买原料食品、设置菜单和控制成本、培训成员，以及保持制备食物的环境卫生。根据厨房规模，主厨要负责雇用员工、监督工作计划，以及建立沟通体系。主厨要能够调动雇员积极性，并且也要能够参与营销和公关。

在埃斯科菲耶年代，主厨是最高级别的厨师，这一职称仍在欧洲使用。在北美，以下称呼可互用：总厨（Executive chef）、厨师（chef）、主厨（chef de cuisine）和厨师长（head chef）。

传统上，不管厨房是酒店的一部分还是独立单位，主厨要负责带领团队专注于餐厅厨房工作。酒店（法式、意式、西班牙式、混合式等）专业餐厅的主厨同时也是相应餐厅的经理。

在欧洲，餐厅大小按就餐座位计，平均可供80~100人就餐，这一规模比英语国家餐厅大。这类餐厅中的主厨要负责宴会、非现场就餐或酒店的小门店。

在传统厨房团队中，主厨是餐厅员工和厨师之间的交点，也是顾客和厨房团队的交点。主厨要负责采购及确定员工薪水事务，并具有与厨房营运相关的管理决策权。主厨担任许多角色，这些角色在当今厨房已经分开，如人力资源——直接与团队接触，以便对其进行领导并为其提供必要人事变动，以维持厨房声誉。

过去几年间，餐厅声誉可从导游带队回头率或受到推荐程度观察，而这与主厨水平有很大关系。因此，对于媒体记者来说主厨是厨房的窗户，对厨房通过杂志、报纸和电视进行宣传的成败起着关键作用。

某些厨师也对其餐区员工（无论是女服务员还是餐厅主管）进行菜单方面的培训，因为厨房的成功要依靠厨房与餐厅前台的合作。在这种合作精神指导下，男主管（maitre d'zhotel）将成品菜看推荐给顾客。每次服务，从男主管到碗碟收拾工，对厨房及其主厨的工作都必须完全信任。这种赞赏诚意一方面可以确保销售旺盛，另一方面也可给客人营造积极愉快的氛围，有利于客人用餐。

副厨

副厨直接从主厨处接受厨房管理指令，并在主厨不在时替代其工作。在小厨房中，副厨往往由资格最老或经验最丰富的领班厨师（chef de partie）担任。

大型厨房会设若干副厨等级，通常分为三级。这种组织方式通常可在大酒店见到，这类酒店通常有几个餐厅，或者会有大量宴会或饮食服务。一等副厨通常直接与行政总厨接触，二等或三等副厨在一等副厨（有时甚至是主厨）休假或临时不在时替代其工作。

原则上，副厨在厨房团队中被认为是一种"徒劳无益"的角色，因为他（或她）要在厨工与主厨之间起着中间服务作用，并且，如果主厨不在，还要在厨工与管理部门之间起中间服务作用。副厨经常要接受人事管理方面的培训，这种培训有助于其日后成为主厨。

总之，副厨的责任是确保厨房正常运作。在多数大型厨房团队中，副厨并不规定由哪一具体职位厨师担任；但较小厨房团队的副厨往往由调味料厨师（chef saucier）担任。

跑单员

跑单员这一角色曾经起着前台与厨房间桥梁作用。跑单员出现在服务期间，负责将订菜单传递到厨房，指导预备好的菜肴服务，并确保菜肴用餐布罩上和供餐的菜肴正确无误。在现代厨房中，这种曾经由跑单员完成的任务，如今常由厨房主厨或副厨完成，也可由餐厅方面的男主管来完成。

某些厨房团队中的跑单员由一位无任何专门级别的厨师担任，但他应当懂得维持服务顺序，以及确保订菜单精确，同时还要确保所用的盘子符合主厨的标准。

领班

领班负责管理厨房某一工段。每一工段专门应用某些具体技术，并制备某些专门菜肴和食谱。在较小工段工作的厨师通常称为半领班（demi-chef de partie）。根据厨房团队规模，也有帮厨和学徒，还有（内部）实习生（stagiares）。

早期的领班可以在厨房团队内建立起声誉，当取得足够高声望时，如果其他饭店有更具吸引力的位置招人，则主厨可将领班推荐给新雇主，并继续发展技艺。这一厨房职位可与医生相比：经过培训成为多面手，学习基本原理，根据能力及兴趣，可选择某一具体方面专门化。

如今仍然在使用的专业领班有：调味料厨师（saucier）、冷盘厨师（garde manger）、蔬菜厨师（entremetier）、鱼厨师（poissonier）及烤肉厨师（rotisseur），在某方面起独特专门作用。下面对上述及其他厨房职位进行介绍。

调味料厨师

调味料厨师制备高汤和酱料、全肉菜肴，在小餐馆中，还负责鱼菜肴和炒菜。这在厨房团队中是最受尊重的职位之一。

调味料厨师也经常是厨房团队中的烤肉厨师（见后面）。在传统厨房团队中，调味料厨师非常重要，因为调味料厨师要负责制备所有调味原汁、还原调味汁及各种成品调味汁，成品调味汁供餐以前要置于双层蒸锅保温。通常在每次供餐以前，主厨或副厨要察看调味料工段，品尝所有调味汁，以确保其风味和所用作料正确无误。如果主厨或副厨情绪不好，常常会对调味汁不满，从而调味料厨师会被迫重新制备各种调味汁。

如今，调味料厨师必须准备各种高汤（现代厨房中很少使用调味原汁），因为调味汁经常要及时通过融化或勾兑方式制成。勾兑调味汁要在最后制备，因为它们通常还要加入稀奶油或黄油。

替班厨师

大型厨房有一组替班厨师，他们在厨房各工段工作，在领班厨师缺席或休假期间替代其工作。替班厨师通常由经历非常丰富的厨师担任，因为他（或她）必须能够随时替代任何工段的厨师。在厨房团队中，这种厨师的知识和厨艺非常受尊重，因为并不是所有厨师都能够像替班厨师那样掌握所有工段的技能。

对于希望提高技艺和速度的年轻厨师来说，这是一个理想职位（尽管这是一个难以获得的职位），因为这一职位可使其通过在厨房各工段工作而取得全能经历。

冷盘厨师

传统上，冷盘厨师负责维护高汤和准备烹饪配料，例如清洗、切鱼片、切肉片，并将它们配送到其他工段。冷盘厨师还要负责维护冷藏菜，要制备所有冷盘，如冷盆、沙拉、冷酱料、花色肉冻，以及大型宴会所需的其他展示食品。

无论厨房团队是大是小，冷盘厨师是其中最重要的职位之一。冷盘厨师不执行任何烹饪操作，但必须提供各工段完成客人供餐所需的元素，如肉、禽，某些厨房团队中，还要负责提供鱼。

在某些传统饭馆中，冷盘厨师的任务还包括制备热糕点和冷糕点。在小单位中，冷盘厨师也要负责订购各种配料——新鲜的、冷冻的和干货。

切肉厨师

切肉厨师负责处理和准备肉、禽，有时也准备鱼。这一厨师可能还要负责用面包屑裹肉或鱼配料，也可能还要完成熟肉销售任务。

切肉厨师的角色是准备所有蛋白质食品，并将它们送给冷盘厨师，由后者根据顾客订单进行配送。一般，切肉厨师要准备各种肉食，如小牛肉、羔羊肉、牛肉、禽肉，以及狩猎季节的野味。如果厨房配备熟肉厨师，则切肉厨师不用准备任何猪肉。

熟肉厨师

熟肉厨师在厨房专门准备各种猪肉制品。这类制品包括沙锅肉（patés）、皮夹沙锅肉（patés en croute）、罐装猪肉条（rillettes）、火腿及香肠。熟肉厨师要负责长周期制备过程，要准备不同的腌卤和腌泡汁。熟肉厨师向冷盘厨师提供顾客或宴会食用的咸肉。

烤肉厨师

烤肉厨师负责管理烤制、煎制和炸制烹饪的厨师小组。在大型厨房中，烤肉厨师要指导烧烤厨师（grillardin）和油炸厨师（friturier）。在较小厨房中，这三种任务全由烤肉厨师完成。厨房中的烤肉厨师起着非常特殊的作用，被认为是一个有威望的职位。法国美食家让·布里亚-萨伐仑曾经说过："生在烤肉师之家，自然成为厨师"。

使用木材、焦炭、电或燃气炉的现代厨房出现以前，已经存在置于巨大炉床的烤肉架。这一时代的烤肉厨师是厨房的师傅，因为他们指导和从事所有烹饪。这一角色使他们不仅能够烹饪肉禽，而且也能生产卤汁、高汤和酱汁。

如今，烤肉厨师在厨房团队中仍然是受人尊重的职位，因为烹饪烤肉时需要精准操作。烤肉厨师不仅必须掌握烹饪烤肉的技术，而且也要学会收汁（烤煮肉禽用的卤汁），并且要掌握供餐以前肉禽所需的适当预备时间。

烧烤厨师

烧烤厨师制备烧烤食品。在较大厨房中，该职位在烤肉厨师手下。烧烤厨师也制备各种热乳化酱汁，如荷兰酱和鸡蛋黄油调味汁，也制备用于烧烤肉的混合黄油。

某些专门提供鱼制品的饭店或大型厨房的烧烤厨师必须能利用（使用木材、焦炭、燃气或电的）大烧架进行烹饪。

许多人认为烧烤是一种简单烹饪方法，但实际上并非如此。烧烤厨师要根据待烹饪食品进行精准操作。配料或蛋白质原料的制备或处理要先用卤汁处理，这类卤汁必须与待烧烤的鱼、禽或肉相适应。

根据待烹饪的蛋白质原料厚度和大小，有必要用烤架烙产品（用烧红烤架烙出交叉形状），为防止产品发干或烤焦，要涂上油基腌泡汁，最后放入炉子进行烹饪。

煎炸厨师

煎炸厨师制备油炸食品。在较大厨房，该职位在烧肉厨师手下。除了以供应油炸食品为特色的饭店以外，煎炸厨师角色由烧烤厨师担任。

油炸适用于蔬菜、鱼、禽，以及炸丸子或多菲纳式奶油酪土豆之类组合食品，但煎炸厨师在厨房团队中不是一个固定职位。

鱼厨师

鱼厨师是厨房中重要角色之一，其工作常常涉及若干其他关键区域。鱼厨师负责烹饪所有鱼、贝类和其他海产品，包括热食和冷盘用鱼。

鱼厨师也制备底料、卤汁，及与鱼相配的热黄油和组合黄油。鱼厨师也制备熏鱼、装饰品及荷兰酱。在较小厨房中，这些任务由调味料厨师完成，而鱼厨师则可能被要求制备各类汤（蔬菜浓汤、奶油酱、白色调味汁等），在较大厨房团队中，这些汤通常由蔬菜厨师领班（见下一节）制备。

蔬菜厨师领班

蔬菜厨师领班负责制备汤、蔬菜或蛋类菜肴，及其他与肉或鱼无关的菜肴。在较大厨房中，蔬菜厨师手下还有专门煮汤和烹饪蔬菜的厨师。在较小厨房中，蔬菜厨师要完成所有这三项任务。

蔬菜厨师的角色，如鱼厨师一样，要求特别高，并且难于把握。在此工段，通常根据要求进行烹饪，例如，蔬菜可以要求蒸煮，也可以要求炒制。鸡蛋始终根据要求烹饪。蔬菜厨师也负责制备法式清汤、花色肉冻、奶油酱和白色调味汁，及其他各种烧烤厨师或调味料厨师使用的装饰品（车削蔬菜、朝鲜蓟基部等）。只有鱼厨师是自己制备其菜肴用点缀物。其他工段厨师完成负责的供餐菜肴后常常会帮助蔬菜厨师。

汤类厨师

汤类厨师制备各种汤，在较大厨房中，该厨师的上司是蔬菜厨师领班。这一角色在当今厨房中很少见到，但在大型皇室中可能还存在。

蔬菜厨师

蔬菜厨师制备蔬菜菜肴，在较大厨房中，这一职位由蔬菜厨师领班管辖。如汤类厨师一样，如今的厨房很少见到蔬菜厨师。

厨工

厨工在专门工段工作，直接受相应工段领班厨师管辖，并负责照料相应工段各种用具。

帮厨（second commis）通常由刚从中学或二三年制饭店学徒班毕业的学徒担任。根据帮厨在所在工段的工作经历，可以升为厨工。这种职位升迁可能会提高一些工资待遇。

厨工负责完成领班厨师指定的各种任务。这些任务通常是副领班厨师或领班厨师不愿做的一些事——但属于学徒制分内事务。

学徒

直到20世纪末，包括烹饪在内的许多行业一直沿袭着学徒制这一悠久传统。年轻人通常从十几岁开始进入厨房当学徒，他们在厨房各工段工作，接受厨房厨师和其他有经验成员的指导。如今，他们是在学校接受理论和实践培训的学生，并在专业厨房接受工作培训。他们从事一些预备性或清洗类工作。

从严格厨房或学校出来的学徒，可以带着工具和基础知识进入餐饮业，在酒店或饭店厨房的任何工段工作。这些学徒通过勤恳工作取得经验。在法国，法国最佳匠人赛激励着年轻厨师展开竞争。

对于学徒来说，真正的挑战是各种传统厨艺基础和基本功的学习和实践。当今许多饭店中，学徒在厨师指导下学习如何制备、烹饪和展示。也就是说在此期间，学徒在学习和制备由师傅创立的食谱时，某些人并不真正知道要用到些什么技巧。如果他们缺乏这方面的训练，则当他们进入另一家厨房时，就难以认识、掌握和应用正确的技术。在大型厨房团队中，学徒要用三年时间轮流经过不同工段，掌握各种技巧后才可以晋升为厨工。

洗碗工

洗碗工清洗各种碟子和餐具，并被安排一些基本准备性任务。

锅盘清洗工

在大型厨房中，锅和盘由专门的锅盘清洗工清洗，而不由洗碗工清洗。这一称呼不再使用。

伙食师傅

伙食师傅是专门为饭店职员制备食用饭菜的厨师。这一角色常由有经验的厨工担任，也可由新近上任的厨师领班担任。

实习生

实习生通常是想在专业厨房取得经历的新近毕业的学生。在主厨指导下，实习生从事各种准备性（布置）事务。不像学徒期，实习阶段的长短和内容没有正式规定。

厨房男孩

在较大厨房中，厨房男孩从事协助其他厨房人员的准备性和辅助性工作。这一职位如今已不存在。

糕点部

在大型酒店和餐饮公司，糕点厨房常与烹饪厨房分开。这主要是为了提高效率和操作卫生，而不是其他什么原因。大多数糕点工作需要冷环境，有些国家对此有严格的卫生法规要求。

过去的大型酒店通常配备有一支由12~35名糕点师组成的糕点厨师队伍，具体人数取决于单位的标准和规模。这种糕点师队伍类似于厨房团队。首席糕点师如主厨一样，负责领导这一团队，但最终要接受主厨管辖。

目前这种糕点部的规模变得小多了，主要是为了降低成本，许多经典糕点部将一些工段合并到了一起。因此，现代糕点师对糕点和焙烤各方面都要精通。在较小厨房中，冷盘厨师可能会与糕点师共用操作场所，因为这通常是厨房中唯一凉快的区域。

在欧洲，糕点与面包仍然分开制作。这种分离随糕点制作的出现（见第一章解释）而出现，因为面包师所需工作环境和专门技能与糕点师要求不同。

也有独立于较大酒店、饭店或餐饮厨房的糕点和面包店。虽然它们的焦点是生产糕点和面包，而不是装盘甜食，但在等级、功能和技术方面非常相同。存在于糕点房的各种职能角色如下所示：

面点厨师长		总糕点师		
副糕点师		初级面点师		
资深副糕点师	糕点师领班	一级初级面点师		
糕点师	糕点师副领班	二级初级面点师	学徒	实习生
初级糕点师		三级初级面点师		

糕点部门

像厨房一样，不同糕点部门完成各种专门任务。以下是一些可在大型酒店或餐饮公司见到的部门。如今，人们常常会发现，某些联合部门是合在一起的，特别是在一些较小的饭店厨房中，有些糕点任务甚至由冷盘厨师完成。这些较小的厨房空间有限，烹饪厨师必要时还得从外面订购糕点。

糕点师

大型厨房中的糕点师曾负责生产各种海绵蛋糕和干蛋糕，例如，杰诺瓦士

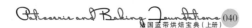
蛋糕、手指蛋糕、花结酥皮和杏仁蛋糕。他们也生产各种形式的果馅、奶油馅和其他甜味面食产品。

如今，糕点师制备甜食和其他餐后甜品。在较小厨房中，糕点师也制备面包和其他焙烤制品。他们还可能要为烹饪厨房制备面糊和咸味面团。

甜食制造部

甜食师（confiseur）制备各种花色小甜点、加干果或新鲜水果的糖果、蜜饯、果仁糖、牛轧糖、糖花可塑体及装饰糖件。

巧克力部

巧克力部通常在空调房中加工巧克力。巧克力师傅制作松露巧克力糖和棒糖、展示片及特殊物件，用于宴会或专门场合。巧克力工作被认为是糕点部的专门化工作。

冷饮部

冷饮部生产各种类型的冰淇淋及其他冷冻制品。冷饮部可能也负责制作冰雕品。

面包房

面包房负责制作各种面包和某些面包糕点制品，例如奶酥、牛角面包、面团和甜面团。

甜点部

过去，较大饭店的甜点部负责准备展示件和特殊蛋糕。如今，人们会发现这个部门用于大型超市或商业焙烤部，这些场所大量生产花色蛋糕和面点，并且要求成品均匀一致。

富尼耶

这一称呼要追溯到烧柴炉年代。富尼耶要负责炉子起火并维持全天炉火。旧时大型面点房或面包房可能要指定专人担任富尼耶。他（或她）要负责焙烤产品，并维持烤炉的温度。

卫生和清洁

面点或甜食的品质取决于外观、气味和滋味三者的综合效果。然而，诱人的佳肴还应当始终考虑一些不显眼的要素，包括佳肴的营养品质，并且还要注意制备过程的清洁卫生。厨师应当始终注意过程的卫生情况。具有包括注意清洁卫生在内的职业道德最终对厨师有益，能使人相信他（或她）的厨房是可靠和安全的。

厨房中的厨师不仅要维持饭菜的质量，而且还必须确保所有为饭店客人制备和烹饪的食物，都是在高度专业化洁净的厨房制备的，并且厨房员工都要有良好的卫生习惯。这种严格的要求久而久之可以培养成工作习惯。

根据法国名厨安东尼·卡勒姆（Antonin Careme）的著作，厨师的工作服起以下几方面作用：

◎ 白色夹克衫给客人一种干净厨房的印象。

◎ 双排扣设计可使厨师通过换边方式呈现干净外表，并且双层对于热物品和外溅物有防护作用。

◎ 格子裤可遮掩污渍。虽然"袋状裤"形式在北美非常流行，但存在安全风险，因为其松散的织物容易被钩住，或着火。

◎ 厨师的围裙要足够长，要能够遮住膝盖，并且结打在前面，并将围裙带上部翻下。这种长围裙可防止热溅物烫腿，而将结打在前面可在着火时迅速脱下围裙。

◎ 厨师的托克帽可以防止头发掉入食品中。在卡勒姆年代，托克帽的高度是厨房厨师地位的标志。有人说他戴过一顶18英寸高的托克帽。另外，传统厨师托克帽上的活褶据说代表其能制备鸡蛋方式的数量。如今，厨师的托克帽用一次性材料制作，并且具有吸附性。帽顶开口可使热量散发，因此可以防止厨师过热。

◎ 厨师的围脖或围巾可以吸汗，并可通过毛细作用排除颈部热量，有助于防止在热厨房中工作的厨师过热。

◎ 厨师穿的鞋要完全遮住脚，以防热溅物烫脚，也可防止偶尔掉下的刀伤脚。鞋底应当防滑。如今，有些厨师穿的是铁头鞋，这种鞋有更好的防护作用。

◎ 厨师的毛巾扣在围裙带上，用于操作热锅热盘。不应用它来擦湿手，因为湿毛巾传热快，用来操作热物品时容易烫手。

传统厨师工作服。引自安东尼·卡勒姆所著的 *Le maitre d'hotel Francais* 第二卷。

个人卫生与仪表

在商业化厨房中，应当始终遵循以下卫生措施：

◎ 每班应当穿戴完整和干净的工作服。

◎ 取掉所有珠宝，或将其妥善置于工作服内。耳环、项链、手表和戒指具有安全风险，容易卷入机器。

◎ 根据需要尽量经常更换夹克衫、围裙和毛巾。

◎ 毛巾只用来操作热锅热盘。

◎ 确保头发得到充分包封，大部分头发要塞入托克帽、便帽或发罩中，也要将胡须封罩起来。

◎ 每次操作前后都要在指定洗槽洗手。不要用毛巾擦湿手，而应当用纸巾擦，以免交叉污染。

◎ 指甲要剪短并保持清洁。

◎ 穿安全鞋。网球鞋或跑鞋有安全风险，因为它们不防滑，也不能充分保证避免泼洒的热汤或掉落的刀伤脚。

◎ 不要将工作服穿到工作场所外，否则容易将空气中的细菌带入厨房。

安全和卫生工作习惯

为保持工作场所安全干净，应当遵循以下工作习惯：

◎ 保持工作场所完全干净，确保不留下不使用的工具。

◎ 将易腐食品冷藏。

◎ 单独存放边角余料。

◎ 果蔬在使用前仔细清洗。

◎ 不在砧板上进行果蔬去皮操作。

◎ 砧板用后仔细清洗或者更换，以避免交叉污染。

◎ 及时将边角料、果蔬皮及垃圾倒入指定带盖容器。

◎ 根据保质期和包装日期确保产品新鲜。

◎ 倒掉或拒绝使用任何有问题物品。

◎ 每次使用后将工具洗净擦干。

◎ 每天检查冰箱是否正常工作。

◎ 不将货物置于地坪上，而应置于适当的贮存容器中。

◎ 系统地取走包装物并扔掉，或进行更换。

◎ 将制备好的物品贮存于适当的容器，而不要贮存在烹饪器具或用餐盘子里。

◎ 不要将带沙土的蔬菜放置在上层搁板。

◎ 尽量缩短物品在冷藏箱中的存放天数。

◎ 按照先进先出原则存放货物。

◎ 确保冷藏间空气适当循环。

◎ 贮存食品前确保其状况正常并得到适当覆盖。

◎ 任何食品在24小时内如果得不到迅速冷却，应倒掉。

◎ 门市布置要将同类物品放在一起（如乳品、新鲜水果、蔬菜），并确保温度正确。

◎ 易腐物料在使用以前一直置于冷藏环境。

◎ 不要在室温下对冷冻物品进行解冻。

厨刀　　　　　　　　切片刀　　　　　　　小雕刻刀　　　　　　　锯刀

磨刀锉棒　　　　　　　剪刀　　　　　　　　凿沟器

行业工具

厨师的刀具和炊具类似于医生的器具。虽然新厨艺学生趋于购买见到的各种新刀或小器具，然而，一套优良的基础刀具可满足厨房中几乎所有用刀场合的需要。

厨刀　不可或缺的工具，厨刀有各种长度，从15到30厘米不等。标准厨刀长25厘米，它的重量和长度适合切割物品，并用来方便地剁切物品。

切片刀　刀片长而薄，这种刀可用于切薄片，也可用于切长条面团。

小雕刻刀　这是一类可防止割手的小刀，有不同形状和长度。它们可以用来削皮、修边和雕刻。这种小片刀也可用来切割小装饰物，并可用来检查蛋糕和蒸蛋的煮熟程度。

锯刀　这种刀上的齿可用于切割面团和海绵蛋糕之类的精致物。这种刀也称面点刀、杰诺瓦士刀，一般刀片较长，便于蛋糕切层。

磨刀锉棒　常被误称为"磨刀棒"，此工具用于维护刀口。备餐前后使用，或者至少应当在备餐过程中使用。

抹刀、铲刀　面点厨师的基本工具，抹刀是一把长金属铲，用于转移物品，或用于涂抹或使物料表面光滑。铲刀的刀片装在一个柄上，可让使用者接触小角落。铲刀有多种长短规格，小的10厘米，大的可达35厘米，宽度也有不同规格。

打蛋器　打蛋器是面点房另一基本用具，用于搅打奶油和蛋清。打蛋器的钢丝用于捕捉空气。打蛋器有不同大小。球形打蛋器专门用于鸡蛋清和稀奶油的搅打。

蔬菜削皮刀　专门用于蔬菜水果去皮。优良节俭型去皮刀会产生清晰切口，可使果肉表面光滑，很少带走果肉。带尖头的去皮刀可用来去除表面瑕疵和茎梗。

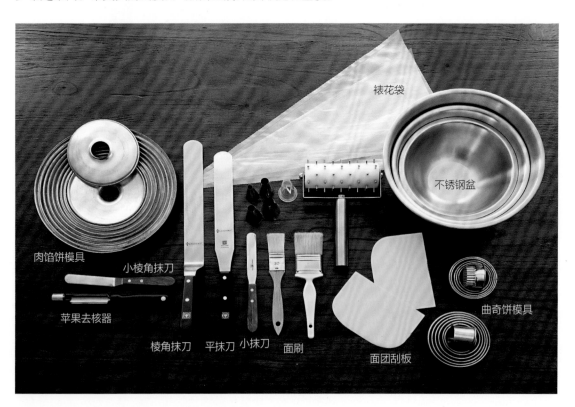

厨用剪刀　耐用型剪刀可用于裁剪蛋糕纸板和羊皮纸。要选择便于清洗的可拆开型的剪刀，并且刀口要锋利。

凿沟器　这一工具用于使果蔬（如柠檬和黄瓜）产生点缀性瓦楞状。

苹果去核器　此工具可快速挖去苹果和梨子中心部位的果核。

面团刮板　最初用动物角制成，这种塑料工具一边平另一边呈弧形，可用于刮除工作面上的颗粒，切分面团，或用于将碗或盆中的面糊刮出。

工作台刮刀　类似于面团刮刀，工作台刮刀用金属制成。它的刀口平整，用于清理工作台面，也可用于切割面团。

面刷　这种刷子以整齐方式刷除容器内侧多余面粉，或在成品表面涂刷糖浆或液体黄油。有不同大小的刷子，用羊毛或塑料丝制成。

裱花嘴　裱花嘴有许多尺寸规格，形式多种多样，有些呈圆形，有些呈星形，还有些可以产生花瓣和叶子。裱花嘴传统上用金属制作，如今有些用塑料制成。

橡胶刮刀　橡胶刮刀可在多种场合取代面团刮刀使用，可用于刮净碗或盘。如今，它们用硅橡胶制

带活动底的乳蛋饼模具

擀面杖　　　　圆模　　　　　　　　蛋糕模具　　　　塔特莉特模具

成，具有耐热性，可用于烹饪操作。

木铲　这种铲子适用于搅拌热的食物，而本身不发热。

量杯　　　　　　　　　　　　　量匙

台秤　　　　量匙

擀面杖　经典法式擀面杖为长约50厘米的简单硬木棍。它可用于滚压动作，其长度可让面点师用来处置较大面团。除用于擀面外，还可用它来捣烂黄油和面团。

断尾器　面团断尾是制作馅饼壳的一个重要步骤，因为它可防止空气进入面团形成气泡，确保馅饼壳表面平整。虽然断尾器并非面点厨房基本工具，但在滚制大量面团时有用。

盘形面团切割器　类似于锅盖，但无柄，是一套嵌套盘，直径范围在10~20厘米。它们在制作肉馅酥饼时特别有用，也可用于切割大量需要大小恒定的面团。

圆形面团切割器　类似于盘形面团切割器，这类工具是一套平圆形面团切割器，直径范围在2.5~13厘米。也有类似的其他形状、形式的面团切割器。

模具　许多面点根据形状区分，因此，大多数面点厨房备有大量模具，包括小果馅饼模具、费南雪模具，各种规格的蛋糕和面包模具。具有独特沟槽的蛋糕模具有多种规格，用于制作萨瓦蛋糕之类的蛋糕，而环形模具是制备甜点的必备模具。果馅饼脱模比较麻烦，因此，带底果馅饼和小果馅饼模便于脱模，也便于转移到蛋糕纸板或餐盘上。

天平　由于电子天平精确度和可靠性好，所以已经取代手动天平。大多数天平可同时显示英制和公制单位。以前，天平只在专门商店出售，但随着减肥活动流行，如今许多商店均能购到电子天平。家庭烹饪仍然大多依靠量匙和量杯定量。有必要配备一套以上的量具，以便分别用于干湿配料的度量。

刀盒　软质刀具卷套或硬质刀盒便于携带刀具。刀具卷套筒质轻、便携，并且便于收藏，然而必须确保刀处于安全状态，并且要完全卷起来。必须确保刀夹刀壳足够紧，以防刀具或工具滚动。最好用硬质刀盒，因为它体积较大，可收藏较多不同类型刀具。但必须确保盒子关闭好，并要确保刀口受到保护。另外也要注意，从盒子中寻找物件时需要小心。

有关设备的建议

以下要点有助于厨房设备保持良好工作状态：

◎　定期检查铜锅衬里是否完好。
◎　定期对通风罩上的过滤器进行清洗和消毒。
◎　定期对海绵、洗碗布和抹布进行清洗、消毒和淋洗。
◎　机器设备（绞肉机、食品加工器、混合器、切片机等）用后要对所有零件进行仔细清洗、消毒和淋洗。
◎　裱花嘴和过滤器之类的小工具要置于商业洗碗机或沸水中杀菌。
◎　每天要对砧板进行清洗、擦洗、消毒和淋洗，然后使其干燥并分开放置。

一般安全注意事项

各类厨房应当遵循以下安全注意事项：

加热以前确保炉子清空。

发生溢出事故时检查燃气灶的常燃小火是否关闭。

确保锅柄不处于燃气灶上方，或应将它们转动使锅置于热源正上方。

从炉子上取走锅以后，要在锅盖和锅柄上撒些面粉，以告知其他人锅是热的。

不要将热炊具或锋利刀具放在水池中。

物料不要装到锅、碗之类容器的边缘。

不在厨房跑动。

将刀具从一处拿到另一处时，刀尖应当指向地面。

在布上排列刀具和工具，并使它们指向同一方向。

立即用吸收布将溢出物罩住，然后尽快进行清洗。

离开厨房前，确保所有炉灶关闭，并要确保将燃气关闭。

工作区域准备

根据接手的任务，工作区域可以是固定的，也可以是活动的。固定工作场所的例子是通常所称的工段。工段是为专门服务而设定的区域。例如，热菜在配备炉灶区域制备，该区域还备有工作台及用于布置的冷藏间。在厨房指定区域，领班厨师从事与其专业相关的专门工作。

活动工作区域是根据需要完成工作临时指定的区域。它可以是一个专门用来完成该任务的区域（切肉区），或者如果有必要防止交叉污染，可在厨房另外隔出区域。临时工作区域的选择也取决于所需的温度控制要求。

由于使用临时区域必须防止交叉污染，因此，必须始终遵循以下指南选择临时区域：

确定最有利于完成任务的适当区域或隔离空间。

确定完成任务需要的不同工序。

建立一张完成任务的逻辑顺序表，考虑所需的准备工作、必要的从厨房一处到另一处的移动，以及需要制备的不同产品。这可保证在尽量不出错的情形下迅速而方便地完成每项任务，并尽可能产生最佳效果。

为临时工作区域配备用于完成每一工序所需的工具和产品。

将设备和配料放在加工原料处，然后对临时工作区域和工具进行彻底清洗、消毒和淋洗。

为了最大程度利用临时工作区域，在选择位置时必须应用逻辑和常识。选址适当，并且布置良好的工作区域可最大程度地避免不必要的运动、疲劳、误工和事故，使工作迅速、高效和安全地完成。

厨房分区。引自乌尔班·迪布瓦的 *la Cuisine Artistique: Etudes de l' Ecole Moderne*

菜单

为人们提供餐饮的活动可以以各种商业模式实现，例如，小的有25座的饭店，大的有能为3000多客人提供宴会的巨型餐饮单位。私家厨师可在客人厨房制备食物，也可提供能带走或外卖的食物。餐饮行业可以适应大小市场，为4人或为4000人提供服务，需要根据其能力决定。无论选择何种服务形式，最为重要的是能够建立并管理好一份菜单。

食品成本

拟就一份菜单，不仅要考虑食品的成本和品种，而且也要考虑准备和提供食品所需的时间。菜单也应与季节相适应（例如，在较冷季节提供干硬的水果，而在春夏季节提供浆果和较清淡的水果）。面点菜单应搭配得相当合理，并根据饭店大小和厨房人员的多少提供足够多的面点品种。也要考虑装饰和点缀，应当避免过多的重复。计划周全的菜单应当尽量避免浪费，并在配料和用工方面控制成本。

搭配均匀的面点菜单包括水果、巧克力、冰淇淋及果汁冰糕，并应根据与之相伴的菜单制订。

引自Shutterstock images

必须维持适当库存量的鲜货和干货。法式厨房利用配料清单可方便清楚地为每种菜肴订购所需的配料。这一配料清单按分类列出：

◎ 肉类（包括腌肉和野味）

◎ 禽类（包括兔子和小野味）

◎ 鱼类（包括贝类、甲壳类和软体类动物）

◎ 乳制品

◎ 果蔬类

◎ 冷冻制品

◎ 干货（例如香料、面粉、糖和大米）

◎ 面包

◎ 葡萄酒和白酒

菜单中每道菜都应当准备一份配料清单。这样做的目的是为了避免在配料进货时出错，特别是像黄油之类的普通配料。每一食谱的配料清单一经建立，其信息就可以在试算表中建立一张汇总表。汇总表的行分别列出各种配料，列给出每种使用配料的食谱。另起一列列出每种配料的总需要量。

这样完成的试算表也有助于计算每一食谱的成本。为了计算食谱成本，可以另增加两列，第一列给出单位重量、体积或每件的价格，第二列给出总价格。

配料	荷兰芦笋	牛排	焦糖布丁	合计	单价	成本
肉类						
蔬菜						
乳制品						
干货						
总成本						

除了订购清单以外，每一菜肴还可列出制备数据表。这一文件包括以下信息：

◎ 订货清单

◎ 单价

◎ 总成本

◎ 每客总成本

◎ 制备方法

◎ 上餐描述

◎ 评价和建议

还可包括以下附加信息：

◎ 制备所需人工

◎ 总制备和烹饪时间

◎ 烹饪和复温所需时间

◎ 营养价值

计算菜肴制备成本或订购配料时，所有这些信息都不可缺少。这些信息也可确保每份食谱在方法和上餐方面的稳定性。

必须记住，新鲜物品价格会有波动，因此，价格要每天更新。这一任务通过厨房与销售商直接联系的计算机系统已得到简化。

完成的技术数据表可张贴或保留在可以见到的地方，以便员工必要时参阅。技术表格可有不同形式，但每种表都应包括上面所列的信息。下面所列为一张技术表格例子。

技术表格例子

主要营养价值		计算基准	份数
糖类	蛋白质类	100	200
巧克力软糖		分类	
		甜食	
		主要技术	
		蛋黄白化，制作果酱	

配料	单位	基本数量	每份数所需量	产品类型	单价	总成本
主要配料						
巧克力	kg	0.15	1.50	干货		
黄油（无盐）	kg	0.30	3.00	乳制品		
蛋黄	个	7.00	70.00	乳制品		
食糖	kg	0.24	2.40	鲜货		
可可粉	kg	0.18	1.80	干货		
速溶咖啡粉	L	0.01	0.10	干货		
鲜奶油	L	0.50	5.00	乳制品		
果酱						
黑莓	kg	0.50	5.00	鲜货		
食糖	kg	0.10	1.00	干货		
柠檬	个	0.25	2.50	鲜货		
装饰						
黑莓	kg	0.10	1.00			
鲜薄荷	个	1.00	10.00			
		总量	200份			
过程						

将巧克力和黄油融化在一起。搅拌加入可可粉和速溶咖啡粉。

加糖搅拌至蛋黄变白。

搅打奶油至起软峰。

将白化蛋黄盖浇到巧克力上。再浇入搅打过的奶油。混合物转移至衬有塑料膜的模具。加盖置于冰箱内。

黑莓加糖和柠檬汁打浆，过筛。

置于（0~3℃）冰箱直到供餐。

用一冷却盘子装一片以上冷却的蛋黄混合物，并在周围浇上果酱。再用三枚黑莓和一片薄荷装饰。

第 三 章 Chapter Three

基本原料

糖、糖添加剂和甜味剂

虽然碳、氢和氧这三种原子看似平淡，但组合起来后便构成了一种改变了历史进程的配料，而这种配料也影响了现代糕点和焙烤业。这一物质便是糖。

由于对水果甜度不满意，（10000年前的）新石器时代人类已学会了顺着藤条在崖壁采集蜂蜜。大约过了5000年，古埃及人开始利用黏土蜂巢养蜂，以满足其对甜味的渴望。到了公元前500年，印度出现了已知最早的甘蔗榨汁和结晶技术，以生产更强的甜味物质。这一技术随后被中国采纳，并且迅速传到中东，中东人在厨房中利用这种技术将糖制成甜食，并进一步形成果糖制作过程。11世纪十字军东征进入中东是欧洲人热衷于蔗糖的开始。

中世纪的欧洲，由于最初糖非常奇缺，只有非常富有的人家才吃得起，或只能作为医药配料使用。直到15世纪，新世界形成糖蔗种植业后，才有足够的糖供贵族以外的人享受。在17世纪拉瓦·雷纳（La Varennne）出版的烹饪书【尤其是《法兰西糕点》（*Le Patissier Francois*），《法国糖果》（*Le Confiturier Francois*）】和19世纪卡勒姆出版的烹饪书《巴黎王室糕点师》（*Le Patissier Royal Parisien*）之间，出版了大量糕点、面包和糖果类图书。在这些书出版期间，市场上的糖供应量已经大大增加。

不能忘记的是，这一时期大量廉价糖出现的直接原因是使用非洲奴隶劳力。这一可悲情形在19世纪初发生了变化，当时拿破仑·波拿巴为了应对英国对糖的封锁，寻找另一种可在法国土壤种植的糖源植物。这种糖源植物便是后来被称为糖甜菜的微白色甜菜。实际上，法国人以转向甜菜制糖工业方面的成功永远改变了糖生产进程。直到今天，甜菜糖占了全球总产糖量的30%，其余70%是蔗糖。

糖生产基础

对蔗糖和甜菜糖生产的基本了解有助于区分市售糖的种类。从甘蔗和甜菜提取蔗糖（白砂糖含99.8%蔗糖）的过程相同。这些原料或被切丝（甜菜要切丝），或被切碎（甘蔗切碎），然后用热水将甜菜糖通过扩散作用提取出来，而甘蔗纤维中的糖则用滚压机压榨出来。两种情形下得到的都是由一定百分浓度蔗糖、水和杂质构成的溶液。这种糖汁然后要用二氧化碳和（或）石灰进行化学处理，随后进行过滤或澄清，以去除大部分杂质。得到的汁液要经过蒸发，并使糖结晶；第一次结晶得到的是"粗"结晶糖，这种糖被糖蜜包住。

将纯蔗糖与糖蜜分离涉及若干步骤。从粗糖中除去糖蜜要经过：（1）一种称为离心的高速旋转过程；（2）重新溶解分离出更多糖蜜；（3）重结晶；（4）再次离心并进行淋洗。重复这些步骤，直到除去所有糖蜜，从而得到高纯度蔗糖。

糖的品种

砂糖（蔗糖）

不管是从甘蔗还是从甜菜得到的糖，都是具有一定纯度（99.8%）的蔗糖，这是一种由一分子葡萄糖和一分子果糖构成的双糖。砂糖也称"白"糖、"食"糖、"标准"糖，或简称"糖"。砂糖可通过晶体大小加以选择，大晶体砂糖可在嘴中咬碎，但小晶体砂糖可方便地在溶液中溶化，例如，可用于制备糖浆或直接用于热饮咖啡加糖。还是晶体大小的原因，使得用砂糖制作的面点比用糖粉或精炼糖面点要脆些，风味也较好；然而，使用砂糖的面团处理时感觉要硬些。砂糖可用于蛋糕、油酥点心和糖果的制作，也可用于咸味浆料的制作，其应用面之广使其具有多用途。

各种类型的糖在糕点、糖果以及面包中起着重要作用：

糖会吸收谷蛋白水分并抑制其形成面筋，因此糖可弱化面团和面糊结构，从而可改善其柔软性；这种吸水和保水能力称为糖的吸湿作用。

除了影响曲奇饼的脆性质地以外，糖的吸湿性还能起防腐作用，因为它夺去了产品中细菌生长所需的水分。

如果不加糖，就没有冰点下降效应，水果冰沙和冰淇淋就会变得冰硬，而不会有柔软感。

使布里欧（brioche）和其他焙烤食品产生诱人金黄色的美拉德反应，是热、氨基酸和糖联合作用的结果。

糖具有形态可变性，例如可以糖浆、可锻物及玻璃状固体形式出现，因此，白糖是糖果中常使用的非常基本的材料。

细砂糖

用砂糖制成的细砂糖也称绵白糖（caster sugar），具有更小晶粒。在面点面团中，细砂糖兼有糖粉的可加工性和砂糖的风味，因此在面点中常作为调和物使用。糖粉的晶粒极细，可与面粉更充分地混合，从而使面团变得更容易加工，而大晶粒砂糖可使舌头产生较多可感甜味。细砂糖的晶粒介于两者之间，很适合用于制备蛋白霜（meringue）和其他泡沫体，因为它的晶粒已经细到不

砂糖

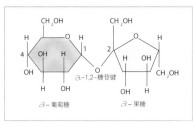

蔗糖分子式

双 糖

英文名词双糖"disaccharide"由代表"双"的前缀"di"和代表"糖"的词根"saccharide"结合而成。显然，诸如蔗糖（食糖）、乳糖（存在于乳中）和麦芽糖（存在于发芽谷物中）这类经常说起的双糖均由两分子单糖构成。在蔗糖中，参加结合的单糖是果糖和葡萄糖，葡萄糖本身可以分离为两种不同的糖制品。附图表示了果糖分子、葡萄糖分子，以及使两者结合成蔗糖分子的键。图中还给出了在蔗糖分子中起结构作用的碳、氢和氧原子的名称和位置。

再产生晶粒感，但却能提供必要的甜度。同样，细砂糖可用于取代起泡式面团中使用的砂糖。蛋糕面糊要加砂糖（而不是加糖粉）时，最好选用细砂糖。

糖粉

这是市场上能见到的由晶粒粉碎得到的最细白糖。糖粉也以糖果糖或糖霜糖的名称销售，糖粉极易吸湿，因此制造商要在糖中加3%的淀粉，以防其结块。由于其晶粒比细砂糖细，因此糖粉很容易溶解，并可完全溶解成溶液，这种性能很适合用来制备糖霜（icing）、翻糖（fondant）和糖浆（glazes）。糖粉用于某些蛋糕糊（特别是海绵蛋糕），也用于可丽饼（crêpe）糊，还可用于撒糖粉。在面点面团中，例如加糖油酥面团（pate sucrée），如果需要产生非常细的面包屑效果，则需要加糖粉。

果冻糖

果冻糖也称保藏用糖（preserving sugar）。这种与果胶和柠檬酸混合在一起的砂糖用于由低果胶水果制备的果冻。同样，柠檬汁常出现在果酱食谱中，果冻糖含有对果胶凝结起促进作用的柠檬酸。

粗砂糖

粗砂糖是一种装饰性用糖，其粒度约为正常砂糖粒度的四倍。市场上销售的粗砂糖有无色和彩色的两类。粗砂糖一般撒在焙烤前或加糖霜后的制备物上面。尽管粗砂糖主要用于装饰，但也可产生令人愉快的嚼碎感。

珍珠糖

珍珠糖（或粗糖）是用白糖或细砂糖通过挤压制成的直径约2毫米的不透明卵形小粒糖。用法与粗砂糖非常相似，但在咀嚼时没有粗砂糖硬。这种糖也可撒到焙烤前布里欧和圆形泡芙（choux bun）之类的糕点上。珍珠糖有时称粗糖，由于它像小冰雹，有时也称冰雹糖。

黄糖

黄糖实际上是带有人为加入不同程度糖蜜的白砂糖。这种加入的糖蜜使糖具有发潮黏性，风味也比白糖浓。相同重量黄糖产生的甜度与白糖相等，但它并不像有人宣称的那样更有利于健康。乡村焙烤制品往往加黄糖，以提供浓厚风味。黄糖也常被加到稀饭和热饮中。

为何人们如此喜欢糖？一种理论认为，人们喜欢甜味的根本原因是人体需要糖所提供的能量。也就是说，人们在遗传上具有发现大多数令人愉快能量源的倾向。由于这些物质正好适合制备人类享受（当然，量要适当）的糖果和面点，因此，面对垃圾食品和预制食品存在的大量（易见的和不可见的）糖，人们的这种天性要有所约束。

糖粉
(powdered sugar)

粗砂糖
(sanding sugar)

冰糖
(crystal sugar)

珍珠糖
(pearl sugar)

浅色红糖
(light brown sugar)

深色红糖
(dark brow sugar)

红糖 / 德麦拉拉糖 / 黑砂糖

这三种甘蔗糖被认为是初糖。"粗"的英文词为"raw"，它并不是未经煮过的意思，而是指用糖蜜浸过的糖，这种糖可进行精制。由于甘蔗汁易腐败，因此先要在产地进行加工。这种用初糖蜜浸泡过的糖可运到世界各地进行不同程度的精炼。红糖、黑砂糖和德麦拉拉糖是三种不同程度精炼的代表性糖。红糖是经过离心分离、淋洗和干燥得到的糖。这种糖具有淡金黄色，能够自由流散，风味比白砂糖浓。德麦拉拉糖具有类似特征，只不过这种糖的外层糖蜜未经过淋洗，因此颜色较深，并且有较浓厚的滋味。黑砂糖，即巴巴多斯糖，是三种糖中精炼程度最低的一种糖，由于它直接从蔗汁糖浆制取得到，因此它含有一定程度的植物色素。这是一种颜色非常深的砂糖，是三种糖中甘蔗味最重的一种。这些糖像其他黄糖一样受到欢迎。

糖蜜

糖蜜的英文名为"molasses"，它由拉丁语名"mellaceurs"而来，意为像蜂蜜一样。糖蜜是一种风味丰富的糖浆，是糖精炼过程的副产物。糖蜜不包括不能食用的甜菜糖蜜，从蔗糖精炼过程三个阶段可以提取得到三个级别的可食用糖蜜。第一种提取物称为浅色糖蜜（light molasses），或称奇妙糖蜜（fancy molasses），由初糖首次离心分离产生；这是一种淡色糖蜜。在姜饼

并非所有初糖都以相同方式产生

德麦拉拉糖可由白糖裹上糖蜜再进行干燥制成。初糖也可以通过将白糖溶解在一种糖蜜溶液中，再使其结晶成为棕色更深的晶体；也可以按照左边所提的方法，直接用粗蔗糖制成风味较好的糖（保留较多天然甘蔗风味物）。尽管可以通过品尝来进行试验，但如果包装所列配料中还有蔗糖以外的成分，例如焦糖或精炼糖浆，则这种糖很有可能是用白糖改制而成的。

黄糖
(turbinado sugar)

黑砂糖

糖蜜

糖蜜（treacle）这一术语主要在英国使用，包括纯化浓缩蔗糖浆、纯糖蜜、由糖蜜与糖浆混合得到的黑糖蜜。糖蜜塔（treacle tart）是一种利用金黄色糖浆和黑糖蜜馅料制作的传统的英国甜食，这种甜食类似于（不含胡桃的）胡桃派（pecan pie），也类似于黄油塔（butter tarts）。

（gingerbread cookies）之类的焙烤产品中会产生明显的麦芽风味。第二种提取物称为深色糖蜜（dark molasses），是初糖溶解并再结晶后产生的；这是一种颜色较深，甜味较低的糖蜜，可以和浅色糖蜜或其他糖浆混合。第三种提取物称为黑糖蜜（blackstrap molasses），是在最后精炼阶段产生的糖蜜。这种糖蜜几乎为黑色（由此而得名），可用于为裸麦粗面包（pumpernickel bread）之类的焙烤产品着色，也被用于诸如烟草焙烤之类的工业过程。逐级变深的糖蜜颜色由焦糖化作用引起，这种焦糖化作用发生在每次煮沸过程。类似于黄糖宣称的保健作用，糖蜜只能说含有微量铁、钙和钾。

为什么糖蜜会流动？

简单回答是：糖蜜是一种部分转化糖溶液。这里转化的意思是当蔗糖受到加热和酶或酸的联合作用，就会分解为葡萄糖和果糖两种组分。一旦糖蜜中的果糖与葡萄糖分开，这种溶液便失去结晶趋势，从而会保持糖浆状态。根据加工方式不同，金黄色糖浆和葡萄糖浆是转化或部分转化糖浆的例子。

天然糖浆

蜂蜜

人们确实可为能将甘蔗之类的植物材料转变成可食用糖方面所取得的进展而自豪。然而，人类在这方面的成就却比蜜蜂完成的类似活动晚了近5000万年。蜜蜂采集花蜜，将其转变成防腐性食品资源（蜂蜜），在整个冬季将其保存在蜂房中。花蜜加工成蜂蜜活动的复杂性与现代糖厂完全相同。工蜂必须从花中采集花蜜，然后再将它们运输到蜂房，在此，它们要将花蜜传给正等待的"房蜂"。由于房蜂胃中存在一些酶，可以有效地将一定百分比的花蜜转化为花蜜糖（见本页右侧文字），同时将蜂蜜反胃和再消化，直到其中的大部分水蒸发完为止。当蜂蜜中的糖浓度达到最佳状态，就要转移到六角形蜡质蜂室，这种蜂室事先由工蜂腺体分泌而成。一旦蜂室填充满，专门的房蜂要利用其翅膀对蜂蜜扇风使其进一步浓缩，然后用蜂蜡封起来保藏。采集蜂、化学蜂、蒸发蜂和保藏蜂——我们希望蜜蜂开始培训出现销售蜂和不需经纪者的市场蜂！

蜜蜂（*Apis mellifera*）起源于亚洲。通过迁移和人类进口，目前蜜蜂是全球

历史和烹饪用途

16世纪以前，蜂蜜是欧洲厨房的主要甜味剂。当时还没有甜食一说，诸如油煎面团裹蜂蜜、香料面包，以及由酵母和蜂蜜构成的称为蜂蜜酒的饮料，是贵族使用蜂蜜的一些例子。在现代糕点和糖果领域，蜂蜜被用于香料面包和牛轧糖（nougat），以增加水分、质地和甜度，蜂蜜还有许多其他用途。远在欧洲人使用蜂蜜以前，中国人、美索不达米亚人和埃及人已经在制作加蜂蜜面包，并已经利用蜂蜜的防腐性来保藏水果。

主要蜂蜜制造者。如果蜜蜂类型选择有限的话，那么，各种风味蜂蜜类型只能由以下因素引起：气候、花类型、花混合、蜂蜜混合以及生产模式，这些因素对蜂蜜风味和颜色的影响可以说是无限的。下面附表简要列出了一些单花种蜂蜜（从一种类型花采集的蜂蜜）和甘露蜜（采集到的是蚜虫留在树叶上的花蜜）。

不同类型蜂蜜评价							
金合欢蜂蜜	**荞麦花蜂蜜**	**栗树花蜂蜜**	**苜蓿花蜂蜜**	**枞树花蜂蜜**	**薰衣草花蜂蜜**	**香橙花蜂蜜**	**油菜花蜂蜜**
●透明到淡黄色液体	●黄褐色到深褐色	●橘橙色到深褐色	●米白色到乳黄色	●深褐色，有时带绿色调	●浅琥珀色	●奶油色到亮橙色	●米白色到奶油色
●淡、清晰风味，微妙风味	●液体或糊状，容易结晶	●液体，透明略苦	●液体或糊状，容易结晶	●黏稠液体	●液体或糊状	●液体或糊状	●液体或糊状，趋于形成细晶体
☆来自刺槐树（也称洋槐）	●强烈的风味，有时被称为"麦芽味"	●这是一种甘露蜂蜜	●花风味	●松树风味，麦芽和树脂味	●野薰衣草滋味 被认为是最精美的蜂蜜之一	●微妙香橙花风味	●明显的纸味
	●传统上用于香料面包，一种湿润的法式香料蜂蜜蛋糕		●在北美非常流行	●这是一种甘露蜂蜜，被认为有微妙感觉。		●可作为佐餐蜂蜜	●传统上用于制备蜂蜜酒

除了单花种蜂蜜以外，还有用采集系列花蜜制成的多花种蜂蜜。为了进一步拓展风味范围，多花种和单花种蜂蜜还可以以一定形式混合。此外，花的种类也有影响，例如，韭菜花生产的蜂蜜带有令人厌恶的滋味。

加工对风味也有影响。未经加工直接来自蜂房的蜂蜜可能部分结晶，并且会含有花粉粒子，也会含蜂蜡颗粒。这种蜂蜜一般是农村工业产品，不能大规模商业化生产。来自蜂房的蜂蜜经过（高速）离心分离、过滤和巴氏消毒后能够缓缓流动，带有不同程度透明感。糊状蜂蜜有一定百分含量的结晶蔗糖，具有稠厚、略有砂粒感和可涂布的质地。

龙舌兰糖浆

龙舌兰主要生长在墨西哥，是一种类似于仙人掌的植物，它产生的花蜜称为龙舌兰汁，可以加工成甜味糖浆。该材料各部分除了有多种用途外，殖民化前的阿芝特克人还用这种植物提取汁制备一种称为龙舌兰酒的轻度发酵饮料。今天我们所知的特吉拉酒（tequila）和麦斯卡尔酒（mescal）之类的蒸馏酒，是一类阿芝特克人庆典用饮料。直到20世纪90年代，龙舌兰才开始作为原料种植，用于制造商业甜味剂。龙舌兰糖浆制备方法是，对龙舌兰汁进行蒸发浓缩，并通过水解将其中的菊粉多糖分解为果糖和葡萄糖。然后对浓缩的龙舌

龙舌兰及其血糖指数

龙舌兰的卖点之一是它的血糖指数比糖低得多。血糖指数是评价各种食品在血液中葡萄糖水平升高快慢的指标。白面包、大米和糖等富含葡萄糖的食品，会迅速导致葡萄糖水平出现峰值。例如，糖的血糖指数为90%。龙舌兰的血糖指数明显低，约为30%。这对于糖尿病患者相当有利，这些人必须严格控制葡萄糖水平。

兰汁进行纯化和过滤，得到类似于枫糖浆的液体。龙舌兰糖浆含有高水平果糖，其甜度比蔗糖甜1.5~2倍。它易溶于水，适合作为各种饮料甜味剂使用。对于严格素食者来说，它可作为蜂蜜替代品使用。

枫糖浆

　　加拿大中部和北美的欧洲定居者，在经历其第一个漫长寒冷的冬天后，一定认为枫糖浆是一种小奇迹，特别是在粮食奇缺的春天。这些定居者马上从土著人那里学会了如何在早春收集枫树汁，这一季节温度零下的夜晚和暖和的白天使得枫树汁流动。跟如今一样，当时收集的枫树汁只含3%的糖，因此需要浓缩或经其他方法处理，以达到所需甜度和浓度。实现这一目的的早期方法包括反复冻融枫树汁分离水分，另一方法是用热石头加热中空树枝将树汁煮沸。尽管仍然被认为属于乡村工业，现代枫糖浆生产使用反渗透和煮沸使糖液浓缩。反渗透是一种机械过程，枫树汁在压力作用下处于半透膜一侧。膜孔只能使水分子通过，但对于糖分子和风味物分子来说孔太小而不能通过。这一过程可去除约80%的水分，与简单煮沸法相比，这种方法速度快并且能量效率更高。然而，即使经过这种过程处理的树汁，最后仍然需要通过蒸发来控制所需除去的水分量，并使树汁达到适当温度。随着水分蒸发，糖浆的沸点也升高。在温度达到约比水沸点高7℃处，糖浆受到轻度焦糖化作用（产生金黄色调），被认为已经完成浓缩。

　　枫糖浆通常作为可丽饼（crêpes）或薄煎饼（pancakes）伴随物使用。它也被用于生产（通过使枫糖浆结晶并对其进行搅打制成）枫糖奶油（maple butter）和各种糖果。

从左到右展出的糖浆：玉米糖浆、龙舌兰糖浆、蜂蜜、枫糖浆、糖蜜。

糖替代物

阿斯巴甜

　　阿斯巴甜是1965年詹姆斯·M·施拉特（James M. Schlatter）在品尝正在研究的某些抗溃疡药时偶然发现的，当时他发现这种物质非常甜——实际上这种人工合成的氨基酸聚合物的甜度比蔗糖的甜度大200多倍。从能量角度看，这意味着达到同样甜度只需少量甜味配料和较低能量。尽管阿斯巴甜被用于许多减肥食品中，但它在焙烤制品中不能作为蔗糖替代物使用，原因是当它受热时会发生化学降解，从而在加工过程中失去甜味。虽然在媒体和互联网上可以见到有关阿斯巴甜健康风险方面的争论，但它仍然被包括美国食品与药品管理局（FDA）在内的全球许多健康机构判定为安全物质。尽管存在安全方面的担心和厨房使用局限性，但是否选择阿斯巴甜主要取决于口味。

相对甜度表

在下表中，蔗糖是参照物，它的甜度被定为100。如果另一甜味剂甜度为50，则说明其甜度是蔗糖的一半，如果甜度是200，则它比蔗糖甜一倍。

配料	相对甜度
玉米糖浆	40
异麦芽糖	50
蔗糖	100
高果玉米糖浆	100
转化糖	125
果糖结晶	120~170
阿斯巴甜	18000
甜菊苷	30000
蔗糖素	60000

蔗糖素

蔗糖素是一种蔗糖的化学重组物，其中蔗糖中的氢被氯原子取代。这种重组物不仅具有强甜味（比蔗糖甜600倍），而且也不能为人体所代谢。由于它不能代谢，因此蔗糖素具有零热量的特点。为了在体积和甜度上与糖保持一致，人们经常用麦芽糊精之类的产品作为蔗糖素填充剂。存在这种填充剂的蔗糖素溶解后成为不透明液体。尽管蔗糖素在加热时仍然能保持甜味且比阿斯巴甜适用面广，但它不会焦糖化，因此不适合用来制造糖浆。全球范围广泛批准使用蔗糖素说明它与阿斯巴甜一样不存在健康和安全问题，是否采用的决定因素是它对所加的食品有何口味和质地影响。

甜菊苷

虽然聪明的巴拉圭人利用甜叶菊（*Stevia rebaudiana*）叶子为其草药茶增加甜味的做法已经有几个世纪，但它在欧洲和北美的应用却较新。起源于巴拉圭的甜叶菊目前已在全球范围内种植，并被用来加工提取呈粉状或液体形式的活性甜味配料甜菊苷，其甜度是蔗糖的300倍。像阿斯巴甜和蔗糖素一样，甜菊苷也不为人体所代谢，因此也被认为是一种零热量和热稳定的甜味剂。由于它的各种属性，人们正开拓甜菊苷应用的新市场；自20世纪80年代以来这种甜味剂在日本已经用得相当普遍。像其他糖替代物一样，甜菊苷不能提供类似于糖的质地，并且会在舌头上产生后甜味。

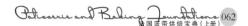

糖产品

糖结晶作用

由糖的生产过程可见，糖从溶解于甘蔗或甜菜汁的原料状态到经过纯化和结晶成为厨房使用的状态，它要经过加工过程的若干转化。糖的易溶解性及生产过程再结晶性，也是影响糕点厨房若干制备过程的关键因素。了解如何避免糖浆产生结晶、如何控制翻糖和乳脂软糖（fudge）中的糖结晶程度，或者如何在不发生结晶条件下使装饰性糖玻璃（sugar glass）固化，有助于掌握各种糖的制备方法。

砂糖粒子由糖分子构成，这些糖分子有一种相互聚集在一起形成晶体的独立几何体倾向。当这些糖粒在水中受热并经搅拌，糖晶体便会溶解成独立糖分子，并均匀分布于水中。在此糖溶液中，围绕在每个糖分子周围的水分子起着阻碍再结晶的屏障作用。然而，这种分散性溶液并不容易保持。糖分子总是趋于相互吸引，而搅动太剧烈会导致糖分子结合。同样，糖溶液中存在的面粉之类的外来粒子也会起同样作用。这两种情形下，一旦糖结合形成，便会不断地有更多的结合发生，这种结合一般会引起糖再结晶。事实上，在制备翻糖类制品时，就用了播种（播种的英文词为seeding，指在糖浆中加入糖粒）这样的引起有限结晶的操作。

糖水溶液存在一种有趣情形，假如没有外来粒子或未溶解糖晶粒，则可以煮沸而不结晶。实际上，糖溶液煮沸达到所需浓度才成为糖浆。随着糖溶液煮沸，其中水分得到蒸发，而糖分子密度随着水分子失去而不断增加。这样，可达到不同糖分子密度阶段（参见下表中的糖浆阶段），每种密度阶段产生专门应用所需的糖浆。随着糖溶液浓度不断提高，其沸点温度也随之升高。也就是说，糖浆沸点温度是糖浆中还留下多少水分的一种指示：例如，用于浇糖的较稀糖浆，其沸点应在102~103℃，而制备硬糖的糖浆浓度较高，其沸点温度介于160~168℃。

另一个问题是，糖浆冷却时会发生什么现象？简单地说，不会发生什么。这是指直到搅拌以前不会出现变化，例如，制作翻糖时，可在冷花岗石板上对糖浆进行折叠操作。搅拌会促进结晶，但它也能使晶粒变细，因为搅拌作用会将形成的大晶粒打碎。温度与搅拌一样重要，糖浆在不受搅拌情形下的冷却温度会影响糖体质地和晶粒大小。在较高温度下轻度搅拌，会导致较大较弱晶体出现，而在较低温度下剧烈搅拌，则会产生较小晶粒，并产生稍有质粒感的质地。这些结晶知识主要用于制备翻糖和乳脂软糖；因此，不同食谱要给出具体制备方法。同样，用于各种制备物的糖浆配方会给出要求的糖浆沸点温度或冷试验性状。

糖浆阶段

糖浆阶段	沸点温度
冷试验质地	沸点温度
成丝	102~113℃
软球	113~116℃
坚球	118~121℃
硬球	121~130℃
软裂纹	132~143℃
硬裂纹	149~154℃
焦糖	160~177℃

冷试验质地指少量糖浆在水中冷却并在手指间滚动后的质构。
沸点温度指随着水分蒸发和糖浓度升高而引起的糖浆沸腾温度。

翻糖

翻糖是煮过的糖浆经冷却和搅拌形成的一种具有奶油质感的结晶物，其应用例子有：用作糖衣，用作糖果馅心，也用作软糖基料。因为它可批量购买，并且其主要成分是糖和转化葡萄糖浆，因此翻糖可被认为是一种基础糖制品。尽管翻糖制作涉及复杂的化学过程（参见糖结晶），但翻糖基本上可描述为由悬浮于未结晶糖浆和液体葡萄糖的微小（几乎显微级）糖晶体构成的半结晶溶液。葡萄糖不会结晶，因此，它可防止糖晶体相互结合，从而使翻糖保持半流动状态。根据所需的翻糖稠度，可对温度和搅拌作用进行调节，以形成粗细不同和黏度不同的翻糖。无论是散装购买的还是厨房制备的翻糖，都可以以多种方式进行调味，包括用巧克力、咖啡及各种利口酒调味。

果糖

果糖是天然存在于水果、蔬菜和蜂蜜中的单糖。为了大量生产食品工业所需的果糖，可用精制甘蔗糖或甜菜糖进行生产，方法是将这些糖通过水解分离成葡萄糖和果糖。果糖以结晶和糖浆两种形式销售，果糖在糕点和糖果制造中有若干用途。果糖的吸湿性（吸收并保持水分的能力）比蔗糖强，因此烘焙食品中，这种保湿性可用于延长产品保质期。果糖的不足之处是会吸收空气中的水分，从而有可能导致脆性制备物变软。果糖的另一特点是其焦糖化温度较蔗糖低。果糖这一特性可用于非常特殊的场合，以促进焙烤食品褐变。果糖在烘烤时需要特别注意的是当加热温度超过60℃时，其甜度会失去一半；果糖在室温下的甜度是蔗糖的两倍。在冷甜点方面，它在冰淇淋和果汁冰糕中具有应用优势，主要原因是：（1）它像蔗糖一样可降低物质冰点，使冷冻制品保持柔软，容易用勺子舀取；（2）果糖在促进一些因季节变化缺乏甜味的水果风味方面特别有效。果糖也可用于减肥食品，因为它只需提供约一半的热量，便可提供与蔗糖相同的甜度。果糖有这么多优点，为什么得不到更多使用呢？原因是果糖一般不像蔗糖那样具有在厨房使用的多功能性，而更为重要的一点是，它提供的甜味不像蔗糖那样圆润，它的甜味虽能迅速在舌头感知，但消失得也快。

玉米糖浆

玉米糖浆由玉米淀粉制成，制备过程是用酸或酶处理玉米淀粉颗粒，使其分解成为葡萄糖。得到的葡萄糖再进一步加工成稠厚糖浆型葡萄糖溶液（参见下文的葡萄糖）。玉米糖浆由于呈微酸性，能很好地与小苏打反应产生氧气，因此能使烘焙食品蓬松。这种糖浆还可使一些制品体积增加，并抑制结晶。

高果糖浆

高果糖浆由约42％的葡萄糖和53％的果糖构成。它本质上是一种在葡萄糖

糖与某些甜味剂的单位重量成本比较

以单位重量成本计，糖替代物并不比糖便宜，但由于它们相对甜度（见相对甜度表）很高，因此可以以较低成本提供较大甜度。例如，蔗糖素的价格比蔗糖高4~5倍，但其甜度比蔗糖甜约600倍。尽管甜菊苷成本比糖贵了15倍，但它却比糖甜了250倍。从性价比不难看出为什么食品制造业近年来为无糖潮流的出现而欢欣鼓舞；然而，这种好处并未在糕点行业出现。这是因为这类产品只追求一件事，那就是为产品提供甜味。糖不仅为产品提供甜味，也有影响产品质地、吸收水分、促进发酵、强化褐变，以及发生结晶和焦糖化作用。总之，在糖果和糕点的制造过程中，不存在真正的糖替代物。

水解

水解的英文单词为"hydroysis"，该词起源于希腊语"hydro"，意为水，而"lysis"指松开或溶解。一般而言，水解是指某个化合物通过与水作用发生分解的一种化学反应。对于糖类来说，糖溶液在水和酸或酶的作用下会发生水解，结果产生果糖和葡萄糖。同样，在专门的酶和水的作用下，玉米糖浆也会水解产生富含葡萄糖的糖浆。

异构酶作用下将部分葡萄糖转化为果糖的玉米糖浆。将高果糖浆中果糖水平提高的原因是，玉米糖浆中的纯葡萄糖明显不如蔗糖（砂糖）甜。高果糖浆的甜度与蔗糖相当，它作为蔗糖的廉价替代品主要用于食品制备行业。

葡萄糖 / 右旋糖

葡萄糖在食品工业中也称右旋糖，是一种单糖，它是甜度不如蔗糖的单糖之一（果糖是甜度比蔗糖大的另一种组分）。葡萄糖天然存在于蜂蜜（含量低于果糖）中，也是哺乳动物血液的主要组分。人们谈到血糖水平时，指的是葡萄糖水平。为了获得供烘焙、糖果和食品工业所需的葡萄糖，要利用各种淀粉资源。小麦、水稻或玉米是三种可用来生产葡萄糖的淀粉源，淀粉本身的葡萄糖链可在水和酶的水解作用下分解成简单葡萄糖。酶在淀粉溶液中的作用时间决定了淀粉转化为葡萄糖的量。淀粉溶液中的游离葡萄糖量由左旋糖当量（DE）度量，纯葡萄糖/右旋糖是100DE的参比点。例如，大部分市售的葡萄糖浆的DE值在55~65。葡萄糖以三种形式销售：（1）葡萄糖浆，通常与其他糖类（通常是果糖）混合存在，其甜度与蔗糖相当。（2）粉末状葡萄糖，是葡萄糖浆经喷雾成微小滴再经干燥而成的产品。葡萄糖粉与葡萄糖浆一样，也可有不同DE值。（3）粉末状右旋糖，由纯葡萄糖制成，因此其DE值为100。

根据形式和DE值，葡萄糖可作为浆料用于增添光泽，也可用于改善糖果、饼干的质地。由于葡萄糖不结晶，它在糖果、果汁冰糕及冰淇淋生产中被用来防止或限制糖结晶。应用葡萄糖的场合不胜枚举，可以说葡萄糖是现代糕点和焙烤业中不可缺少的配料。

转化糖 / 转化糖浆

转化糖的英文名字为"trimoline"或"inverted sugar"，转化糖浆是糖（蔗糖）水解或裂解得到的葡萄糖和果糖溶液。这一过程常常使用的转化酶，也存在于蜜蜂胃以及人体小肠中。人体能自然地将蔗糖转化成急需的可吸收葡萄糖。转化糖多半由专业糕点师使用，一般选择转化糖作为蔗糖伴侣使用的原因有若干。由于游离果糖的存在，转化糖比蔗糖的吸湿性稍强，从而可用于焙烤食品保湿和保鲜。同样由于果糖原因，转化糖可用来增强一些制品（特别是水果冰糕或果酱之类的水果制品）的风味。转化糖浆可在提高冰淇淋柔滑质感方面发挥重要作用，也可用来限制糖的结晶。同样，转化糖浆也有助于为奶油类和巧克力酱类制品提供丰富的柔滑口感。尽管转化糖可有许多应用，但使用前应注意考虑若干事项。由于存在游离果糖，因此转化糖浆要比蔗糖甜一些；另外，与蔗糖相比，使用转化糖浆的焙烤食品会在较低温度下发生褐变，并且所需的焙烤时间也较短。

高果糖浆（HFCS）

自20世纪60年代后期以来，在饮料和固体食品中添加高果糖浆正好与肥胖趋势一致，这一点在北美尤为突出。高果糖浆与肥胖率上升之间可能存在相关性引起了高果糖浆生产商和抗高果糖浆倡导者之间的辩论。高果糖浆生产商一方认为，他们的产品与一般的糖没有什么不同，因为它是由几乎等量的葡萄糖和果糖生产的。而抗高果糖浆者指出，有迹象表明高果糖浆中的游离果糖分子（未与葡萄结合的）不能为人体正常代谢，从而与蔗糖相比，导致体重明显增加。最近普林斯顿大学神经科学研究院一项喂食高果糖浆与喂食蔗糖老鼠的比较研究，至少证明了这个理论的正确性。然而，这一迹象并未让美国食品与药物管理局之类的机构看到需要禁止使用高果糖浆的理由。有时候，这种使消费迷失方向的争论，显然是一种避免加入与高果糖浆相关产品的途径，也就是对这类产品的消费加以限制。

葡萄糖

转化糖

异麦芽酮糖醇

异麦芽酮糖醇

异麦芽酮糖醇是一种糖醇（也称多元醇），是蔗糖通过酶和氢化作用转化而成的一种由葡萄糖、山梨糖醇和甘露糖醇构成的产物。虽然属于糖醇类，但是，异麦芽酮糖醇与乙醇除了在结构化学方面相似以外，其他没有什么相同之处。市售的商品异麦芽酮糖醇是不透明、大小与蔗糖相似的白色颗粒，但它们具有完全不同的性质。异麦芽酮糖醇的甜度为蔗糖的一半，较适合用于只允许低甜度和低热量的烘焙食品和糖果。异麦芽酮糖醇由于几乎不能为人体所吸收，因此与其他低热量甜味剂相比，具有竞争优势，但如果食用量过多，则异麦芽酮糖醇的不可消化性可能会导致肠胃不适。

异麦芽酮糖醇的最有效用途之一是用作装饰糖。异麦芽酮糖醇特别适合做浇铸糖，它可加热到180℃而不发生混浊，可提供近乎完美的透明度。由于异麦芽酮糖醇无吸湿性（这意味着它不会吸水或保留水分），因此在潮湿条件下较容易制作艺术糖件。异麦芽酮糖醇制成的糖果无发黏性，制成的饼干也不会吸收环境水分而变潮软。

面粉

一般来说，"面粉"通常是指由小麦（*Triticum aestivum*）碾磨而成的粉。虽然小麦粉是西式焙烤中用得最多的一种面粉，但面粉一词的定义一般指谷物经研磨得到的粉。换句话说，用大米、小米、大麦、大豆和玉米等谷物研磨而成的粉也可以统称为面粉。如果根据不属于谷物来源的粉也包括在该定义内，则面粉可进一步扩大到包括土豆或花生制成的粉。事实上，对于麸质不耐症（见P71边栏）的关注，以及一般消费者在口味上对其他面粉的需求，已经使一大类不同面粉进入了主流美食行列。

古代磨盘

尽管由谷物得到的面粉有不同用途，也有不同的地理起源，但它们均有相同的基本物理结构。大多数场合，人们所消费的是富含淀粉/蛋白质的胚乳。这种共同结构物也使面包、面条、面点和粥类，具有相似的使用历史，同时，世界主要技术之一的磨粉技术也随着这种历史得到了发展。

从利用石头捣碎，到第一台希腊转动磨盘的出现，再到现代磨粉和筛分工序的机械化，最终结果都是谷粒受到粉碎并被分离成可加工营养粉体。

除了磨粉技术以外，谷物和面粉的历史充满了对世界文明产生过深远影响的技术和农业成果。无论是中亚的小米和大米，还是美洲的玉米，或是地中海和中东的小麦，都经过了从采集野生谷物到（公元前约10000年）作为定居社会开始标志的对这些作物的栽培过程。当人类的远古祖先从狩猎和采集转变到栽培谷物时，其新生活模式赋予了他们较多的空闲时间。他们利用新的休闲时间来从事艺术、发明工具，并且对于我们这些享受着精制法棍面包或柔软黄油羊角面包的后人来说，最为重要的是古人开始对烹饪和烘焙技术进行改进。

了解面筋发展

几乎只存在于小麦面粉（大麦和黑麦中也含有）的面筋，是一种对面包师和糕点师来说最为重要的蛋白质。面筋不仅对面包、蛋糕和糕点的质地和味道有影响，而且发酵面团制备过程必须使面筋与膨松剂结合。

面筋性质可通过跟踪其在面包制作某些基本阶段的变化来加以解释。当水或其他液体加入面粉时，蛋白质中较短的面筋首先会被激活，并连接成较长的面筋蛋白链（此时也添加一种发酵剂）。液体混入及面筋形成长链时，面筋蛋白仍然处于混乱无序状态，因此还需经过某些操作。捏合（揉拉）作用是迫使面筋丝展开并排列成线状的过程。这种面筋的伸展能力称为可塑性或可延展性。

面筋蛋白质（虽然较可口）很像橡皮筋，也具有回弹到其原来形状的倾向。这种来自面筋的弹性显然是面团塑造的问题。例如，弹性太强的比萨面团在比萨饼锅中摊开时会缩成球，这就需要醒发过程。

黑麦粉　　　　　　　　　　玉米粉　　　　　　　　　　全麦粉

醒发不仅使面团中的发酵剂有机会将气体释放到形成的面筋束中（形成气泡产生发面），而且也使面筋有机会松弛，弹性变弱。部分面筋丝断开便发生松弛，使面团的塑性增加。

经过醒发后的面团，经过再次压实和捏合，使面筋蛋白质重新排列后，可再次醒发或直接成型。一旦面团成型便应使其静置。此时面筋层中的发酵剂会继续产生气体，从而使面团最后发起。面团置于烤箱时，蒸汽会使发酵剂加速产气，进一步使面筋鼓起。这种作用有时称为"oven kick（炉中膨发）"。最后，面筋蛋白凝胶化形成较具弹性并能保持形状的多孔体，并得到最后的面团制品。

了解面包制造过程中的面筋变化，同样有助于了解蛋糕和糕点中的面筋变化。在希望得到较小面包屑且有脆性（易碎质感）的焙烤产品时，应当限制面筋发展，而不是像在制作面包那样促进它发展。面包面团捏合是为了发展面筋，而大多数糕点面团或面糊要用混合方式将各种配料联合在一起，从而得到短面筋面体。糖之类的配料起着限制面筋发展的作用，大多数脂肪也能限制面筋发展。有些制品中，脂肪分子会将蛋白分子隔离，从而可终止蛋白质联在一起。质地易碎的油酥面团（Pate sablée）由2:1比例的面粉与黄油构成，是一种典型的脂肪限制面筋发展的例子。

下表所示为法国面粉类型与蛋白质和灰分含量相当的美国面粉的对比。其中的灰分含量根据面粉焚烧后测量得到。残存的灰分量是小麦麦麸胚芽含量的指标。因此，未精制的全麦粉应当比精制的糕点面粉灰分含量高。

法国面粉类型及美国面粉类型

蛋白质	灰分	法国面粉类型	美国面粉类型
11%	0.55%	55	通用面粉
9%	0.4%	40	糕点面粉
13%	1.5%	150	全麦面粉

淀粉

从面筋只占面粉总重量约10%的角度来看，这与它所受到的关注程度并不成比例。这是因为大量有关面包制造的初期研究工作重点均是面筋发展。糕点正好相反——通过脂肪和有限的面团操作可以降低面筋形成度——但对面筋性质方面的关注仍然强烈。需要记住的是，面粉含70%以上的淀粉，这意味着人们消费的糕点和面包，主要由淀粉构成。

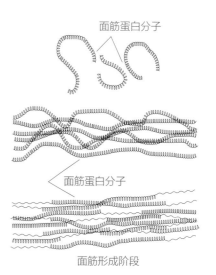

面筋蛋白分子

面筋蛋白分子

面筋形成阶段

面粉

你是否曾将英文"flour（面粉）"错拼成了"flower（花）"？如果曾经有过，那也不用感到有什么不妥。直到18世纪末，这个英文单词仍然被拼写成花。就像花是观赏植物中最受人们喜欢的部分那样，该词当时被用来指谷物的最好部分。

淀粉的一个重要特点是其具有较高吸水性。例如，面包和蛋糕的水分和嫩度是淀粉吸水能力和持水性的反映。甚至有些从面筋蛋白释放出来的水分也会被淀粉颗粒吸收。淀粉的另一个重要特点是，一旦吸收足够水分并适当加热，淀粉便会糊化。淀粉糊化与鸡蛋蛋白质凝固的情形基本类似，淀粉糊化被认为是淀粉的结构化过程。

在低液体含量制备物中，淀粉还会发生一些特殊反应。例如，酥皮糕点（shortcrust pastry）中很少另加液体，淀粉不会完全糊化。在这种情况下，淀粉粒子并不相互粘在一起，因此较少成为结构物，而大部分成为易碎的发脆物。

无论液体含量高低，各种制品中的淀粉和面筋均会相互作用。面包中的淀粉颗粒提供质感和结构，并可防止面筋形成胶质，从而可保持面包水分和柔嫩性。淀粉使糕点增加质感，并只允许能使制品保持完好的适量面筋发展。

常见小麦面粉类型

通用粉（55号粉）

通用粉可认为是一种性能介于高筋面包粉和低筋糕点粉之间的一种面粉。通用面粉一般用红皮硬质冬小麦生产，是一种多用途面粉，既可用于一般家庭烘焙制品，也可用作增稠剂或油炸面拖料。由于面筋有助于面包膨胀，蛋白质含量较低的通用粉与蛋白质含量高的面包粉相比，可得到密度略大的面包成品。通用粉与蛋白质含量较低的糕点粉和蛋糕粉相比，可能稍难处置。然而，只要处理适当，通用粉正如其名所指，能够完全满足所有用途要求。

高筋面粉和低筋面粉类型

高筋面粉	低筋面粉
硬红春麦	软红麦
春麦	冬麦
红麦	白麦
硬红冬麦	软白麦
硬质小麦	

硬冬小麦粒

面筋/蛋白质

面包粉

硬小麦不仅面筋含量很高（11%~12%），而且面筋本身比较强，因此非常适合用于制作面包。硬红春小麦同时具有这两方面的特点，可用于制作发面良好并且焙烤后具有弹性的面团。正如"了解面筋发展"中所提到的，发酵剂产生的气体由形成的面筋层所包围。理论上，高面筋含量可提供较好的发面性能。

对于小麦、大麦或黑麦制成的面粉，术语蛋白质和面筋经常互换使用。这是因为，这些面粉中的蛋白质大多数为面筋蛋白质。然而，大米粉、马铃薯粉、玉米粉和荞麦粉并非如此。这些粉也含有蛋白质，但所含的蛋白质不是面筋蛋白。

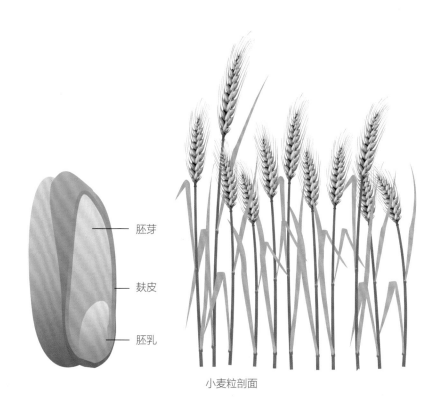

胚芽

麸皮

胚乳

小麦粒剖面

蛋糕粉

蛋糕粉在北美主要用于蛋糕制作，选择低筋率（蛋白含量7%～8%）软红小麦精细研磨制成。大多数蛋糕的结构主要来自鸡蛋和淀粉，因此，弱面筋面粉被用来调节蛋糕保持形状与嫩度之间的平衡。小麦类型对蛋糕粉很重要，但蛋糕粉的定义特征是受过氯气处理。氯气处理进一步使面粉面筋嫩化，增加其吸水率，从而有助于绑定淀粉。欲了解更多关于淀粉和面筋之间的相互作用，参见P67淀粉。

糕点粉（45号粉）

微粉碎成糕点面粉的软红小麦要精确选择，因为面筋百分含量对结构和可扩展性之间的平衡有很大影响。在8%或9%的面筋含量下，正常工作的糕点面粉会生产较嫩的酥性面团，也可使糕点糊有较好的铺展性。软红小麦也可制成全麦面粉，只是在这种情况下，糠麸和胚芽未被以相同程度筛分出（见下文全麦粉）。

自发粉

自发粉一般由通用粉加发酵粉制成（发酵粉添加比例为每100克面粉约5克）。发明该产品只是为了在制备快速面包和煎饼类制品时省略（添加发酵粉）一步。实际上，欧洲不使用这类面粉，它只在北美有少量使用。

硬质小麦和软质小麦根据面粉的面筋含量和强度确定。硬质小麦粉面筋含量较高，并且面筋体较强，从而具有优良的发面特性，使其非常适合用于制作面包。软质小麦面粉的面筋强度较弱，是理想的糕点面粉。

春小麦和冬小麦根据小麦种植和收获季节确定。硬质和软质冬小麦均在秋季播种，越冬，并在来年夏初收获。春小麦在春季播种，在夏末或秋天收获。硬质春小麦也比硬质冬小麦含稍多面筋，这是它成为首选面包粉的原因。

红色和白色小麦品种按相应种子的近似颜色命名。除了滋味有细微差异外，红小麦的面筋含量也稍高。

全麦粉

以上讨论的除全麦糕点面粉外，都是所谓的"精粉"。这说是说，大部分麸皮和胚芽（见图片）已在名为"提取"的工艺中筛选出。全麦粉保留了大部分麸皮和胚芽。各种全麦粉保留了90%~100%整小麦粒成分。保留较多整麦颗粒成分的结果之一是蛋白质含量增加。然而，这种情况下增加的蛋白质并非面筋蛋白，而主要是存在于胚芽中的蛋白质。由于这些非面筋蛋白对发面有干扰，并会产生密度较大的面包产品，因此全麦粉面包往往要与白面粉混合。选择全麦粉是由于其营养价值高，包括含较多蛋白质和纤维，它的风味（有时称为"坚果味"），以及它们赋予焙烤制品的质感。

全麦粉

其他面粉

硬质小麦粉

多数情况下，硬质小麦被磨成粗粒小麦粉（粗研磨硬质胚乳），并制成面食、碾碎干小麦和蒸粗麦粉。硬质小麦面筋被认为弹性较小。这些性质使最终的面食成为密实并保持形状的制品，例如，意大利螺旋面（fusilli）的复杂螺旋形状。也有少量（比粗粒小麦粉碾得细的）硬质小麦粉用于制作面包。远早于罗马帝国之前，硬质小麦就被用来制作面包。如今，这种做法主要在意大利和中东地区仍存在，一般做成发酵扁圆面包形式。硬质小麦面包的例子有意大利的凯复纳（cafone）和法拉习搭（frasedda），及中东的巴拉底（baladi）和沙米（shami）面包（皮塔）。硬质小麦粉使得皮塔和面包呈现这类谷物特有的淡黄色。

卡姆小麦粉

这种商品名为卡姆的小麦被认为与硬质小麦有种缘关系，并以其较"纯"的基因状态而出名。虽然其他小麦品种从加速生长和强调特殊面筋功能角度选育（有时会以降低消化率为代价），但卡姆小麦几个世纪以来一直保持相对不变。一种宣传其"纯粹性"的说法是，卡姆小麦种子是从埃及古墓中发现的，直到20世纪70年代后才开始商业化种植。虽然卡姆小麦面筋可能较易消化，蛋白质含量也较高（有消息说其蛋白质含量比小麦高40%），但在应用方面，它确实存在某些局限性。像硬质小麦一样，由于发面效果不好，这类小麦粉较适合制作扁圆面包和面食，而不适合制作涉及发酵的面包。主要在保健食品行业经销的卡姆小麦因其蛋白质含量高而被吹捧为一种高能量小麦。然而，卡姆小麦并非无麸质，因此这种面粉不能作为麸质不耐面粉替代物使用。

斯佩尔特小麦

大约从公元前4000年开始直到第二次世界大战，斯佩尔特是欧洲主要小麦作物，尤其是在德国。产业上要求快速生长和需要较少劳作的小麦品种似乎是这种小麦失去市场的主要原因。近来，因健康食品和有机农业运动，这种小麦的种植得到一定程度流行。就像卡姆小麦一样，斯佩耳特面粉在市场上被作为多数其他面粉的替代物销售。也像卡姆小麦一样，这种小麦也含有麸质，不能为面筋不耐症者选用。斯佩耳特小麦粉可以用作一般小麦粉的代替物用于面包和蛋糕，但膨胀率较低并且颗粒质感会较明显。

非小麦来源面粉

荞麦粉

荞麦粉名不副实，它与小麦粉没有关系。荞麦不是一种谷物而是一种种子，要经过去壳研磨成细粉。其（14%）的高蛋白质含量并不使人相信荞麦粉具有良好发面性能。荞麦所含的独特蛋白质（白蛋白、球蛋白和醇溶蛋白）不能像小麦面筋蛋白质分子那样连接起来。因此，这种种子粉不适合制作面包。荞麦通常与等量小麦粉混合用于锅饼、煎饼和薄饼之类要求稍微发面的制品。荞麦也是日本荞麦面条的主要成分。荞麦缺乏面筋虽然可以看成是一种局限，但也使其成为无麸质或限制麸质饮食者的主粮。

玉米粉

玉米粉（corn flour）、玉米面（cornmeal）和拉丁美洲产品玛莎（masa）是由白色或黄色玉米研磨得到的玉米粉。前面两种产品主要根据被粉碎玉米的干燥程度定义。玉米粉由玉米粒细磨得到，并且皮和胚芽已被分离。玉米面比玉米粉粗，有明显颗粒感。杰克饼（玉米饼）、其他快速面包、酵母发酵的葡萄牙玉米饼，及称为polenta的意大利玉米粥均利用玉米面制成。玛莎（西班牙语"面团"的意思）在加工和应用方面与玉米粉和玉米面不同。制备玛莎，新鲜玉米粒要先经（传统上由贝壳得到的含氢氧化钙化学物）石灰水溶液软化，将壳和胚芽与内核分离，再将软化的内核碾磨成糊状或面团。此糊状物可与其他配料混合加工成圆饼（tortillas）和塔马莱斯（tamales），也可经干燥后以粉末形式保存。各种形式的玉米粉适合麸质不耐症者。

马铃薯粉

马铃薯粉不能与马铃薯淀粉相混淆，马铃薯粉是用整个蒸煮过的马铃薯干燥粉碎制成的粉。马铃薯粉适合用于制作面包；但由于其缺乏面筋，制作焙烤

麸质不耐症

腹腔疾病、麸质敏感性肠道疾病，麸质不耐症都是由面筋醇溶蛋白组分引起的不同程度的食物过敏症。症状范围从轻度胃肠道不适到包括慢性胃抽筋、疲劳和皮疹等综合症状。从终身困扰角度（有一些人随时间推移这种不耐症状会减弱）看，对于腹腔疾病唯一的治疗方式是避免食用含麸质食物。虽然燕麦不在之列，但应当避免进食含有小麦、黑麦或大麦的食品。

玉米粉

玉米

在古英语中，"corn"既可以指小麦，也可以指燕麦，具体指哪个取决于英国特定区域的流行程度。我们现在所指的玉米（maize）是新世界作物，欧洲人（确切地说是克里斯托弗·哥伦布）1492年首次遇到。后来的美国殖民者确立了以玉米作为谷物的地位，并开始引用"corn"这个印第安词专指玉米。法语的玉米单词为"mais"，直接从原来的"maize"变化而来。

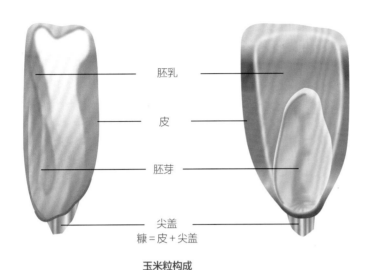

胚乳

皮

胚芽

尖盖

糠＝皮＋尖盖

玉米粒构成

产品时一般要与其他面粉组合。

大米粉

　　大米（精/白）粉是稻谷经脱壳、抛光（去掉米糠）研磨而成的粉体。糙米粉是用未去米糠大米生产的颜色较暗、较有营养的米粉。虽然含较小淀粉颗粒的米粉是一种质感特别柔滑的增稠剂（例如酱料），但并不适合焙烤。淀粉含量较高（90％）的米粉会导致烘焙食品具有所谓的"颗粒"或"沙粒"质地。添加瓜尔胶或黄原胶可以缓和米粉焙烤食品的这种不良质地，并有助于面粉结构发展。米粉在西式焙烤制品中使用有限，亚洲烹饪中，米粉是许多面条、包皮和甜点的基础物料。米粉是麸质不耐受症者的一种主粮。

黑麦粉

　　虽然黑麦与小麦家族有较远的亲缘关系，但其麸质与水反应的方式有相当大差异，焙烤产品的最终滋味及质地也不同。面包师用黑麦粉进行焙烤时面临的难点是其面筋非常弱。黑麦粉单独使用时，得到非常致密的制备物，这可以从黑面包或颜色非常深的裸麦面包（pumpernickel）看出。由于黑面包是用全黑麦粉制备的，因此它特别致密；然而，即使去除麸皮和胚芽，淡黑麦粉制成的面团也没有多大的发面能力。因此，常见黑麦面包配方通常要加一些小麦粉，以改善发面能力和最终面包结构。

　　黑麦粉缺乏面筋，但含有高水平的纤维，特别是一种称为戊聚糖的特殊碳水化合物。尽管戊聚糖只能为面团提供有限的结构，但它们却具有吸收和保留液体的能力。不像面粉中的淀粉，戊聚糖烘烤后不会变硬。黑麦粉的这种特

　　在绝对无麸质焙烤食品中，精心搭配的多种面粉，再添加黄原胶、瓜尔胶（有时还有明胶），可以组合产生相当轻质、湿润并有弹性的终产品。这些添加剂将面粉颗粒绑定，并构建一种释放二氧化碳使面体膨发的基质。用苋菜、荞麦、鹰嘴豆、玉米、小米、马铃薯、大豆和木薯等制成的粉体，均可考虑用于无麸质烘焙制品。

黑麦粉

　　1651年，瓦雷纳（Varenne）在其开创性烹饪书《法兰西莱谱》（*Le Cuisinier Francois*）中将黑麦粉用于一种称pate bise的衬里面壳皮。不要将这种面皮与pate brisée混淆，pate bise中的形容词"bis（e）"指的是棕灰颜色，因此在这种糕点中加入黑麦粉确实会产生这种颜色。

点使得黑麦面包与其他面包相比，较潮润并且保湿期较长。还是以黑面包为例，即使烘焙一周多时间，其湿润性、（尽管是较致密的）质构仍将基本保持不变。

市场上有各种经过不同程度精加工的黑麦粉：淡黑麦粉已去除所有胚芽和麸皮，中黑麦粉包含除麸皮以外的全部谷粒，全黑麦粉由谷料所有部分构成，而深色黑麦粉则是用淡黑麦筛除的麸皮和胚芽加工而成的。黑麦粉含有麸质，因此不适合麸质不耐症者。

大豆粉

大豆粉由干燥、去壳的大豆碾磨而成。由于大豆的油脂含量非常高（近20%），因此用于烘焙的是脱脂大豆粉。也有全脂大豆粉，但其有较强风味，并且脂肪对发面性能有影响，因此不太适合用于烘焙产品。大豆粉像多数其他豆制品一样，含有特别高的非面筋蛋白质（约含40%蛋白质）。像其他无面筋面粉一样，大豆制成的粉可用于任何特殊无麸质面包，也可作为改良物（提供风味和额外蛋白质）用于含面筋面粉制备物。大豆粉及其他无数豆制品，如豆腐和豆浆，是西餐和西方食品工业中较新的制品。然而，这种豆科作物在东亚已有4000多年种植和用作主粮的历史。

发酵剂

酵母

发酵面包可以追溯到约公元前4000年的美索不达米亚（Mesopotamia），并且像众多烹饪技术一样，可归因于意外和创新结合的产物。人类学家提出的一种情形是，生产扁面包时，被遗忘的面团吸住了空气中能够发酵的酵母菌（空气中充满酵母、真菌），从而使面团得到某种程度的膨发。使用"起动子"比较合乎情理——也就是，将部分发酵过的面团加到一批新面团中——有可能从这一历史性时刻开始。另一种可能性是，发酵过的小麦饮料（类似于现代啤酒）可能被用于替代水与面粉混合，引起相似的发酵作用。事实上，面包师和酿酒厂自古至今都有着密切关系，因为用于面团发酵的酵母是从发酵啤酒中收集得到的。

尽管有关发酵面包的早期历史没有定论，但对于酵母发酵科学的理解却随着路易·巴斯德（Louis Pasteur）在发酵过程方面的一般研究而在1800年得到确立。因为巴斯德时代起，无论是商业化酵母生产还是其在焙烤方面的应用均已成为专门科学。酵母活动基本上是将面粉中的碳水化合物转化为二氧化碳（CO_2）和乙醇。当释放出的CO_2气体被困在面筋层中时，面团便会发起。尽管生产的乙醇在烘焙过程中被蒸发掉，但它对面包的香气和风味仍有影响。需要时常注意的一点是，使酵母过度活动会产生酵母发酵风味。

上述（酵母代谢碳水化合物）描述过程是一种发酵形式。虽然发酵最显著或可见的效果是使面团膨发，但它也有调理面筋、提供独特香气和味道的作用，还会影响焙烤商品的保鲜期。

干酵母与鲜酵母

活性干酵母

活性干酵母是加工成颗粒、装在袋子或瓶子中出售的酵母，并且可有几个月的保质期。这种类型的酵母需要用（41～43℃）温水活化5～10分钟后，才可加入到面团中。活性干酵母与新鲜和速溶酵母相比，主要优点是其可存储性；缺点是其产生的气体量较少。

鲜酵母

鲜酵母以压缩饼形式销售（也可以称为"压缩"酵母或"饼"酵母），由于包装的是活酵母细胞，因此要用冰箱保存。这种酵母大约有两个星期的寿命。专业面包师愿意用鲜酵母，这种酵母与活性干酵母或速溶酵母相比，发酵温度（20～32℃）较低。这使面包师可使用较冷面团，并能延长发酵周期，从而使面团有更多时间形成结构和风味。

快发干酵母

快发干酵母与活性干酵母相比，发酵速度较快，产生的气体较多。这是因为：（1）它们的颗粒较小，能够更迅速溶解；（2）快发酵母具有较高细胞成活率（因为加工过程温度较低）；（3）加入的维生素C和抗坏血酸能提高酵母的活性。虽然快发干酵母不用复水使用比较方便，但其加速发酵的缺点是不像鲜酵母那样有较长时间形成风味和质构。

化学发酵剂

酵母发酵被认为是生物学过程，因为它利用生物体产生所需的二氧化碳气体。这样的气体也可以利用快速作用化学剂产生。尽管化学发酵剂的起源有些模糊，但众所周知，18世纪美国殖民者已利用木灰副产品制造膨松剂。随后市场上出现了小苏打（碳酸氢钠），再后来出现了泡打粉（碳酸氢钠与酒石酸氢钾之类发酵酸组合物）。除了很少使用的烘焙用氨以外，还有一些涉及碱性碳酸氢钠与某种酸作用产生二氧化碳气体的化学发酵剂。以化学发酵剂代替酵母的原因有，蛋糕糊和快发面团含有较多液体，并且无面包面团形成所需的面筋含量。这意味着，酵母发酵需要较长时间，而蛋糕面糊不能长时保持二氧化碳所需的结构。由于化学发酵剂作用要由水分和热量引起，因此蛋糕糊在受到烘烤的同时也得到膨发。这样，蛋糕面糊中的蛋白质发生凝固之时，也正好是发酵剂停止产生二氧化碳气体之时。

小苏打

小苏打（碳酸氢钠）是一种白色粉末，能与面团或面糊中的酸性配料作用产生二氧化碳，从而使面体膨发。仅使用小苏打的速发面包配方需要使用酸性配料，如酪乳、酸奶、各种果汁，甚至糖蜜和红糖，以产生必要的化学反应。

泡打粉

泡打粉（baking powder/levure chemique）是一种碳酸氢钠（小苏打）与水溶性酸晶体及保护性淀粉介质包装的混合物；淀粉仅起防止酸性和碱性相互反应的作用。当该混合物与液体接触时，碳酸氢钠和酸晶体溶解并相互作用。这会导致发生化学反应，产生使面糊膨发的二氧化碳气体。泡打粉可使用不同的酸晶体，每种酸晶体均有各自的长处和短处。例如，酒石酸氢钾能与碳酸氢钠在低温下反应。因此，采用这种酸组分的制备物混合后必须马上进行烹饪，否则发起的面糊有可能在烹饪完成前已塌下。使用塔塔粉的好处是基本可不产生后味。

相反，铝硫酸钠（SAS）与碳酸氢钠能在较高温度下反应，这意味着面糊在烹饪以前可以放置一会儿。其缺点是，SAS会留有后味，而且，尽管用量不多，但仍然会引起某些健康问题。双作用泡打粉是一种既含高温酸晶体也含低温酸晶体的混合物。

蛋

人们进入杂货店购买蛋时，一般认为购回家的蛋产自母鸡。换句话说，蛋一般指的是鸡蛋。鸭蛋、鹅蛋，及其他禽蛋都有各自的烹饪长处，那么，人们为何喜欢鸡蛋呢？其原因对于现代鸡蛋营销者来说犹如当头一击，这种偏好可以追溯到公元前6000年的泰国，当地鸡受欢迎是因为其产蛋丰富。

因为鸡能不断下蛋，鸡及鸡蛋在20世纪占据了主导地位。城市中人口增长及其对鸡蛋的需求促使经济上可行的

（超过百万只产蛋鸡的）大型养鸡场出现。虽然能够成功地满足蛋类需求，但这种养鸡场的工厂般特点已经引起一些人寻求替代蛋源。结果，采用放养鸡舍养殖场所产的鸡蛋已经在鸡蛋市场占有小部分份额。

尽管对大型商业养鸡场持有消极态度，但鸡蛋在人们饮食中仍然占有核心地位，依本书观点看，鸡蛋在经典法式烹饪中占有绝对至关重要的地位。具有无数应用的众多制备物都离不开鸡蛋，从这种虽不显眼但不可或缺的配料角度来看，可对一个古老问题作这样的回答：蛋绝对先于鸡出现！

生物学功能

鸡蛋的最基本生物学功能是为繁殖小鸡。产生受精卵过程涉及两个事件：（1）公鸡必须与母鸡交配，以使精子植入母鸡生殖器内。（2）母鸡必须产生一个蛋。初期的蛋没有外壳，因此允许精子与生殖细胞接触。精子和生殖细胞之间的接触会导致形成胚胎。

为了形成小鸡，胚胎需要某些营养素，这些营养素由蛋中的蛋清及蛋黄提供。蛋壳是蛋的另一方面。这种硬质但多孔的外层大部分由钙构成，起保护胚胎并允许空气传递的作用，这就是为什么鸡蛋可以吸收冰箱内气味的原因。

虽然了解受精卵的生物功能非常重要，但不能过分强调，因为厨房使用的是未受精蛋，不会变成小鸡。无论周围是否存在雄鸡，母鸡都会生蛋（约每天一只）！因此，人们消费的鸡蛋来自从未与公鸡接触过的母鸡，因此所产的是未受精蛋。

营养价值

考虑到鸡蛋包含所有将胚胎转变成小鸡所需的营养物质这一事实，就不会对其含有丰富的对人类有好处的营养素而感到奇怪。一枚重约55克的大鸡蛋含有约6.6克蛋白质，3克不饱和脂肪，九种人体必需氨基酸（指的是人体构建蛋白质所必需的），以及许多维生素和矿物质。此外，鸡蛋还含有两类植物性抗氧化剂——叶黄素和玉米黄质，两者均被一些科学家认为具有预防癌症效果。

蛋的大小

除非特别规定，如果配方要求一枚鸡蛋，即意味着要求一枚大鸡蛋。一般大鸡蛋重约55克。该重量会因蛋而有所变化，这就是为什么鸡蛋以每打最低重量方式出售的原因。例如，一打大鸡蛋总重至少必须有680克，但不超过765克。其他鸡蛋规格（也根据每打重量规定）包括特大蛋、中蛋和小蛋。

分级／新鲜度

最新鲜、档次最高的（AA级）鸡蛋打碎到平面上，其蛋清会保持其形状，很少会蔓延开来。同样，其蛋黄具有阻止其破裂的结实的膜。杂货店标准的（A级）新鲜鸡蛋打破在同一表面，与AA级蛋相比，没有那么结实，并且会形成圈形，不过，仍然可以用来制备各种产品。杂货店不出售B级鸡蛋，这类鸡蛋最终被加工成液蛋、冷冻蛋及蛋粉。

液蛋、冷冻蛋和蛋粉

如果制备物需要，可以在杂货店购到以液蛋形式装在容器中的预分离蛋清和蛋黄。对于焙烤和酱汁应用来说，液蛋除了省去分离鸡蛋的步骤以外，还有经过巴氏杀菌的好处（参见鸡蛋和沙门菌部分）。冷冻蛋和蛋粉，也可以以整蛋和分离蛋两种形式出售。

特种鸡蛋

出于伦理及饮食原因，对大型商业养鸡场有顾忌的消费者，可从较小鸡蛋生产商处选择以下产品：

有机蛋　由喂饲得到有机认证谷物的母鸡所产的蛋。

素食蛋　由只食用植物饲料母鸡所产的蛋。

自由走动鸡产的蛋　由能够在棚内走动并有巢箱和栖息处的鸡所产的蛋。

放养鸡产的蛋　由在室外自由活动母鸡所产的蛋。在加拿大和美国北部部分地区，放养鸡产的蛋只能季节性提供。

ω-3强化蛋　由饲喂含10%~20%亚麻籽饲料母鸡所产的蛋。亚麻籽含有ω-3多不饱和脂肪酸，已发现它与降低心脏疾病风险有关联。

其他禽蛋

人们以与利用鸡蛋大致相同的方式，利用具有不同风味的鸭蛋、鹅蛋和鹌鹑蛋。显然，由于这几种蛋存在尺寸差异，需要对已有配方进行调整。稍有常

鸡蛋和胆固醇

在20世纪50年代，健康专家发现心脏疾病患者血液中胆固醇偏高。由于鸡蛋中的胆固醇浓度（大蛋约含215毫克）高，血液中胆固醇与鸡蛋消费量之间有一定关联。因此，北美从大大降低了每周鸡蛋摄入量，而且许多情况下，直接将它们排除在饮食之外。科学家后来发现，人类对鸡蛋胆固醇的吸收量很少。这一新信息反映在美国心脏协会所定的允许量上：只要饮食健康并加上运动，完全可以接受一天食用一枚鸡蛋。

鸡蛋小窍门

将鸡蛋逐个打入小容器，再由容器逐个添加到制备物中。这样就可快速查验鸡蛋并防止坏蛋破坏整个制备物。19世纪（执行"此日期前最佳"标准以前），绝对有必要按这种程序操作；然而，现代厨师仍受益于这种做法，因为它提供了去除任何碎蛋壳的机会。

很新鲜的鸡蛋煮熟后不好剥壳。

稍陈旧的鸡蛋较利于发泡。

另一种并不利用明显迹象（如异味）判断鸡蛋新鲜与否的方式是，将蛋浸没在冷水盆中。如果蛋下沉则是新鲜的；如果蛋漂浮则很可能不是新鲜的。鸡蛋内空气泡随着老化而膨胀，可导致鸡蛋上浮。

用蛋清澄清

高汤可利用蛋清凝固澄清汤汁。蛋清蛋白在高汤中联结在一起束缚其他微粒，然后将上升到表面、将带有各种浑浊颗粒的蛋清撇去即可。

识者都知道，用小小的鹌鹑蛋制作舒芙里（soufflé）会十分昂贵并且费力。但可用腌制鹌鹑蛋做鸡尾酒点心用。另外，还有一些通常涉及肉冻的特殊食谱要用到鹌鹑蛋。鸵鸟蛋和鸸鹋蛋以白煮蛋或炒蛋方式食用，但用来烹饪不免使人感到奇怪。被认为是英格兰美味的海鸥蛋在斯堪的纳维亚国家也很受欢迎，特别是挪威。

基本烹饪技术

凝固

凝固是所有蛋烹饪的共同因素。无论是荷兰酱中的蛋黄黏合物，还是具有完美质地的炒鸡蛋，蛋制备物操作质量均取决于蛋的凝固程度。在化学层面上，生蛋中自由流动的蛋白质受热后会凝固连接在一起。这种蛋白质连接导致增稠和凝固。以下为鸡蛋凝固温度列表：

蛋清　40～65℃

蛋黄　65～70℃

全蛋（搅打过的）　约68℃

用其他液体混合的蛋液　79～85℃。

蛋黄作结合剂用

蛋黄凝固时发生绑定作用。由于蛋黄中的蛋白质连接在一起，它们会束缚其他固体（如乳固体），这就是酱汁勾芡或蛋羹凝固的原理。英式奶油和荷兰酱之类酱料，及法式炖蛋（crème brulée）和焦糖布丁（crème caramel）之类的蛋奶冻均利用蛋黄得到所需的质地。蛋黄也可以为混合酱（bâtarde）或阿勒曼德酱（allemande sauce）之类的柔滑酱料（velouté sauces）增稠。烹饪时，使用黏合剂被称为"勾芡（liaison）"。

过热、凝结及添加淀粉

以鸡蛋为基本的酱汁其增稠作用与凝固之间存在微妙关系。热量不足，得到稀薄的不饱和酱料；加热过头会凝

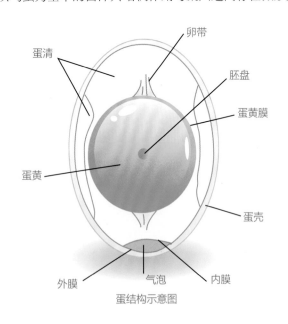

蛋清　卵带　胚盘　蛋黄膜　蛋黄　蛋壳　外膜　气泡　内膜

蛋结构示意图

关于鸡蛋的常见问题

问：如果鸡蛋中发现血点，是否意味着蛋已经受精？
答：血点就是血管，与受精无关。可将它们方便地去除，而且留着食用也无害处。
问：蛋黄颜色是否表示鸡蛋新鲜度？
答：蛋黄的颜色由母鸡的饲料决定，而不由新鲜度决定。
问：超市买的鸡蛋能否孵化成小鸡？
答：即使正确培养，超市鸡蛋也不能孵化。这是因为它们是未受精蛋。
问：棕壳鸡蛋是否比白壳蛋更营养？
答：棕色和白色蛋在营养或风味上没有差异，它们的区别仅仅在于棕色羽毛母鸡产棕色蛋而白色羽毛母鸡产白色蛋。

固；过多热量导致酱汁中鸡蛋蛋白质结合而过快凝结。但是，如果酱汁需要加热到85℃以上，则可以加入适量面粉或玉米淀粉。淀粉不仅吸收热量，也对蛋白的结合产生干扰——就是说，酱汁能承受更高温度（甚至高达沸点）而不凝结。加入淀粉的严重缺点是会对酱汁的质感有影响，也冲淡了酱汁的风味。

发泡

加热不是鸡蛋凝固的唯一原因，搅拌也能使蛋凝固。搅打不仅使空气进入蛋清，也使蛋白质链打开，使其连接在一起，形成互联网络。用蛋清而不用蛋黄发泡的原因是蛋黄含有大量脂肪，而脂肪对发泡有抑制作用。发泡用于制造奶酥、蛋白霜、慕斯，及杰诺瓦士之类的海绵蛋糕。发泡也有助于形成浆状制备物质感。

带壳蛋蒸煮

日常烹饪中，多数人说将鸡蛋"煮沸"。然而，带壳蛋最好不用沸腾水煮，要在微沸水中焖熟。避免沸腾是因为水的物理作用易使蛋破裂，从而使蛋清泄漏。此外，用高于蛋清凝固点的水温度煮蛋会使凝固蛋清发韧。

硬熟和软熟是用于精确描述煮蛋过程的术语。以下为带壳蛋煮制所用的时间：

溏心蛋（oeuf à la coque） 2～3分钟
微熟蛋（coddled or soft cooked） 3～5分钟
中熟蛋（mollet） 5～6分钟
全熟蛋 10～15分钟

去壳鸡蛋烹饪

去壳鸡蛋有许多不同制备方法：
煎蛋 用耐热盘在炉上煎。
炒蛋 轻度搅打的蛋在恒温锅中不断搅拌。
油炸蛋 在热油中炸熟。
浇模蛋 放入置于水浴中的蛋装模具用烘箱烘烤。
西式蛋饼（omelett） 在炉子上轻轻搅打鸡蛋，一般（但并非总是）折叠（带或不带填充物的）蛋皮。四种西式蛋饼类型为：煎蛋卷、蛋卷夹、蛋卷包和蛋饼。
水煮蛋 用微沸液体（一般为酸化水，但也可用牛乳、酒和高汤）煮蛋。
法式小盅蛋（cocotte） 装蛋液的小模具置于烤炉烤制。

蛋和沙门菌

据估计，每10000枚鸡蛋中有一枚蛋壳表面或壳内蛋液带有沙门菌活菌体。尽管沙门菌在蛋中出现的概率不高，但对于人类来说仍然是一种感染风险。厨房预防沙门菌感染最常采用的措施是迅速将鸡蛋冷藏，因为沙门菌感染与生鸡蛋有关，另一种预防措施是用60℃以上的温度煮蛋。对于蛋黄酱之类的生蛋制品，可利用经巴氏杀菌处理的带壳蛋、冻蛋或液蛋制备。

乳制品

哺乳动物与其他生物的主要差异之一是哺乳动物会产乳汁，为其下一代提供营养。乳是富含营养物的液体，可为幼小哺乳动物提供适应子宫外生活所需的营养素。与其他哺乳动物不同，除儿童以外，成年人也喜爱乳并养成了对乳的依赖性。如今，乳在许多文化中被认为是均衡饮食的重要组成部分。

乳牛是人类的主要乳源。北美最常见的乳牛品种是专门为乳品市场饲养的荷斯坦牛（Holstein）。荷斯坦牛比其他品种牛早熟，并且产乳寿命也较其他牛长。这种牛的单位饲料产乳量也比其他品种牛高。其他常见产乳牛品种有泽西牛（Jersey）、格恩西牛（Guernseys）和瑞士褐牛（Brown Swiss）。

乳品工业也用其他动物乳液作原料。例如，水牛是一种产乳丰富的牛，水牛乳被用于制造正宗马苏里拉乳酪。在许多文化中，山羊乳和绵羊乳常用于制作乳酪和酸乳。最近饮用山羊乳和绵羊乳的流行性已得到提高，原因是这类乳容易消化，并且脂肪含量也较牛乳低。商业化乳业不仅提供饮用乳，而且也生产各种衍生产品。常用乳品术语包括乳、奶油、酸乳和乳酪，以下将对这些术语进行讨论。

液态乳或饮用乳

工业革命之前，大多数欧洲人购买的是当地所产的新鲜原料乳。到了19世纪末20世纪初，商业养殖方法的出现适应了大量增长的在城市居住的工厂工人对乳品的需要。当时用马车或火车运到城市的原料乳没有原来那么新鲜。更糟的是，这种乳非常容易传播疾病。为了控制这种风险，人们发明了巴氏杀菌过程。随着现代制冷及卫生措施的实施，如今人们（除北美大部分地区以外）仍能购到原料乳，这种乳的销售受到严格的法律控制。

巴氏杀菌

率先由法国化学家路易斯·巴斯德于19世纪中叶发明的巴氏杀菌法有两个主要目的：（1）保护公共健康，（2）延长产品保质期。通过快速加热牛乳，然后将其冷却，巴氏杀菌可杀灭大肠杆菌、李斯特菌和沙门菌之类有害细菌。为进一步确保食品安全，出售的牛乳标出了巴氏杀菌日期，并且牛乳从牛乳场到消费者冰箱之间一直处于冷藏状态。

乳糖不耐症

乳糖是牛乳所含的一种糖，要有乳糖酶存在才能在通过肠道时得到处理。包括人类在内的大多数哺乳动物断乳后，或者会失去产生乳糖酶能力，或者生产乳糖酶的能力会降低。成年哺乳动物产生乳糖酶的能力普遍降低，这种产酶能力降低程度与个人生理条件有关，也与遗传因素有关。例如，北方人（如北欧）对乳糖的耐受性往往较高。因为几个世纪以来，牛乳一直是其饮食中不可或缺的一部分，他们的身体能够产生足够的乳糖酶以适应一定量牛乳和乳制品的系统。带有南方遗传基因的人群，由于很少依赖于乳制品生存，因此乳糖不耐症比率较高。

尽管巴氏杀菌法成功地保证了牛乳的安全性，但它也有负面影响，即去除了某些潜在的对消化过程有益的细菌和酶（有关这方面的争论在美国还在继续）。为了弥补巴氏杀菌所产生的损失，生产商在其巴氏杀菌乳中添加补充维生素和矿物质。根据用途不同，牛乳及其衍生产品可选用不同的巴氏杀菌工艺。

购买牛乳时，应该经常注意其食用期限。这些日期都是保守日期，冷藏条件下的巴氏杀菌乳的售后保质期一般在一周左右。牛乳应尽快冷藏，因为在室温下保持30分钟以上会大大缩短其贮存期。

HTST杀菌

HTST是英文高温短时（high temperature，short time）的缩略词。这种形式的巴氏杀菌方法，采用72~77℃的温度对牛乳加热15秒，然后迅速将其冷却至4℃。HTST牛乳具有特征性蒸煮味。这种乳的冷藏保质期为2～3周。

UHT杀菌

UHT是英文"ultra-high temperature"缩略语，意为超高温。这种杀菌方式与标准巴氏杀菌方式相比，会使牛乳失去较多维生素和矿物质。UHT杀菌过程中，牛乳被瞬间加热到130～150℃并保持1～5秒，然后迅速冷却到4℃。超高温杀菌乳常采用无菌包装，这种乳在常温下的存储期可长达6个月。包装打开后还可以在冰箱内保存数周。

均质

如果原料乳不经处理保持原状，会自然分成两个不同层。密度较低的脂肪球会浮到表面形成奶油层，而其余的脱脂乳处于底部。牛乳经巴氏杀菌后，要进一步加工以防分层。牛乳在高压下被迫通过窄小通道时，其所含脂肪球会被破碎成不再能聚集在一起的小脂肪球，从而可避免浮到顶部，这一过程称为均质。

生乳

生乳是未经巴氏杀菌的乳，仍然保留着维生素和酶。获准销售生乳的供乳网点，必须严格按照卫生标准指南行事，并应对其牲畜进行定期检查。来自未经批准养殖场的原料乳可能含有对儿童和成人有害的污染物。

脱脂乳　　　　　　　含脂2%乳　　　　　　全脂乳　　　　　　稀奶油

巴氏杀菌乳的乳脂百分含量

牛乳由87.3%的水、3.9%的乳脂肪和8.8%的非脂乳固体（包括蛋白质、乳糖、矿物质、氨基酸、酶、气体和维生素）构成。市售的牛乳可有不同脂肪含量：3.25%（全脂乳或均质乳）、2%、1%，以及脱脂（无乳脂）乳。机械化出现以前，鲜乳会在12～24小时内自然分离。从而可撇去浮在表面的奶油，余下的牛乳称为脱脂乳。如今，乳品厂为了节省时间，采用离心机进行奶油分离。分离得到的奶油可直接进行包装，也可用于制造黄油，或将其回加到脱脂乳中，以获得所需的牛乳脂肪百分含量。含3.25%乳脂肪的乳通常称为全脂乳，因为这种乳保留了几乎所有的天然乳脂。这种乳也被称为均质化乳，均质化指的是防止牛乳分离的过程。

浓缩乳制品

淡炼乳

淡炼乳是一种将全脂乳脱去60%水分制成的罐头产品。经过蒸发、杀菌和罐头制造过程的淡炼乳是一种略稠厚的淡黄色乳。

100多年前创造的淡炼乳，可作为新鲜乳替代品使用，并可在常温下运输和储存。这种乳可通过添加等量水而像普通乳一样消费。淡炼乳具有长达一年的存储期。

淡炼乳　甜炼乳

甜炼乳

淡炼乳采用灭菌方式以延长其保质期，而甜炼乳是加糖的炼乳。甜炼乳中的糖可在蒸发以前加入，也可在蒸发之后添加，但成品甜炼乳的含糖量应为45%。像淡炼乳一样，甜炼乳也是一种为无乳区域提供的罐装牛乳替代品。由于含高浓度的糖，甜炼乳的常温保质期可长达2年。

人们经常混淆甜炼乳和淡炼乳，但它们具有不同特性，从而使用方法也不同。在美国，淡炼乳不含任何糖分，而其他地方生产的淡炼乳有可能加入一些糖。由于甜炼乳含糖，因此使用这种乳制品的配方要考虑到这一点。不管使用何种乳，一定要确保配方实现预定的甜度。

乳粉

尽管马可·波罗在13世纪就已经提到过干制乳的使用，但商业化乳粉到了

乳粉　　　　　　　　　酪乳粉

19世纪中叶才出现。牛乳经巴氏杀菌后，在加热容器中被喷成雾状，其中的水分立即蒸发，得到细粉末。在此过程中，牛乳受到温度比正常巴氏杀菌高得多的热作用，不仅杀死了所有病原体，而且也消除了会导致乳脂肪酸败的酶。

牛乳制成乳粉后应封装起来，以免受湿气、空气和光的影响。乳粉可在室温储存6个月。采用这种干燥过程得到的乳粉，可用于商业化制备婴儿配方乳粉、糖果和烘烤食品。由于乳粉便于运输和储存，并且是非易腐产品，因此也常用作国际救助食品。

发酵乳制品

酪乳

酪乳的英文名称为"buttermilk"，但它并不含脂，而是指搅乳操作后剩余的液体。传统上，这种液体经过滤后要静置发酵，使其质感变稠厚，并略带酸味。实际上酪乳的脂肪含量远低于其他乳。商业酪乳制备方法是，在1％含脂乳或脱脂乳中添加乳酸菌静置发酵12～14小时，这种产品称为发酵酪乳，可加盐或不加盐销售。

酸乳

酸乳是用牛乳发酵成的乳制品，其质地稠厚具有微酸味。英文"yogurt"（酸乳）一词源于土耳其语，大意是"稠厚"，并且最初用于指山羊乳。如今，酸乳通过接入活细菌（保加利亚乳杆菌和嗜热链球菌）制成。这类细菌常常联合使用，用于将牛乳中的天然糖类转化为乳酸。酸度提高使牛乳变稠，并使其产生酸味。

经过不同文化人群几个世纪的消费，酸乳在20世纪初开始流行于欧洲。商业化生产酸乳过程首先将牛乳分离，以实现期望的乳脂含量。接着，在较高温度或较长时间条件下进行巴氏杀菌，以杀死各种病原体，并促进乳清蛋白凝固。然后进行均质处理，再加入发酵剂。最后，在43℃温度下静置发酵4~6小时后，搅拌冷却以终止发酵过程。此时可进行调味和包装。大多数北美市售酸乳添加明胶或果胶增稠。

最近，在酸乳中引入嗜酸双歧乳杆菌的做法相当流行，因为这种菌被认为有助于维持消化系统健康。由于酸乳中的乳糖含量已经降低，因此，适合于略微不耐乳糖的消费者饮用，很少或根本不会出现不适现象。

嗜酸双歧乳杆菌是一种天然存在于消化道的细菌，它起着维护肠壁自然平衡、帮助消化和缓解疾病的作用。

经过超巴氏杀菌的奶油并不怎么好进行搅打。

鲜奶油

奶油

牛乳一经分离，得到的乳脂肪便可以以奶油形式单独出售。奶油可像乳一样进行巴氏杀菌和包装，以延长其保质期。奶油的脂肪含量可因用途和其原产国不同而有差异。

鲜奶油

鲜奶油（crème fraîche）是一种稠厚并略带酸味的发酵奶油。法国是鲜奶油的起源地，这种奶油由未经高温消毒的重奶油经过自然发酵制成。一些缺少未经高温消毒奶油的国家，会将细菌培养物添加到奶油中制造鲜奶油。许多烹饪过程使用鲜奶油代替重奶油，因为这种奶油不会分解或变得不稳定。鲜奶油可像重奶油一样用于热制备物或冷制备物。

酸奶油

酸奶油（sourcream）是北美版鲜奶油，然而，这种奶油脂肪含量较低，并有较具特色的酸味。因为它是在奶油和牛乳中添加乳酸混合物制成的，因此在加热时不如鲜奶油稳定。必要时，酸奶油可以用来代替鲜奶油，但应在烹饪结束时添加，并立即供餐，否则烹饪的酱料会趋于形成粒状外观。

半对半奶油

半对半奶油（half and half cream）由等量牛乳和奶油构成。这种奶油被认为是一种低热量奶油，例如，其脂肪含量与搅打奶油相比要低得多。半对半奶油的脂肪平均含量介于10.5%和18%之间。半对半奶油不能进行搅打。

搅打奶油

搅打奶油（whipping cream）的平均乳脂含量为30%。顾名思义，搅打奶油是用于搅打的奶油，当然重搅打奶油更适合于用来制造需要更长形状保持时间的产品（如裱花用的奶油）。30%乳脂含量的搅打奶油适用于制作糕点馅料。

重搅打奶油

重搅打奶油（heavy whipping cream）含36%~40%的乳脂。这种奶油的诱惑力以及用于烘焙的原因显而易见。这种奶油受搅打时会保持其形态，并且体积会增加一倍。这种奶油既可用作馅料，也可用于裱花。

双倍奶油

这种奶油之所以称为双倍奶油（double cream），是因为它平均含48%的乳脂肪，因而是一种营养极丰富的奶油（这种奶油在英国和欧洲较常使用，虽然北美也使用这种奶油，但较难买到）。由于这种奶油具有浓稠质地，因此很容易搅打起泡，有时甚至会因过分稠厚而不适于某些加工过程。为了避免这种情况，可在奶油中加入一些乳，以使奶霜体积增大些。这种奶油的高脂肪含量，使其适合成为热糕点美食的理想配料，因为它用于焦糖布丁和煮酱汁之类餐品时不太容易解体。通常情况下，双倍奶油会经过调味，并适用于蛋奶之类产品。

凝脂奶油

凝脂奶油（clotted cream）主要与英格兰有关，又称德文郡（Devonshire 或 Devon）奶油，德文郡是指位于英国西南部的该奶油的发源地。这是一种营养丰富、质地稠厚的黄色奶油，由全脂牛乳在浅盘中缓缓加热然后经长达12小时静置制备而成。"凝结"的奶油浮到顶部后撇出。

凝脂奶油

奶油原产地、脂肪含量和用途

北美	欧洲	脂肪含量/%	用途
半对半奶油		10.5~18	咖啡，浇用
		12~30	咖啡，浇用，提升酱汁和汤汁等的档次，搅打
	单倍奶油		
轻奶油		18+	咖啡，浇用
轻奶油	咖啡用奶油	20（18~30）	咖啡，浇用
	鲜奶油（流动或稠厚）	25	咖啡，浇用
轻搅打奶油		30~36	浇用，提升营养档次，搅打
		30~40	浇用，提升营养档次，（如脂肪含量高，用于涂布）搅打
搅打奶油		35+	浇用，提升营养档次，搅打
重搅打奶油		38（36+）	浇用，提升营养档次，搅打
双倍奶油		48+	涂布
凝脂奶油		55+	涂布

资料来源：Harold McGee所著*Food and Cooing*一书第29页

黄油

黄油制作最早可追溯到公元前3500年。现代黄油制作工艺是首先对牛乳进行巴氏杀菌，再将奶油与脱脂乳分开。分离得到的奶油再进行二次巴氏杀菌，以确保消除残余病原体。然后在添加或不添加发酵剂的条件下使奶油静置老化。老化后的奶油经过搅拌，迫使奶油中的乳脂凝固成颗粒。将酪乳排除，再对黄油炼制处理，使所有颗粒黄油成为整块状态。最后黄油可以以加盐或不加盐状态包装出售。国际食品标准规定了黄油必须含80%以上的乳脂肪、2%以上的乳固体和不超过16%的水。

人造黄油

人造黄油（margarine）是1869年为穷人和法国海军开发的一种廉价黄油替代品。它最初由牛脂和脱脂牛乳制成，并一举在乳品行业取得成功，因为它利用了当时仅作为黄油副产品的脱脂牛乳。如今，制作人造黄油的牛脂已经为植物油所取代。

奶酪

18世纪著名美食家让·布里亚-萨伐仑（Jean Brillat-Savarin）曾经说过，"一顿饭没有奶酪就像失去眼睛的年轻女孩"。诸如这类说法属于夸张？还是确实如此？如葡萄酒一样，奶酪在我们的美食单中处于核心地位，受到专家、鉴赏家甚至粉丝的追捧。奶酪的历史可追溯到5000年前的中亚和中东地区，当时这些地区已经利用凝乳原理制作奶酪。今天的奶酪制作已经演变成带有艺术成分的科学，它结合了不同凝乳方法、众多可选用的食用细菌添加剂和众多成熟老化技术。奶酪的风味和质地种类因乳来源不同而进一步得到丰富。牛乳、山羊乳、绵羊乳和水牛乳均可用来加工奶酪，这些产乳反刍动物本身还有不同品种和饮食结构。

奶酪制作

奶酪制作分为三个基本步骤，以下对这些步骤作简要介绍。

生产奶酪凝乳

奶酪凝乳生产过程的第一步是加入乳酸菌使牛乳乳酸化。与加工酸奶相同，乳酸菌会将乳糖转化为乳酸，使牛乳质地变稠，并为乳的凝结做准备。第二步是加入凝乳酶。凝乳酶会使牛乳中的酪蛋白聚集在一起，形成凝乳。此过程中，牛乳中的液体会与固体分离。乳固体凝聚成凝乳，余下的混浊液体称为乳清。

浓缩凝乳

由于新形成的凝乳仍残留某些液体（乳清），因此这种奶酪还可以进一步干制。应根据制作的奶酪类型选择适当的干制方法。用于浓缩凝乳的方法如下：

沥水　凝乳置于特殊漏勺中沥水。

切割　凝乳被切成小块。这有利于排出更多的水。

离心　将凝乳置于旋转容器中，利用离心力脱水。

压炼　利用压力作用迫使凝乳排出指定量的残液。

烧煮　对凝乳加热。这种加热具有使凝乳中的水分蒸发、改变成品干燥质地和风味的联合效果。

腌制　用盐腌制形成新凝乳。加盐可吸收凝乳中的水分，这种作用与烹饪中的除杂操作（dégorger）（参见术语表）类似。盐也是一种防腐剂，也具有提供风味的作用。

虽然进一步浓缩发生在成熟阶段，但在此进一步浓缩过程开始以前，要使凝乳含水量降到所需程度才能进行模具成型或手工成型操作。

凝乳成熟

在法国，此阶段称为"affinage"，意为奶酪完工整理。农家奶酪之类的某些新鲜奶酪，形成凝乳后便可食用，而帕玛森（Parmesan）奶酪这类较硬奶酪则需要一年的完熟期。各种奶酪均有自己的催熟方法。某些影响奶酪成熟的因素包括：湿度和温度控制，以及盐和食用霉菌的应用，或者特定香草的组合。奶酪成熟并非只按食谱或设定时间表行事就行，这一阶段还与奶酪制造科学及成品奶酪的配送方式有关。

奶酪的种类

新鲜奶酪

属于这一类型的奶酪是未经成熟的奶酪或是稍经成熟的奶酪。农家奶酪（cottage cheese）是典型的未成熟奶酪，这种奶酪形成凝乳后便可食用。菲达（feta）奶酪是一种稍成熟的奶酪，因为它在凝乳形成后一周就可食用。这类奶酪往往较柔软并含有较高水分。某些新鲜奶酪的例子有：马斯卡彭（mascarpone）奶酪、讷沙泰勒（Neufchâtel）奶酪，及白奶酪（fromage blanc）。

鲜奶酪

鲜奶酪也称夸克（quark）奶酪，是一种新鲜白奶酪。鲜奶酪不经腌制处理，保质期较短。这是一种具有滑腻感的柔软凝乳奶酪，略带刺激气味。鲜奶酪热量低，常作为甜点奶酪使用。

什么是凝乳酶？

直到19世纪，奶酪生产中使用的凝乳酶均由小牛胃壁获取。传统欧洲奶酪仍然需要使用纯动物凝乳酶，而75％以上的美国奶酪生产采用的是基于小牛基因遗传修饰的凝乳酶。素食者不必担心！各地健康食品商店会有用植物混凝剂制造的奶酪供应。

如何根据气味判断奶酪是否变质？

漫画中的林堡（Limberger）奶酪气味会引起喜剧性晕厥昏倒。实际上，林堡及其他溢香的奶酪广受人们欢迎。但如何判断这些奶酪气味是否超过了适当程度了呢？很简单，只要闻到（类似于窗户清洁剂的）淡淡氨味，就可以肯定奶酪中的乳酸受到了不良酶类和霉菌的作用，而这种乳酸却是奶酪保质所需的物质。

白奶酪

白奶酪是一种未经固化处理但有长保质期的新鲜柔和白色奶酪。它可与奶油奶酪媲美，但稠度类似于酸奶油。这种奶酪乳脂含量不高，因此会在高温下分解。这种奶酪具有酸味，因此通常作为甜点奶酪使用。

奶油奶酪

奶油奶酪（cream cheese）是一种为美国消费者开发的具有美妙甜味的白色软奶酪。1872年，纽约州一位奶酪生产者在试制古老的法式讷沙泰勒奶酪时发明了奶油奶酪。他当时试图模仿制造讷沙泰勒奶酪，结果得到了一种市场销路很好的新产品，这种奶酪具有奶油感从而可以涂抹。奶油奶酪是一种不经过老化阶段的新鲜奶酪，保质期较短。发明导致了创新，现在市场上有低脂、无脂、添加风味的各种奶油奶酪出售。奶油奶酪既可用于咸味制备物，也可用于甜点制备，这种奶酪的用法很多。

讷沙泰勒奶酪

据食品历史学家所传，讷沙泰勒奶酪是最古老的法式奶酪之一，这种奶酪以具有卓越品质而著称。据认为，讷沙泰勒奶酪最早在公元6世纪首先出现在法国诺曼底地区。讷沙泰勒奶酪以两种形式出售：一种是成熟颗粒状奶酪，另一种是未熟的非常具有奶油感的奶酪。这种奶酪品种会随着老化而变得易碎并会形成一层奶酪皮，具有强烈的特征味道和气味。类似于奶油奶酪，讷沙泰勒奶酪也可用于咸味和甜点制备物，并具有许多用法。

马斯卡彭奶酪

马斯卡彭奶酪

该奶酪的英文名常被错读为"marscapone"，马斯卡彭奶酪是一种营养非常丰富的（乳脂含量60%~70%的）三倍奶油甜点奶酪。这种美味的提拉米苏（tiramisu）配料已有几百年历史，它脂肪含量高，是一种意大利烹饪配料。无人知道马斯卡彭奶酪的具体发明时间，但食品历史学家估计，它应是在16~17世纪间某个时期首先出现于意大利伦巴第地区。马斯卡彭奶酪既流行用于咸味菜肴，也流行用于糕点。由于是一种无盐奶酪，因此可有无数种食谱搭配方式。

粉衣外皮奶酪

粉衣外皮奶酪（bloomy rind cheeses）是一类由薄层绒状外皮包裹的柔软奶油奶酪。此外，这类奶酪均在食用前一个月左右经过表面成熟。表面熟化是指奶酪成形后，再在其表面喷洒霉菌，使其在奶酪表面自外向内成熟。粉衣外皮奶酪的典型例子有卡门贝（Camernbert）奶酪，布里（Brie）奶酪以及三重奶油奶酪（triple cream cheeses）。

卡门贝奶酪

卡门贝奶酪

卡门贝奶酪用未经巴氏杀菌的牛乳制成，自18世纪后叶以来一直是法国诺曼底地区的特色产品。这种奶酪质地柔软，适当成熟时具有涂抹性，并带有美妙的咸鲜味。卡门贝奶酪含有45％的脂肪，通常与红葡萄酒或香槟酒搭配食用。

布里奶酪

被称为"奶酪女王"的传统法国布里奶酪具有复合风味，只在法国生产销售。据说，只有等到其表面变成微褐色，才能体验到这种奶酪的真正美味。这个褐变过程只发生在使用不稳定培养物的产品上。法规规定，法国出口的奶酪必须使用稳定培养物，因此出口产品口味并不太好。如果这种美味奶酪在完全成熟前切块，则再也不会成熟。布里奶酪最好在室温下食用。

洗皮奶酪

洗皮奶酪（wash-rind cheeses）是半软奶酪，成熟期在1~3个月，成熟期间外皮要定期用盐水、啤酒、白兰地或葡萄酒洗涤。这种处理可促进奶酪表面产生所需的霉菌风味。洗皮奶酪往往具有独特的霉香气。这类奶酪有蓬勒维克（Pont l'Evêque）奶酪、利瓦若（Livarot）奶酪、修道院和特拉比斯特（Trappist）奶酪、凯伯克（Caboc）奶酪（一种苏格兰奶酪）和林堡（Limburger）奶酪。

蓬勒维克奶酪

这种奶酪也称穆瓦奥（Moyaux）奶酪，13世纪首次出现在法国诺曼底。该奶酪以诞生地的村名命名。奶酪顶端表面带褐色霉点，表明已经成熟。内层的奶酪糊具有复合风味——入口有咸味。该奶酪具有甜涩味。蓬勒维克奶酪最好在室温下食用，适合与浓郁红葡萄酒搭配食用。

林堡奶酪

林堡奶酪以其可能会使某些人倒胃口的独特气味而著称。而对于奶酪鉴赏家来说，林堡奶酪则是奶酪中的上品。林堡奶酪经过约三个月完全成熟，具有刺鼻气味并有令人联想到肉的辛辣风味。这种奶酪最好与深色啤酒或咖啡搭配食用。

蓝纹奶酪

蓝纹奶酪（blue-veined cheeses）具有独特的可食用蓝绿色霉菌，类似于洗皮奶酪和粉衣外皮奶酪，但这种奶酪是通过注射接种，而非表面接种。这种接入霉菌的过程称为"针刺"（neeclling）。蓝纹奶酪专门利用青霉菌（简单面包霉菌），这种菌能在奶酪中心低氧区生长。这类奶酪的例子包括洛克福（Roquefort）奶酪、戈贡佐拉（Gorgonzola）奶酪、斯蒂尔顿（Stilton）奶酪和卡伯瑞勒斯（Cabrales）奶酪。

洛克福奶酪

洛克福奶酪被称为"奶酪之王"，是一种绿色外皮的白色奶酪。这种奶酪稍显湿润，具有特征性刺激气味。洛克福奶酪以其发源地取名，已有近2000年历史，被认为是法国最优秀的奶酪之一。它最好在室温下食用。洛克福奶酪由于风味独特，最好与风味同样强烈的甜葡萄酒搭配。

戈贡佐拉奶酪

戈贡佐拉奶酪是一种意大利奶酪，它以米兰城外一座小镇名命名。这是一种整个外层呈蓝绿色纹路的浅色奶酪。这种奶酪获得最佳风味所需的成熟期在3~6个月。成熟的时间越长，其风味越强。戈贡佐拉奶酪以其强烈的辛香风味而闻名。这种奶酪最好在常温下食用。它最好与同样强烈的甜葡萄酒搭配。

斯蒂尔顿奶酪

斯蒂尔顿奶酪有蓝色和白色两个品种，两者均有一层不可食用的皱皮。斯蒂尔顿奶酪与戈贡佐拉奶酪和洛克福奶酪相比，具有较醇厚且刺激的风味。与其他蓝纹奶酪一样，斯蒂尔顿奶酪容易搓碎，并适合与醇厚甜葡萄酒搭配。

洛克福奶酪

切达（cheddar）奶酪也是一种经过压制的半硬奶酪；然而，它受到一种称为"切达（cheddaring）"的过程。切达过程是指凝乳在受压前被搓成豌豆大小，并加以搅拌以除去乳清。此过程保证成熟的切达奶酪具有特有的奶酪屑质地。

未煮过的压紧奶酪

这是一类借助于按压方式去除（乳清）液体的半硬奶酪。施加于凝乳的压力根据奶酪所需的水分含量确定。半硬质奶酪与较硬奶酪相比，所需施加的压力较小。这组奶酪包括康塔尔（Cantal）奶酪、柴郡（Cheshire）奶酪、圣耐克泰尔（Saint-Nectaire）奶酪和托姆（Tommes）奶酪。

柴郡奶酪

柴郡奶酪有红色、白色和蓝色三个品种。红柴郡奶酪和白柴郡奶酪口感相同，唯一的区别是红柴郡奶酪使用了一种称为胭脂红的植物染料。这是一种半硬奶酪，质感柔滑但仍易碎。初始阶段奶酪味道较温和，成熟时形成丰满的风味。蓝色柴郡奶酪由于遍布蓝色霉菌纹络，因而风味更具刺激性。

康塔尔奶酪

康塔尔奶酪产自法国奥弗涅地区，该地区由于气候条件特殊而具有极为肥沃的牧场草地。这种奶酪风味起初相当甜，并具有原料乳的韵味。然而，康塔尔奶酪成熟的时间越长风味越丰富。康塔尔奶酪有两个品种。农家康塔尔奶酪（Cantal Fermier）利用原料乳制成，而乳业康塔尔奶酪（Cantal Laitier）是规模化生产的商业奶酪。

煮过的压紧奶酪

这组奶酪同样经过压制，然后再经过蒸煮转化。例如，爱蒙塔尔（Emmental）奶酪（一般称为瑞士奶酪）受热时，其中的细菌产生气泡从而使奶酪内部形成独特的多孔结构。蒸煮也有助于乳清蒸发。这种蒸发效应在罗马（Romano）奶酪和帕玛森（Parmesan）奶酪等硬质奶酪中最明显，这两种奶酪都是经过蒸煮且经过紧压的奶酪。经过压制并蒸煮的半硬质奶酪包括格鲁耶尔（Gruyère）奶酪、芳提娜（Fontina）奶酪和艾斯阿格（Asiago）奶酪。

格鲁耶尔奶酪

格鲁耶尔奶酪

格鲁耶尔奶酪以其发明地命名，这是瑞士弗里堡地区一个讲法语的村庄。格鲁耶尔奶酪是典型的瑞士奶酪，有许多孔，成熟期为3~10个月。成熟过程时间越长，形成的风味越丰满。典型风味具有甜坚果味，并带有果味。格鲁耶尔村还以巧克力制作而出名。

艾斯阿格奶酪

艾斯阿格奶酪是一种全风味奶酪，它有两种形式。一种为新鲜艾斯阿格奶酪，也称佩赛朵（Pressato）奶酪，是一种灰白色奶酪，具有较温和的香料滋味。另一种为成熟的艾斯阿格奶酪，也称德里福（D'Allevo）艾斯阿格奶酪，为淡黄色全风味奶酪，具有颗粒状质地。

马苏里拉奶酪

受保护原产地（DOP）

人们会在优质奶酪上见到"DOP"这一缩写。此缩写的意思是受保护原产地（denominazione di origine protetta）。根据欧洲法律，这种标记证明区域性食品为正宗产品，它确保消费者不被市场迷惑。与此密切相关的权威性标记是产地来源保证（IGP，Indicazione geografica protetta），它从地理位置方面保护产品。

拉丝奶酪

拉丝奶酪（stretched-curd cheeses）经过手工拉伸揉捏制成，往往有黏性质感。明显具有这种特征的亚美尼亚纤丝奶酪可以拉成美味的奶酪线。其他拉丝奶酪包括马苏里拉（Mozzarella）奶酪、菠萝伏洛（Provolone）奶酪和瓦哈卡（Oaxaca）奶酪。

马苏里拉奶酪

真正的马苏里拉奶酪是一种高水分含量的半软奶酪，会迅速腐败。然而，如果这种奶酪用脱脂乳而不是全脂牛乳制备，则含水量较低，从而可延长其货架期。这种由意大利人发明的奶酪据说已有2000年历史。马苏里拉奶酪具有温和的乳香风味。

受保护原产地标记
授权引自欧洲农业和农村发展委员会。

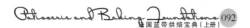

菠萝伏洛奶酪

菠萝伏洛奶酪与马苏里拉奶酪非常类似。菠萝伏洛奶酪是一种具有烟熏风味的软奶酪，根据成熟期长短分为两个品种。杜斯（Dolce）菠萝伏洛奶酪的成熟期为3个月，具有半软质感，并具有温和风味。皮肯特（Piccante）菠萝伏洛奶酪的成熟期为6个月，具有更显著的风味。

加工奶酪

在北美，加工奶酪使人想起那些橙黄色奶酪片，这些克服种种困难制成的奶酪很适合用于烤奶酪三明治。加工奶酪的种类实际上涉及更大范围的产品。例如，乐芝牛（La vache qui rit）（笑牛）奶酪是一种由孔泰（Comté）奶酪、奶油、调味剂和防腐剂制备而成的混合物。一些涂抹用加工奶酪通常以某种奶酪【如切达奶酪或艾门塔尔（Emmental）奶酪】为基料，制备时将奶酪加热融化，再加入奶油和各种风味料。

水果

读者是否想过水果在植物或树上如何形成？在用苹果制备苹果馅饼或用梨制备水煮梨时，糕点厨师可能不会首先想到这些水果从萌芽到开花结果的过程。然而，学习植物学基本知识有助于深入了解水果。因此，我们将对三类水果（单果、聚合果和聚花果）的形成和用途作简单介绍。首先有必要清楚水果是花朵成熟子房的结果。子房本身以花朵形式出现，一旦授粉便会形成大自然众多奇迹之———水果！这三类水果的区别在于成为果实的子房和花朵的多少。

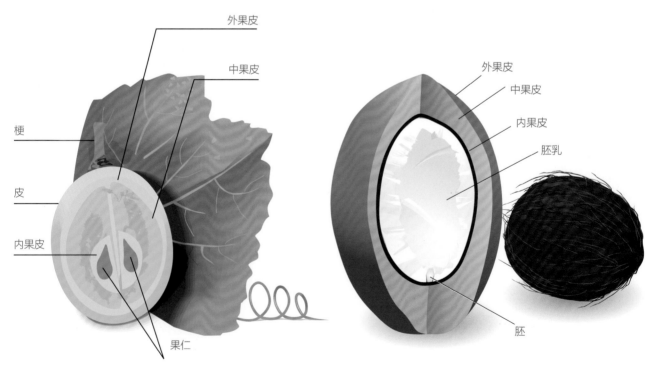

葡萄剖面图　　　　　　　　　　　椰子剖面图

单果

　　单果由单朵受粉花产生的子房形成。单果的例子包括西瓜、橙子及椰子。即使是成串生产的葡萄也属于单果。这是因为每粒葡萄都是单一花朵子房的产物。

向日葵剖面图

聚合果

　　一般而言，聚合一词指的是若干部分合在一起构成整体，对于聚合果来说，这是一个恰当的定义。聚合果由单一受粉花产生的多个子房形成。由许多微球体构成的树莓是典型的聚合果的例子。聚合果也称附果，这类独特果实包括草莓、树莓和向日葵。

草莓剖面图

众多雌花：每朵雌花由单子房雌蕊构成　　　众多果实（很多小核果）：一朵雌蕊花子房生成一枚带籽小核果

聚花果

　　聚花果与聚合果不同，这是一类由许多花朵形成一个果实的水果。另一定义性特征是聚花果并非由子房单独形成，花朵的其他部分也参与果实形成，花朵受粉后这些部分会膨胀并结合在一起。聚花果的典型例子是黑桑葚，它由许多微小花朵产生。随着花朵中各子房长大，聚集在一起便形成了黑桑葚。这种转变作用可从形成的果实形态看出（参见上图）。其他聚合果的例子有菠萝、食用无花果、菠萝蜜和石榴。

苹果和梨

　　苹果和梨也称仁果类水果，植物学上属于蔷薇科。仁果类水果在植物分类上属于单果，仁果类水果在扩大了的子房壁成熟时形成，并固定在花朵基部（花瓣、萼片、雄蕊）和花管（花筒）上。这种结构的结果是，子房成为水果的核心，而基部成了多汁的果肉部分。树皮、树叶，以及这两种类型果树的花簇形式非常相似；但各自生产的水果却大不相同。除颜色、形状、质地和滋味不同以外，苹果和梨的货架期也有很大差异。根据层析图像，植物生物学家们发现，水果的呼吸途径会影响其分解速度，而苹果和梨的氧气截留速率不同。例如，苹果的细胞间有空腔，而梨具有微小交织渠道。有了这些知识，水果种植者和供应商就可以估计延长这些水果保质期所需的理想贮存温度。

梨

　　梨的表皮内存在微小细胞簇。梨的这些独特细胞结构在软化以前呈现木质滋味。梨在收获以后会继续成熟和软化，因此，应当在完熟以前收获。如果收获时节过迟，会出现褐色梨核，并出现不良滋味。市场上有许多梨品种，包括安茹（Anjou）梨、巴特利特（Bartlett）梨和博斯克（Bosc）梨。

安茹梨　　据认为，19世纪某一时期法国安茹地区最先生产安茹梨。这种梨有红色和绿色两个主要品种。红色安茹梨形成特征性红色皮肤，并随着梨的成熟而颜色变深。绿色安茹梨即使完全成熟其外皮仍然保持绿色。两者均有甜香味浓郁的白色果肉。安茹梨具有中号到大号水果个型，基部较宽，而茎较短。

巴特利特梨（即威廉姆斯梨）　　巴特利特梨也称威廉姆斯梨（英文同义名有：Williams' pear、Williams' Bon Chretein pear和Williams' Good Christian等）。18世纪晚期，这一品种首先被发现生长在一位英语教师的园子中。这种梨个体大，具有光滑果皮。它柔和多汁，非常适用于制作甜食。未成熟的巴特利特呈绿色，但接近成熟时，成为金黄色，某些情况下这种梨也有深红色外皮。

红安茹梨

博斯克梨　　博斯克梨也称布罕博斯克（Beurré Bosc）梨或凯撒（Kaiser）梨。这种梨的特点是基部宽大，颈部修长，并具有脆而光滑的果皮。这种水果生长在加拿大西海岸、美国西北地区、澳大利亚和欧洲部分地区。博斯克梨通常呈暗黄色并泛褐红色。博斯克梨不因成熟而改变颜色。博斯克梨口味香甜，因此有时被描述为略带香辛味。这梨很适合用于焙烤、烧烤、制果泥，或当零食吃。

博斯克梨

嘎拉苹果、绿苹果和麦金托什苹果

苹果

如前所述，苹果皮下为苹果细胞及细胞间不规则空腔。细胞间允许气体交换和氧气流动的空间结构，可提高苹果寿命。

苹果在完全成熟时收获。成熟苹果脆而饱满，非常具有多汁感。苹果的滋味、质地和外观受多种因素影响。苹果品种包括红元帅（Red Delicious）苹果、金冠（Golden Delicious）苹果、绿（Granny Smith）苹果、皇家嘎拉（Royal Gala）苹果和麦金托什（McIntosh）苹果。

红元帅苹果　红元帅苹果具有带浅黄色底纹的艳红果皮，果肉呈奶白色。这种苹果应坚实带有紧致光滑外皮，最好生鲜食用或做成色拉。

金冠苹果　金冠苹果是一种具有娇嫩黄色果皮的大型苹果，其果皮容易擦伤。这种芬芳苹果滋味甜美，口感宜人。金冠苹果最好鲜食、做沙拉吃，也可用于烘烤。这种苹果褐变缓慢，因此适合供餐。

绿苹果　绿苹果是一种具有玫瑰色斑点的绿色苹果。它具有坚实光滑果皮，有甜酸味。绿苹果具有光滑紧致外皮，果肉不像多数苹果那样容易褐变。这种苹果最好鲜食、做成沙拉，也可用于烹调和烘烤。

皇家嘎拉苹果　皇家嘎拉苹果是一种带绿色或黄绿色竖向条纹的品红色苹果，被认为是一种甜点苹果。皇家嘎拉苹果是小个型品种苹果，非常结实，不易擦伤。这种苹果皮薄，果肉软，容易咬入。这种苹果果肉具有砂粒质感、温和甜味和优雅香气。皇家嘎拉苹果是1920年由金冠苹果与基橙红苹果杂交而成的苹果品种。

麦金托什苹果　麦金托什苹果主要呈红色，略带绿色。果肉白色，具有酸味。麦金托什苹果被苹果爱好者认为是一种优秀的食用苹果品种，也是市场上供应量最大的苹果品种之一。

金冠苹果

浆果

浆果的植物学定义是：由单一子房产生果实和种子的水果。浆果一般都比较小，呈圆形或半椭圆形，通常颜色鲜艳，具有甜味或酸味。在浆果中，香蕉是一例外，它的外形或应用与上面所述浆果特征无多大关系，但技术上仍然分类为浆果。其他浆果例子包括黑莓、蓝莓、蔓越莓、红醋栗（currant）、葡萄、树莓、草莓和地樱桃（酸浆属）。

香蕉（芭蕉科）　拉丁学名：*Musaceae*

香蕉原产于马来西亚，现在全球热带地区都有种植。香蕉的价值在于其所产的果实，香蕉有许多不同的颜色和大小。虽然香蕉植物常被误认为属于棕榈树，但它实际上是一种大型草本植物，植株高度可达8米。每一植株可产5~40串香蕉，每串约结20枚香蕉果实。香蕉果实由单一子房产生，这使香蕉在植物分类上既可以归类为浆果，又可以归类为单果。

这种水果首先在巴布亚新几内亚开始人工栽种。目前，全球最大的香蕉生产国有印度、巴西、厄瓜多尔、中国和印度尼西亚。然而，今天人们普遍食用的甜香蕉并非是人类远古祖先所吃的相同品种。人类祖先食用的是红色和绿色品种的香蕉；这是一类内含种子的淀粉质香蕉。经过多代精心选育实践，得到了人们现在所熟悉的黄色、甜味、无籽香蕉品种。这种现代香蕉是不育水果，不能用种子繁殖。自19世纪初起，香蕉均通过扦插方式繁殖，这种扦插植株是一种由2种非食用品种【小果野蕉（*Musa acuminata*）和野蕉（*Musa balbisiana*）】杂交突变而成的植株。

香蕉是一种营养丰富不含脂肪的水果，它含有高水平的蛋白质、碳水化合物、维生素A、维生素B6、钾、铁和纤维。香蕉含三种类型天然糖（葡萄糖、果糖和蔗糖），是一种富含优良碳水化合物的健康零食。由于其天然糖含量，香蕉也能持续调节血糖水平，非常适合当零食食用。香蕉有无数烹饪用途，但美国人最喜欢简单而深受喜爱的香蕉面包。

黑莓　拉丁学名：*Rubus fruticosus*

黑莓原产于北美、南美、亚洲和欧洲。黑莓具有深紫色圆润细腻果皮。这种特殊的水果具有一枚浅绿色核，该核贯穿整个浆果。黑莓被认为属于聚合果。

北美黑莓是用来在肉类上做人们熟悉的美国农业部（USDA）评级标记的

真浆果与假浆果

植物学上，真正的浆果是一种种子和果肉同时由单一子房产生的水果，例如葡萄。假浆果是由成熟下位子房与花管和其他花基部分一起形成的果实。

黑莓

食用紫色染料源。黑莓在欧洲已有2000多年的药用和食用历史。黑莓植物是一种惊人的荆棘植物，因此，也被用来作为抵御入侵者的障碍。

蓝莓（加拿大称为bleuet，法国称为myrtille） 拉丁学名：*Vaccinium Cyanococcus*

蓝莓原产于北美东部。这种低丛品种植株最高达一英尺（1英尺=0.3048米）。蓝莓小而圆，具有灰蓝色光滑果皮，归类为单果。蓝莓含有许多几乎无法察觉的柔软微小种子。蓝莓是一种甜美多汁的水果。

土著美国人将蓝莓称为星莓（starberry），认为这种美味水果是神灵送给人们食用和保健的星星。每个小果底部均有星号标记，因此让人们永远不会忘记这种水果从何而来。北美土著居民有许多蓝莓使用方法。蓝莓可制成蓝莓干，可作为炖菜食材使用，也可塞入肉中再加入风味物用于肉类保藏。蓝莓汁可作为止咳药用，蓝莓叶和根经干燥磨成粉，可用来治疗各种疾病。

欧洲殖民者抵达新大陆时，当地人教他们如何种植、收获和制备蓝莓。第一个感恩节大餐中很可能有以不同形式利用的蓝莓。

蓝莓

二战期间，很难获得富含维生素C的水果。黑醋栗富含维生素C，并且适宜于在英国气候下生长。英国政府鼓励种植这种水果。自1942年起，大量英国黑醋栗作物被用于制成黑醋栗甘露饮料。这种饮料免费提供给英国儿童。

蔓越莓 拉丁学名：*Oxycoccos palustris*，*Oxycoccos microcarpus*，*Oxycoccos macrocarpus*，*Oxycoccos erythrocarpus*

蔓越莓原产于北半球。这是一种可在沼泽、湿地生长的高酸度水果。蔓越莓长在具有坚实茎和常绿状叶的低蜿蜒藤蔓上。这种藤树茁壮生长在湿地特有的土壤和养分独特的组合环境中。湿地类似海绵，能储存和净化水，使蔓越莓藤获得丰富的营养。蔓越莓在完全成熟前呈白色，成熟后变为特征性艳红色。因品种不同，蔓越莓可是淡粉红色的，也可是鲜红色的。蔓越莓的酸味比其甜味更突出。它们被归为单果类。

全球有四个品种的蔓越莓：酸蔓越莓（Common Cranberry），小红莓（Small Cranberry），大蔓越莓（Large Cranberry）和南部山区蔓越莓（Southern Mountain Cranberry）。

酸蔓越莓也称北蔓越莓。它们具有强酸风味。这种水果相对较小，呈淡粉红色色调。该品种植物具有5~10毫米的小叶子，在带绒毛的芽尖上开深粉红色花朵。

小红莓原产于北欧和亚洲北部。这种品种的叶子比酸蔓越莓品种的小，而且该品种长毛芽。

大蔓越莓又称熊果（Bearberry）或美国蔓越莓（American Cranberry）。它们原产于加拿大东部和美国东部地区，包括北卡罗莱纳州（只长在高海拔地区）。该品种（长10~20毫米的）叶子略大于其他品种。大蔓越莓具有苹果般甜酸风味。

南部山区蔓越莓原产于加拿大东部和美国东部地区，包括南阿巴拉契亚山脉的高海拔地区。它们也原产于亚洲东部。

蔓越莓这一名称来自德国和荷兰殖民者，它们将这种水果称为"鹤莓（crane berry）"。蔓越莓春末时节开花，其淡粉红色扭曲花瓣类似于沙鹤头和喙。该名称随着时间推移被简写成了蔓越莓（cranberry）。

蔓越莓目前在美国北部和加拿大边境地区有商业化种植。这种水果有干果、新鲜和加工形式销售。蔓越莓可用于谷物制品、饮料、酸奶、酱料、松饼和能量棒。北美土著人习惯于鲜食蔓越莓，也用它加枫树糖做成甜酱。他们用这种酱为其他菜肴添加风味。蔓越莓有药用目的：用作治伤口的药膏，作为药物用于治疗各种疾病。蔓越莓汁也作为天然染料用于地毯、衣服和毯子染色。

醋栗 拉丁学名：*Ribes nigro，Ribes rubrum，Ribes sanguineum*

黑醋栗（black currants） 黑醋栗原产于欧洲中部和北部，以及亚洲北部。黑醋栗英文也称"cassis berry"。黑醋栗类似于集群葡萄生长在小香灌木上。黑醋栗与葡萄的相似性还反映在植物学上均归为单果类。黑醋栗浆果有光泽、呈紫黑色，并含营养丰富的种子。黑醋栗灌木具有掌状裂叶，叶子带有小齿边缘。从远处看，黑醋栗灌木很容易与红醋栗品种混淆。但仔细观察，很容易根据其叶子和茎的香型将两者区分开。黑醋栗主要作为风味剂用于白酒、葡萄酒、软饮料、肉类菜肴、酱汁和烘焙食品。

红醋栗 红醋栗原产于西欧，但现在生长在整个北半球。红醋栗与黑醋栗非常类似，生长在小灌木上，两者仅有两处细微差别。红醋栗灌木较少芳香，并且浆果稍有酸味。红醋栗即使酸，适口性也较好，可以不加糖生吃。红醋栗是一种耐寒灌木。它们能够在其他植物无法扎根生长的场合生长。

新鲜红醋栗在夏季的供应时间很短，但人们可以购买到冷冻红醋栗。红醋栗可用于制作果酱、饼馅、水果汤和夏令布丁。

白醋栗 白醋栗有时也称黄醋栗或粉红醋栗。白醋栗花的颜色在浅黄色到绿色之间，结出的半透明浆果呈现浅粉色到白色不等的色调。它们是红醋栗的白化品种，浆果基本没有颜色或完全没有颜色。

白醋栗个体比红色品种小，而且也较甜而不酸。像其他品种一样，它们也富含维生素C、维生素B_1、铁和锰。

葡萄 拉丁学名：*Vitis*

　　葡萄是一种真正的浆果（单果），属于葡萄科（Vitaceae）。葡萄常常按照用途分类，例如餐桌葡萄、烘烤或烹调用葡萄、酿酒用葡萄，或用于生产葡萄干的葡萄。葡萄是以每串6~300粒形式长在落叶木质藤上的水果。一般葡萄果皮光滑、多汁，并且可以有籽或无籽形式栽培生长。葡萄品种有上千种，有些品种的口味和颜色已被改良成适合消费者的形式。这类改良品种的例子有无籽葡萄和滑皮葡萄。在所有水果中，葡萄一直被认为是历史记载最完善的水果之一。葡萄也是全球分布最广的水果之一，可以追溯到距今几千年前的早期文明期。虽然葡萄的起源地尚未确定，但可以相信，早在公元前2400年埃及人已经栽种葡萄藤，中国人栽种葡萄的时间可能更早。

醋栗干

覆盆子 拉丁学名：*Rubus idaeus*（欧洲品种），*Rubus strigosus*（美洲品种）

　　覆盆子长在木质茎灌木状植物上。覆盆子是由众多珠状果实绕核连结而成的聚合果。当这种浆果受到拉扯，其花托会留在植株上，并在覆盆子顶部产生一个洞。覆盆子很娇脆，被认为是市场上最具调味力的食用浆果之一。这种水果的颜色有黄色、红色、紫色或黑色。

　　覆盆子原产于小亚细亚的高加索山脉、欧洲和北美。红覆盆子和黑覆盆子品种被认为是最早的野生品种。红覆盆子流行于小亚细亚和欧洲；黑覆盆子仅是北美的野生品种。

葡萄干

　　基督时代，特洛伊和爱达山居民们采集野生覆盆子。古罗马农学家帕拉弟乌斯（Palladius）在4世纪记载已经培育了红覆盆子。英国的古罗马城堡出土了一些覆盆子种子，权威专家认为，很有可能罗马人使覆盆子在整个欧洲栽培。整个中世纪英国人对这种美妙浆果进行着改进和推广，最终在1771年开始将红覆盆子植物送到了纽约。

黑覆盆子 拉丁学名：*Rubus occidentalis*（美国东部品种），*Rubus leucodermis*（美国西部品种）

　　黑覆盆子原产于北美荒野。它们主要流行于美国东部，但也在西部生长，也在美国墨西哥湾沿岸州生长。由于红覆盆子流行，并且又有其他水果大量供应，因此黑覆盆子直到19世纪50年代才开始人工栽培。黑覆盆子是覆盆子家族的另类，其流行性从来没能赶上过红覆盆子。因此，黑覆盆子的商业化生产从未达到过红覆盆子或黑莓的水平。

红覆盆子

金覆盆子

草莓　拉丁学名：*Fragaria*

草莓原产于美洲太平洋沿岸。三个一组的草莓长在非常靠近地面的植株梗上。并非每朵花都能产浆果。这种水果开始为浅绿色，成熟后发展成艳红颜色。随着草莓形成，草莓花朵的花瓣开始掉落，只留下花萼，即草莓的叶状星形顶部。草莓与其他水果不同，因为它的种子在外面形成。草莓也被归类为聚合果。

草莓

野草莓　拉丁学名：*Fragaria vesca*

野草莓是一种人类自古以来一直在食用的娇嫩小浆果。整个北半球都可以发现这种野生或种植的植物。包括野生和栽培品种在内的所有草莓均属于蔷薇科。野草莓是已知最普通的草莓。

野草莓花朵长出的分离梗有三片深绿色叶子。野草莓花朵的大黄色中心边有五片白色花瓣。四月到七月是开花季节，然后开始长果实。它们适宜生长在有充足阳光的干旱地区，如林区边缘和草地。这种草莓整体充满风味和芬芳。

在法国，这种美味水果在专门服务于美食家的杂货店出售。这种浆果的保质期相当短，容易变质，这意味着它们不便运输。因此，草莓不能出口。在法国，野草莓普遍栽种于家庭菜园。北美的市场上很少有这种草莓出售，因为没有大规模栽培。然而，人们也可在野外和家庭花园见到这种植物。

酸浆果（地樱桃）　茄科（*Solanaceae*）

酸浆属原产于南美，属于茄科家族。这类长在高达3米草本植物上的小果由纸质荚覆盖，这种荚很容易剥离。成熟果实呈黄色，内有许多小种子；未成熟果实为绿色。酸浆果在植物学上可归为单果类。

酸浆果不应与黏果酸浆果（*Physalis ixocarpa*）相混淆。酸浆果口味较甜，并可很好地与糕点糖果配伍，而黏果酸浆果具有酸味。酸浆果的味道与一种葡萄与樱桃番茄的杂交品种类似。

已知含有大量果胶（一种可溶性膳食纤维）的酸浆果据说可以降低血液中的胆固醇水平。果胶含量高的水果适合制作果酱和蜜饯，因为它们含有全部风味并且较香。酸浆果还常用作装饰物或作为配料用于成品菜肴。

柑橘

柑橘类水果属于芸香科，喜欢生长在温带和热带地区。柑橘类水果原产于亚洲，但现在也在几个南美和中美洲国家种植，并且也在美国温暖地区、中东和欧洲种植。这类水果富含维生素C、类黄酮及水溶性纤维，它们具有一定酸度。柑橘家族成员包括橙、血橙、克莱门小柑橘、橘柚、柠檬、酸橙和葡萄柚。本节所介绍的所有柑橘类水果均为聚合果。

葡萄柚

葡萄柚　拉丁学名：*Citrus paradisi*

由于这是一种较大型柑橘品种，因此葡萄柚名称听起来似乎很奇怪，但如果看到它们像葡萄一样成串挂在树枝上就不觉得奇怪了。这是一种由柚子与甜橙杂交而成的水果，当然从其颜色和大小来看，很显然，柚子基因占了主导地位。

尽管存在若干品种，但果肉白色的无籽马叙（Marsh）葡萄柚和果肉红色的无籽红玉（Redblush）是两个在北美市场上比较流行的品种。由于人气很足，以至于这种水果有专用刀（刀呈去除果肉后弯曲果皮形状），葡萄柚往往在早餐时食用，但也可切片后烤制成可口小吃。

柠檬　拉丁学名：*Citrus limon*

据认为，柠檬原产于印度、缅甸北部和中国。大约在公元700年，柠檬被引入波斯、伊拉克和埃及，并首次在10世纪文献中得以记载。在公元1世纪，柠檬通过意大利南部传入欧洲，但是直到15世纪才得以在热那亚广泛种植。1493年克里斯托弗·哥伦布将柠檬种带到了美洲；然而，1700年，柠檬在当地只作为观赏植物和药物使用。英文柠檬名（lemon）来源于阿拉伯语"limūn"，也来源于旧意大利语和旧法语单词"limone"。

柠檬

柠檬起初为绿色，完全成熟时呈美丽黄色。柠檬大小不等，但一般大小与网球相当。柠檬味酸，含约5％的柠檬酸。

柠檬可作甜味或咸味食品应用。腌柠檬是摩洛哥美味，而柠檬果酱则流行于英国。许多饮料（如汽水、冰茶、混合饮料和水）玻璃杯边缘常加一片柠檬。用柠檬汁腌鱼可消除鱼腥味，并使鱼肉"熟化"。在易氧化的苹果、香蕉、鳄梨之类水果切口上挤一些柠檬汁，其中的柠檬酸可作为短期防腐剂，使这些水果能在较长时间保持其天然颜色。柠檬也有非烹饪用途。切半个柠檬蘸粗盐或发酵粉，可用于擦洗铜制炊具。柠檬可用于厨房除臭——切半个柠檬可

中国柠檬

101

用于去除油脂污渍，并可作为漂白剂和消毒剂使用。在柠檬上加些小苏打可擦去塑料食品容器上的食物污渍。

莱姆　拉丁学名：*Cifrus latifolia*，*Citrus aurantifolia*

　　莱姆是柑橘家族中最小的果实。莱姆在其还是绿色时采摘，但留树上成熟的莱姆会变成橙色。一些莱姆成熟时会呈现一定程度黄色。莱姆极酸，单位重量含酸量是柠檬的 1～1.5 倍。

　　三种最常见莱姆类型是塔希堤莱姆（Tahitian）（*Citrus latifolia*），墨西哥莱姆（Mexican）（*Citrus aurantifolia*）和群岛莱姆（Key lime）（*Citrus aurantifolia*）。墨西哥莱姆和群岛莱姆被认为是"真正的"莱姆，而塔希堤莱姆被认为是一种杂交品种。群岛莱姆原产于东南亚，先传播到中东、北非，再传播到西西里岛和安达卢西亚。西班牙探险家在16世纪将莱姆带到了西印度和佛罗里达群岛，并到处栽种，群岛莱姆名称由此而来。群岛莱姆比塔希堤莱姆品种个小，群岛莱姆以其独特风味和多汁性而著称。群岛莱姆曾经是佛罗里达州主要莱姆作物，但20世纪20年代这些果树被飓风摧毁而被后来的塔希堤莱姆取代。

　　塔希堤莱姆也称波斯莱姆和贝尔斯（Bearss）莱姆。它的个头比群岛莱姆大（约为鸡蛋大小），无籽，具有浅绿色果肉。塔希堤莱姆虽然不如群岛莱姆香，但却是最常见的商业品种。

橙

　　据认为，橙起源于（位于澳大利亚和东南亚之间的）马来群岛，随着罗马人的征服，橙开始在地中海沿岸传播开来。这种水果的普遍吸引力，可从不久后克里斯托弗·哥伦布将其推向新世界反映出，当地佛罗里达土著美国人总会在狩猎途中带上许多这种多汁水果。

　　虽然甜橙是当代北美和欧洲家庭的普通之物，但它曾被看成是一种名贵奢侈品。橙子是罗马人节日餐桌上的出彩之物，它在文艺复兴时期贵族餐桌上成了美味和财富的象征，即使到了20世纪初，儿童在圣诞节仍然将橙子看得比糖果宝贵。

　　美国是世界上最大的橙子生产国（紧随其后的是巴西），其40％以上橙子被加工成国内消费的冷冻浓缩橙汁，尽管冷冻的鲜汁最受欢迎。以下举例说明橙子的主要营养特性，橙子是维生素C、钙和铁的重要来源，果糖占了整个水果化学组成物的近半。

　　橙子的口味从甜到酸不等，可分为两类：甜橙（*citrus × sinensis*）和苦橙或酸橙（*Citru，aurantium*）。

苦橙或酸橙　酸橙（bigarade orange）　别名：塞维亚橙（Seville Orange）　拉丁学名：*Citrus aurantium*

　　酸橙原产于越南南方，其价值在于可用于制备香水和风味料精油。它特别适用于生产橙利口酒，例如橙皮甜酒（triple sec）和君度酒（Cointreau）。塞维亚橙还是制造果酱的优选原料，因为它比甜橙含有更多天然果胶。酸橙花可用于提取橙花水。这种苦橘也被广泛应用于草药。

佛手柑 拉丁学名：*Bergamia risso*

佛手柑（bergmot orange）主要在意大利种植，目的是获取精油，用于香水、糖果和烟草。这种精油也是格雷伯爵（Earl Grey）茶使用的风味剂。

中国柑橘类

柑橘 拉丁学名：*Citrus reticulata*

柑橘先由印度传入中国，并有可能由早期西班牙或葡萄牙探险家引入欧洲。几个世纪之后的19世纪50年代，欧洲南部开始栽培柑橘。柑橘到了20世纪初才进入美国海岸，当时在加利福尼亚州和佛罗里达州大量种植这种植物。中文柑橘指的是一种风味令人愉快的水果。由于其果肉甘甜多汁，并且果皮宽松，因此，柑橘有时也被称为"羔皮手套"橙。

如今，多数柑橘类植物生长在中国、日本、印度和东印度群岛，某些品种也已在美国和墨西哥商业化种植。柑橘一般略小于网球，其形状较趋于扁平球体。柑橘有许多品种和杂交种。例如，橘子、克莱门小柑橘（本身是一种橘子）、罗宾逊橘和温州蜜柑都属于柑橘类。所有近亲或远亲柑橘类水果聚在一起会使这一水果家族变得十分混乱，并可能闹出笑话！但不要小看柑橘（*Citrus reticulata*），值得一提的是柑橘是整个柑类植物家族中仅有的三种"父种"之一。

温州蜜柑 拉丁学名：*Citrus unshiu*

温州蜜柑是柑橘的日本杂交品种，特别耐寒。已知这种水果能承受低达−11℃的低温，在抵御作物破坏性疾病方面也优于其他甜橙品种。温州蜜柑的天然抵御能力有可能使其成为流行"有机"作物。这种甜蜜无籽水果的缺陷是果皮薄，皮的脆弱性使其容易受到伤害。虽然有些温州蜜柑品种选育时注意到了这一点，但改用小箱及采用单个包装的做法也在缓和这种产品缺陷方面起到一定作用。

橘柚 拉丁学名：*Citrus tangelo*

橘柚是柚子和橘子的杂交作物，具有温和甜味及低酸度特点。这种水果很容易根据果实梗端隆起物识别。两种常见品种为明尼奥拉（Minneola）橘柚和奥兰多（Orlando）橘柚，两者均有橘子风味、多汁液，并且个体较大。

橘子 拉丁学名：*Citrus Tangerine*

橘子在中国经过2000多年栽培后才进入摩洛哥，并在19世纪中叶传播到欧

脐橙

洲。摩洛哥港口城市名为丹吉尔（Tangier），因此足以说明，橘子由此而得名。商业上最成功的橘子品种是克莱门小（clementine）柑橘。克莱门小柑橘与柑橘不同，其果皮较紧，但风味和多汁性却毫不逊色。该品种名20世纪初取自其创造者克莱门·特劳特神父之名，克莱门小柑橘主要在法国消费，但现在整个欧洲和北美地区都有供应。

甜橙品种（脐橙）

血橙　甜橙突变成血橙似乎发生在公元7世纪到10世纪间的西西里岛。该品种由西西里岛摩尔人开发，摩尔人曾经统治整个北非和地中海部分地区。

　　该品种在美国不太成功（主要由于生长条件不利）。血橙主要生长在地中海沿岸地区，并集中在意大利南部地区。为了实现独特的着色，血橙需要较低温度和特殊土壤条件，而这些条件可以在西西里岛的埃特纳火山地区找到。血橙在巴基斯坦有小范围地区种植，这些地区也具有适合血橙生长的适宜条件。

　　塔罗科（Tarocco）、莫罗（Moro）和桑吉耐劳（Sanguinello）是血橙中的甜味品种，可以剥皮后鲜食或作为甜食使用，而马耳他（Maltese）血橙酸度较高，因此更适合于咸味应用，如用于酱汁。术语全血（full-blood）和半血（half-blood）用于描述血橙果肉红色的深浅，塔罗科血橙是颜色较浅的品种，而莫罗血橙是颜色较深的品种。形象的名称与动人的颜色无疑使得血橙优于其他甜橙品种。

脐橙　据有些资料称，脐橙从中国经巴西传入美国；另一些资料则称，脐橙是甜橙在巴西发生的单一突变品种。然而，至少可以肯定的一点是，这种水果1835年引入到佛罗里达州后，便在美国很快流行起来。1870年美国加州种植的血橙树到1911年还在加州里弗赛得开花结果。

　　脐橙既无核，又容易剥皮，使其成为深受人们喜爱的零食水果。由于其细胞破裂时会发生化学反应，因此脐橙不特别适合用于榨汁。脐橙因其脐样凹陷处出现了第二个不发育橙子而获名并不令人奇怪。脐橙是一种不育品种，属于需要嫁接（使一种品种融合到另一栽培品种的过程）繁殖的棘手作物。

波斯橙　波斯橙是起源于印度北部的一种苦橙，经过几个世纪逐渐演变后成为甜橙。有时候，这一品种也称甜橙。

瓦伦西亚橙　一月到四月下旬，加利福尼亚州奥兰治县空气中就弥漫着一股甜蜜的气味。这便是瓦伦西亚橙花的气味，它预示着这种作物将有好收成。瓦伦西亚橙是理想的果汁用橙，因为它籽少，并且在适当条件下可保持其颜色和风味。这种橙子当零食吃并不方便，因为剥皮比较费劲。值得注意的是，瓦伦西亚橙的绿皮并不影响其品质和成熟度，相反这是一种称为返青的自然过程。虽然这种橙以西班牙港口城市瓦伦西亚命名，但这一柑橘家族成员最初却来自中国。

异国水果

生活在热带以外地区的人，自然将热带水果当作"异国情调果品"。但在热带地区，许多这类异国水果却是家常便饭。它们可能繁茂地长在后院和路旁——有时会像杂草般疯长。虽然这些水果在当地相当丰富，但要将这些娇嫩的热带水果运到世界其他地区并非易事。人类越渴望什么，似乎越不容易得到。

热带水果都有一个共同特点——不耐霜冻。这并不奇怪，因为北回归线和南回归线（纬度范围在赤道南北各23°位置）范围内地区的温度很少骤降到20℃以下。此特定区域被认为是相当独特的生长区域，拥有大量独特的植物和动物生命。

杨桃 拉丁学名：*Averrhoa carambola*

杨桃在东南亚和马来西亚已有多个世纪的种植历史，但据认为它原产于斯里兰卡和摩鹿加群岛。杨桃也生长在某些温暖湿润气候地区，例如特立尼达和多巴哥、南佛罗里达、夏威夷，以及几乎整个巴西。杨桃是一种瓠果，因此属于单果。

杨桃是一种五棱形果实，每棱含两颗种子。如果沿横截面切片，这种果实会形成一个完美的星形。杨桃皮薄，具有蜡质感，可整个食用。杨桃肉质在半透明到黄色之间，具有脆性质地。这种水果没有纤维感，但非常多汁。完全成熟的杨桃果实呈金黄色，并有绿色韵味。杨桃最好在完全成熟变甜后食用。

杨桃有甜味型和酸味型两个品种。酸味型杨桃一般棱脊较窄，而甜味型杨桃的棱脊肉较多。这两个品种口感类似，即使是酸味型品种也有淡淡的甜味。或许这样说更为恰当：一种为甜味型，另一种甜味更浓。

杨桃含有高浓度维生素C和抗氧化剂。这种高级水果酸度低，糖和钠含量也低。尽管杨桃有明显的保健好处，但少部分人不宜吃杨桃，因为它像柚子一样也含有草酸。草酸对于肾健康并发症患者有致命性。

杨桃可当零食吃、做成沙拉或水果鸡尾酒。杨桃果汁或果汁冰糕有提神作用。杨桃也作为配料用于沙拉和含酒精饮料。酸味型杨桃可炒制，也可做成适用于海鲜、肉类和家禽的甜辣酱。杨桃只需短时间烹调。

椰子　拉丁学名：*Cocos nucifera*

椰子

　　椰子的起源地未定。有学者认为，它起源于南美洲西北部，而另一些人则认为它原产于南亚。化石记录证明，早在公元前1年椰子就在斯里兰卡出现。椰子在植物学上归为核果类，并且属于单果。椰子长在平均气温28~37℃间高湿度地区的椰子树上。椰子树能承受一定范围的温度变化，但水果生产会受剧烈和长期气温变化影响。椰子的理想生长地区包括夏威夷、新西兰、菲律宾、波利尼西亚和巴西等。全球有80多个种植椰子的国家和地区，每年总产量超过6000万吨。

　　椰子树高度在18~30米间，具有平均长度4~6米的平行茎络叶片。椰子树平均需7年才首次结果。一旦椰子树开始结果，则可以连续结果13次。

干椰子

　　椰子作物产品有多方面用途，可大量用于美食、化妆品和医药。在热带国家，椰子被认为具有药用价值。它们被当作葡萄糖替代物用于缓解头痛及降低发热。

　　椰子树有许多烹饪用途。棕榈酒（toddy）是由椰子树汁发酵而成的酒。椰树汁的发酵时间越长，酒精含量越高。亚力酒（arrack）是用椰树汁进一步发酵得到的第二种酒。不同发酵过程也可以得到醋、棕榈糖和糖浆之类的产品。

　　椰子乳有多种用途，可用于制作酸辣酱、馅饼，甚至饮料。椰子油是记载中最古老的植物油之一。椰子油具有抗菌和抗病毒特性，被认为可降低胆固醇水平。

椰枣　拉丁学名：*Phoenix dactylifera*

　　椰枣起源地未定。猜测的椰枣原产地是北非和中东地区。有一点可以肯定，椰枣树是最古老的栽培作物之一。椰枣在植物学上归类为聚合果。

　　椰枣是雌雄异株作物；这意味着，雌性椰枣花结果实，而雄性椰枣花产生花粉。50棵雌性椰枣树平均需要2棵雄性椰枣树才能保证足够的花粉。椰枣需要6~7个月完全成熟。生产的椰枣果实可分成三类：软椰枣、半干椰枣和干椰枣。软椰枣饱满并保留大部分水分，含糖量在三类产品中最低。半干椰枣果肉较坚实；与软椰枣相比，它们的水分含量较低，而糖含量中等。干椰枣仅含少量水分，富含糖分，并具有干坚果皮。

　　带核或去核椰枣均可当零食吃，椰枣可干制，制成糖浆，也可制成椰枣泥。

无花果　拉丁学名：*Ficus carica*

普通无花果原产于西南亚，然后被人们传播到整个东地中海地区。英文无花果一词"fig"最早以古法语"figue"形式出现于13世纪。

无花果树树身小，高度范围在3~9米。

无花果必须完全成熟之后采收，因为它们离树以后无法继续成熟。收获后的无花果在冷藏条件下的平均保质期为2～3天。无花果娇嫩，很容易在简单收获和运输过程中损坏。判断无花果是否成熟，最好将其拿在手中轻轻挤压。如果感觉像软桃子，则说明无花果处于高峰成熟期。无花果的成熟度很难通过颜色判断。成熟无花果有许多可能颜色，因此成熟与否取决于品种。无花果在植物学上分类为聚合果。

无花果树以及树叶和果实均含有天然胶乳，将其收集并干燥成粉，可用于奶酪生产，用于牛乳凝固。无花果汁液含有消化蛋白质的无花果蛋白酶，它可用于提取脂肪、嫩肉，也可用于蒸馏饮料。无花果树汁对人体皮肤有刺激性。在种植无花果的热带地区，人们用无花果树汁液来清洗餐具、锅和平底锅。无花果也可以用于制作果酱和馅饼。

猕猴桃　拉丁学名：*Actinidia deliciosa*

猕猴桃原产于中国，也称中国鹅莓（Chinese gooseberry）。它呈椭球形，长轴不超过8厘米。猕猴桃果皮为中等棕色，带有同色短硬毛。果肉颜色范围在亮绿色到灰白色之间，果心为全白色。从中间往外辐射出许多细纹，之间有深色可食用种子。猕猴桃在植物学上归为聚合果类。

猕猴桃含有木瓜蛋白酶，其工作原理很像青木瓜酶；这种酶通过分解坚韧肉类纤维组织使其嫩化。猕猴桃不能与明胶或以明胶为基础的产品很好搭配，因为木瓜蛋白酶对胶原蛋白也有破坏作用。因此，这种酶也被用于牛乳凝固。猕猴桃与乳品或明胶配合使用时，使用以前要对猕猴桃进行蒸煮，以使这种酶失活。

中华猕猴桃　拉丁学名：*A. chinensis*

中华猕猴桃是品种较新的猕猴桃。它是新西兰开发的天然植物育种产物。它们个体如鸡蛋大小，具有绿褐色薄皮。与猕猴桃相比，中华猕猴桃几乎无果毛，但具有小绒毛。成熟的中华猕猴桃果肉软黄，并含有无数黑色种子。中华猕猴桃没有绿色品种那么酸。

芒果　拉丁学名：*Mangifera*

芒果原产于亚洲南部和印度东部，与开心果（pistachio）和腰果（cashew）一起，同属于漆树科（Anacardiaceae）。芒果的英文名称来源于葡萄牙语单词"manga"，也来源于泰米尔语单词"mankay"——意为芒果树果实。芒果在植物学上归类为核果和单果。

芒果树高达30~40米，具有很长的主根，最长可达6米。芒果树有几百年寿命，并且整个生命过程会不断结

芒果

出硕果。芒果有不同外型和颜色，质量也有差异。芒果的大小范围在6~25厘米之间，重量范围在2盎司至5磅（60~2500g）之间。芒果可以是圆形、椭圆形，或明显偏向一边，并且常带特征性尖端。芒果有不同颜色，包括绿色、黄色、橙色、腮红和紫色。芒果具有厚革质果皮，带有蜡质感。某些芒果的果肉具有松节油气味；然而，大多数芒果具有诱人的香味。

理想的芒果应具有无纤维感多汁果肉，既不太甜，也不太酸。芒果是一种核果，其中心有一大型扁平椭圆形果核。印度是芒果加工品主要出口国——将芒果和核加工成粉、糊、果汁、果泥和干果片。

木瓜　拉丁学名：*Corica papaya*

木瓜原产于墨西哥南部和中美洲。16世纪，木瓜种子由西班牙和葡萄牙水手带到一些亚热带国家，如菲律宾、印度和马六甲。木瓜不长在树上，而是长在高达9米的多年生单茎草本植物上。木瓜是一种聚合果，呈梨椭圆形，具有柔软、多汁和香甜的果肉。未成熟的木瓜皮为绿色，完全成熟时成为深黄色或橙色。木瓜果肉应坚实，颜色介于黄色与橙色之间。木瓜种子可以食用，是一种香辛料，具有类似胡椒的味道。

未成熟木瓜含有木瓜蛋白酶，这是一种强力嫩肉剂。木瓜蛋白酶可用于嫩化肉，可用于治疗消化不良、水母或昆虫叮咬，也可用于疗伤，还可用于凝固牛乳。因此，木瓜或任何含木瓜蛋白酶的水果不应与蛋白质食物组合。成熟木瓜含很少木瓜蛋白酶。

木瓜在19世纪被引入夏威夷。夏威夷是美国唯一商业化生产这种水果的州。20世纪初，佛罗里达州开始小规模发展木瓜产业。由于受病毒病害的污染，佛罗里达州最终停止了木瓜作物生产。同样的病毒性疾病今天仍在威胁着世界其他地区的这种作物。夏威夷木瓜行业也受到过类似的影响，但人们利用生物技术解决了这一问题。夏威夷大学的生物化学家在"日出"木瓜中插入了一段抗病毒基因。这个改良后的水果被证明具有食用安全性。到1998年，大部分夏威夷易感染木瓜已经由抗疾病品种取代。

西番莲 拉丁学名：*Possiflora edulis*

　　紫色西番莲原产于南美洲，而黄色西番莲有点神秘。黄色西番莲原产地不明，有人认为它原产于巴西亚马逊地区，也可能是紫西番莲（*P.edulis*）与甜西番莲（*P.ligularis*）的杂交品种。细胞学研究并未排除黄色西番莲的杂交可能性，但现有理论均未得到验证。西番莲在植物学上分类为聚合果。西番莲种植和出口地有美国佛罗里达州和加利福尼亚州，以及肯尼亚和南非。

　　西番莲呈椭圆形至圆形不等。西番莲具有光滑蜡质外皮，颜色范围从淡黄色至暗紫色不等。西番莲果皮内侧是一薄层美味组织，其中充满浆汁和多达250粒深色小籽。

　　西番莲汁有一定镇静作用，这种作用由其所含的苷和黄酮引起。因此，西番莲汁和花均可用于治疗高血压和焦虑症。

菠萝 拉丁学名：*Ananas comosus*

　　菠萝原产于巴西南部和巴拉圭。菠萝不是单果，而是一种聚花果，这意味着这种长在植物上的水果由一百多朵独立花朵构成。菠萝不长在树上，而是生长在一种属于凤梨科（bromeliad）的尖刺植物上，菠萝是该科植物唯一产生可食用果实的属。菠萝呈椭圆形，颜色从绿色到金色不等。这种水果的果肉可以榨汁、冷冻或干燥。菠萝的基部是最软的部分，含糖量最高。除去菠萝顶部，将其倒置，可以改变水果汁液的含糖量。

菠萝

　　哥伦布到达以前，中美洲、南美洲以及西印度群岛的土著人已经种植菠萝。据记载，1493年哥伦布首次将这种水果带到西班牙。航海使菠萝传遍整个世界其余地方，也被水手用作坏血病预防物。许多拓宽菠萝种植范围的尝试已被证明徒劳无功，因为菠萝植物要求在热带气候条件下生长。直到1660年菠萝才在英国出现，并到了18世纪中叶才开始用温室方法栽培菠萝。18世纪末，西班牙和葡萄牙探险家将菠萝带到了非洲、亚洲和南太平洋殖民地。如今，菠萝仍然在这些地区蓬勃发展。20世纪开始种植这种水果的夏威夷仍然是美国唯一种植这种水果的地区。目前，商业化种植菠萝的国家有泰国、菲律宾、中国、墨西哥和巴西。

　　菠萝含有一种与木瓜蛋白酶类似的酶，称为菠萝蛋白酶。由于存在菠萝蛋白酶的缘故，在明胶中加入新鲜菠萝会引起明胶不能固化的化学反应。然而，罐头菠萝中的菠萝蛋白酶已经受到破坏，这种水果不会影响明胶凝固。

作水果用的蔬菜

当归 伞形科（*Umbelliferae*）

当归原产于部分亚洲地区，也生长于北欧和东欧。当归是一种芳香植物，高度可达2m左右。它开小白花，这种花会形成一个球状体（或伞形花序）。该植物具有中空茎，其叶子三片一组生长。

空心当归茎常制成蜜饯，并用作蛋糕装饰物，当归叶可添加到糖果中以增加甜度，当归根可用来制造香草茶（凉茶）。由于当归含糖量高，因此糖尿病人不宜食用。

大黄 蓼科（*Polygonaceae*）

大黄原产于中国西北和西藏，并在蒙古人和戈壁沙漠的鞑靼人的民间医药中应用了2000多年。大黄的应用逐渐扩展到印度，并最终在18世纪蔓延到欧洲。1778年欧洲才正式记载大黄作为食品应用。大黄抵达北美很晚，约在1790年欧洲殖民者到来后不久。1828年大黄种子首次列于美国种子目录。

大黄植物是典型的纤维植物。它们具有偏红色的秸秆，形状与芹菜非常相似——但要大得多。该植物是一种多年生植物，属于蓼科，其中大约有60种不同的大黄。

英文"rhubarb（大黄）"一词被认为源于古代西徐亚语名词"rha"，意为伏尔加河（据说野生大黄首先出现在此），以及名词"barbaron"，意为外来（因为这种植物后来被传播到其他地区种植）。大黄除了食用以外还有许多其他用途。人们种植来获取它的茎秆，叶子有毒，但可能有用。叶加水煮沸后可成为针对令人讨厌的食叶害虫的有机杀虫剂。由于大黄的纤维性质，其茎秆可制成特种纸张。大黄也一直是艺术家们的创作源泉，例如1948年约翰·克里斯创作并演奏了《大黄馅饼》（Rhubarb Tart）曲。大黄也是一种很有用的色素，可将灰色头发染成金黄色。

直到最近大黄才用于烹饪。食用大黄的首项记载出现于17世纪英格兰，当时糖已经成普通百姓寻常之物。使用大黄的顶峰期出现在一战和二战之间的一段时期。在此萧条时期，英国和瑞典儿童将大黄蘸上糖后当甜食吃。目前，大黄被用于制作糕点、果酱和酱料。

大黄茎秆可炖制成酸味酱料，也可加糖和其他水果一起炖制。这种混合物可作为馅料用于馅饼，也可与面包屑混合。大黄也可做成果酱和酒。大黄是一种当水果使用的蔬菜。

核果

所有核果属于蔷薇科，之所以称为核果是因为这些水果的中心有一个硬核。桃、油桃、李子、杏和樱桃都归类在李属（*Prunus*）内。核果在夏季生产，英文称为"drupes"（核果）。英文名"drupe"是普通名"stone fruits"的植物学名称。核果由单一花朵雌蕊发展而成。水果在发育过程中会围绕硬核壳生成果肉，核壳是子房包围种子的硬外壁。

杏 拉丁学名：*Prunus armeniaca*

杏被认为原产于中国北部和西部，以及部分亚洲中部地区。这种水果史前已经广泛种植，因此很难追踪其确切来源。杏是一种纤维质核果，植物学上被归类为单果。

杏在历史上有过许多英文名称：apricot、abricot和apricock。英文杏的确切词源不得而知。一种猜测认为，英文"apricot"的词干来自罗马大博物学家老普林尼（Pliny the Elder）（公元23–79）的著作。普林尼写道："亚洲桃在秋末成熟，虽然是一种早熟品种（praecocia）但在夏季成熟——这些都是过去三十年间所发现……"。另一种可能性是，该词由加泰罗尼亚语"abercoc"一词派生而来，也有可能来自古拉丁语"praecoquum"，意思是"早熟的果子"。杏在世界许多地方仍然被称为亚美尼亚苹果。

杏长在一种与桃和油桃关系密切的树上。杏树高度不超过12米，并由卵形叶构成大树冠。成熟杏是一种金黄色丰满果实。杏具有美妙甜味，新鲜杏非常多汁。遗憾的是，杏是一种娇嫩的水果，很难运输。因此，反季节销售的是未完全成熟的杏，其原理是这种杏可在往最终目的地运输过程中完成成熟过程。遗憾的是，杏与其他核果一样，一旦从树上采摘下来，果实的糖含量不再增加。有人认为，最好在产地市场购买产杏季节的杏子。

樱桃 拉丁学名：*Prunus avium/Prunus cerasus*

樱桃原产于欧亚大陆，自古以来一直受到栽培。樱桃是一种肉质核果，中心有一枚硬核。樱桃有几百个品种，这些品种可以分为差异明显的两大食用类型：酸型和甜型。还有一些是专门种植的观赏樱桃，如日本樱花（*Prunus serrulata*）樱桃品种。所有樱桃均为核果，在植物学上归类为单果。

甜樱桃（*Prunus avium*）可分为两类：皮革利尔斯（Bigarreau）和季恩斯／贵恩斯（Geans/ Guines）。甜樱桃一般比酸樱桃大，具有坚实果肉，并呈心形。皮革利尔斯品种肉质坚实有脆性，例如拿破仑（Napoleon）樱桃。它们一般个体很大，具有灰白中泛红色的微酸果肉。其他品种包括宾（Bing）樱桃、皇家安妮（Royal Anne）（又称白拿破仑）樱桃和勃兰克施密特（Black Schmidt）樱桃。它们适合当零食吃，也可做成糕点和蜜饯。季恩斯（或贵恩斯）品种较软，具有清香多汁果肉，并有多种颜色。受欢迎的季恩斯樱桃品种包括黑鞑靼（Black Tartarian）樱桃、雷尼尔（Rainier）樱桃和瑞士黑（Swiss Black）樱桃。

樱桃干

目前，皇家安妮樱桃、雷尼尔樱桃和黄金樱桃被用于制造加糖樱桃蜜饯，甜食喜爱者将其称为马拉斯奇诺樱桃。樱桃经过烫漂，加入风味剂和着色剂后瓶装。原来这种甜点樱桃由从克罗地亚种植的两种酸樱桃之一加工，这两种樱桃分别称为野大马斯卡（wild damasca）樱桃和野阿马雷斯卡（wild amaresca）樱桃。制造称为樱桃酒（maraschino）的无色意大利利口酒时要对樱桃进行蒸馏。

酸樱桃（*Prunus cerasus*）个体较小、较柔软，也较圆润，手感中等坚实。这种樱桃树高4~10米，并带枝杈状发芽细分枝。这种樱桃树在排水良好的湿润肥沃土壤条件下才能产生最佳果实。酸樱桃树也需要比甜樱桃树较多的氮和土壤水分。酸樱桃有两个主要品种：浅色酸樱桃和深色酸樱桃。浅色酸樱桃称为阿梅尔（amarelle）樱桃，而深色酸樱桃称为莫雷洛（morello）樱桃。

莫雷洛樱桃树比阿梅尔樱桃大很多，而且不适合小庭园栽种。值得一提的是，莫雷洛樱桃出现的时间比阿梅尔樱桃早。莫雷洛樱桃仍然深受法国人喜爱。它们产生的深色果汁被用于糖果制品，例如，革利奥特（griottes），这是一种弗朗什孔泰特色食品。这种樱桃专门用于制作黑樱桃果酱，并用于许多流行甜菜肴。

个体较小的阿梅尔樱桃树所产樱桃的果汁颜色较浅，几乎没有颜色。与它们的樱桃树一样，阿梅尔樱桃也比莫雷洛樱桃个体小。这种樱桃的甜酸比深受加拿大人喜爱。最流行的阿梅尔樱桃中有一种称为蒙莫朗西（Montmorency）的樱桃。这种樱桃被用于咸味菜肴，也被用于制备甜点。

大多数人认为酸樱桃口味太酸。然而，中东人却用它们当零食吃。酸樱桃品种较适合制备糕点和果酱。这些品种包括埃文斯（Evans）樱桃和毛（Nanking）樱桃。酸樱桃也称"馅饼"樱桃。

16世纪，樱桃由国王亨利八世推动得到流行。由于需求增加，1640年肯特郡农民就已经开发出许多新品种。当英国殖民者来到马萨诸塞州时，他们带来了恰当命名为肯特郡红（Kentish Red）的酸樱桃种子并将其种植。

酸樱桃常见用途包括用于做汤和猪肉菜肴，也可与糖一起制成糖浆，用于甜酒、蜜饯、甜点和饮料。

油桃　拉丁学名：*Prunus persica*

油桃原产于中国，并最早在古代波斯、罗马和希腊种植。据认为，油桃抵达英国的时间在16世纪末或17世纪初。后来，西班牙人将油桃引入北美。英文名"nectarine"（油桃）一词被认为是受到德语单词"nektarpfirsich"（意为蜜桃）启发而来。

油桃树状态与性状类似于桃树；它们容易受霜冻和寒冷温度影响。油桃树生产果实前，先开花，然后生出叶子，最后是结出多汁果实，油桃既被归为核果，也被归为单果。油桃在基因上与桃相似；油桃的一个隐性基因使其产生光滑果皮。油桃中心也有一个硬核，而带香气的光滑果皮中央呈艳红色。油桃具有使人联想到花蜜（英文为"nectar"）的甜味——故英文取名"nectarine"（油桃）。

油桃一旦从树上摘下，其糖含量便不再增加。油桃的成熟过程包括软化及汁液和风味的形成。这种水果必须在其最成熟时节收获，以确保较高含糖量。不应选择绿色油桃，因为它们是在未完全成熟时采摘的，不能成熟或者不会有正常的口味。

有些通过异花授粉或自花授粉的方式由桃树种子生产的油桃，会长出油桃树和桃树。事实上，桃树可以长油桃，而油桃树也可以长桃子。几乎不可能根据种子预测将会长成什么树。商业种植者将油桃树枝嫁接到桃树上。这类桃树会继续从这些分支产生油桃。

油桃与猪肉、家禽和海鲜搭配时味道特别好。油桃可用于色拉，可以鲜食，也可放在炉中烤制。

桃 拉丁学名：*Prunus persica*

桃是原产于中国的李属品种。它们在基督时代之前通过丝绸之路被引入波斯（今伊朗）和地中海地区。

桃子由于个体小，因而长在树上很容易受霜冻和低温影响。桃树先开鲜艳的桃花，再萌发树芽，然后结出带绒毛的圆形果实。桃树适宜于生长在沙质土壤上。

栽培的桃子可以分成三组：黏核桃、离核桃和半离核桃。每个品种有不同程度的红色果皮，具有白色或黄色果肉。成熟桃子的果肉应该香、甜、多汁。桃子根据果肉粘附在桃核的程度分类。桃在植物学上分类为核果和单果。

粘核桃在五月至八月间成熟，并且是最早上市的品种。这类桃子最粘核。果肉基本全粘附在桃核上。通常情况下，粘核桃果肉呈淡黄色，只在桃核边有

油桃

些淡红色果肉。粘核桃肉甜美多汁，适合当甜食用，但普通消费者很难买到这种桃。它们成熟时从桃园运到罐头加工厂，在24小时内完成加工。这种桃适合于做果酱、果冻和罐头。

离核桃最容易吃，因为其桃核容易与果肉分开。这类核的收获季节在五月到十月间，个体比粘核桃大。这类桃质地坚实，并且味道非常甜美，但不如粘核桃多汁。离核桃适用于焙烤和做罐头。

李

半离核桃品种比较新，是一种粘核桃和离核桃的杂交品种，它结合了两种桃的优良特点。人们普遍认为，这是一种多用途桃——既适用于做罐头，也适用于焙烤。

李：梅亚科（*Prunoideae*）

2000多年前的亚述人最早栽培野生李树，不久，罗马人对李树进行杂交。西班牙传教士和英国殖民者分别从东西海岸将李引入北美。

李是一种果肉柔软甜美、果皮光滑的圆形水果。李有很多品种，它们体现在不同大小和颜色上。不同颜色果皮的李，可以有白色、黄绿色或红色的果肉。与所有核果一样，李中心有一枚果核。李核稍平，两端尖，因此这种水果同时被归为核果和单果类。许多李品种，分别由原产于世界各地的不同品种开发得到。李长在李树（也有些品种长在小灌木）上，李树开白花，结大串李子。目前，所有李被分为两大组：欧洲李和日本李。

欧洲李（*Prunus domestica*）英文通常称为"prune"，因为它可在不去核条件下干燥。欧洲李也以味甜而著称。干燥时，欧洲李保留了大部分原有风味和糖分。欧洲李长在高达12米的大李树上。欧洲李约有950个品种，包括胜利（Visctory）李、愿景（Vision）李和英勇（Valour）李。

日本李（*Prunus salicina*）可以鲜食，做成罐头，也可以做成果酱或果冻。日本李品种包括红美丽（Red Beauty）李、黑美人（Black beauty）李，黑琥珀（Black Amber）李和锡姆卡（Simka）李。日本李源于中国，传入日本时已在当地种植了几千年。这种水果传到日本的历史只有200~400年。该品种在19世纪后期被引入美国，并已杂交育成100多个特殊品种。目前，这种李已在全球栽培，并被称为日本李。

当代技术出现以前，李通过留在树上风干。现在，李子采用热空气隧道干燥，从而可得到外观更为均匀的李干。用于干燥的李子采摘期要比用于罐头或者鲜食的李子晚得多。这可确保商业化生产的这种水果具有较高含糖量，从而得到高收益产品。李得以流行是因为其纤维含量。欧洲李是用于生产李干的品种。

坚果和种子

某些植物生产硬壳果实——坚果，而另一些植物产生的种子被简称为坚果是由于其外壳和外观的原因。在英语中，坚果的分类随着时间的推移变得略微模糊起来。似乎植物生产的被包裹在硬壳内的任何东西都被称为坚果。因此，尽管椰子（核果类果实）、花生（豆类），甚至核桃（核果类果实）在技术上属于假坚果，但一般也被认为是坚果。

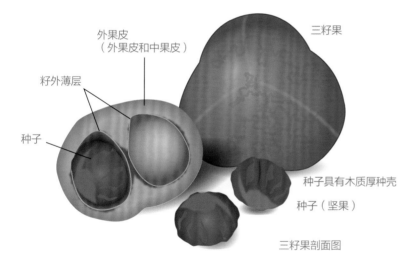

外果皮
（外果皮和中果皮）
三籽果
籽外薄层
种子
种子具有木质厚种壳
种子（坚果）
三籽果剖面图

坚果在植物学上分类为一种含一枚种子的干果，并且含油量特别高。坚果是一类成熟后不会自己打开的种子。坚果的核仁必须手工取出，或借助胡桃夹子将其取出。坚果的功能部分是种子，代表了植物繁殖部分。从营养学角度来看，坚果种子含有高不饱和脂肪酸和亚油酸，有助于大脑和身体健康发育。坚果也富含蛋白质、维生素B_2、维生素E，以及磷等营养素。坚果和种子可加工成糊状物和粉料，也可用于提取精油。生的或熟的坚果均可当零食吃。

杏仁　拉丁学名：*Prunus dulcis*

虽然杏仁通常被认为是一种坚果，但它实际上是一种核果，与樱桃、杏、桃、李密切相关。杏仁原产于中东的地中海地区，杏仁经人播种，分布到了整个地中海其余地区，也传播到了北非和南欧。现代运输创新技术已经使得杏仁可在世界各地购买到。

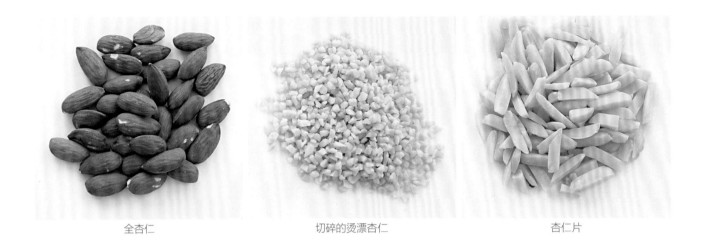

全杏仁　　　　　　　　　　切碎的烫漂杏仁　　　　　　　　　杏仁片

杏仁长在高度4~10米的落叶小乔木上。杏仁树大约需要5年时间才结果，杏仁树开花后在秋季七月份结果。杏仁果长度范围在3~6厘米之间。

杏仁有两个品种：甜杏仁和苦杏仁。甜杏仁是一种适口性强的杏仁，可用于许多糖果和甜点。甜杏仁可作为香子兰替代物用于提取精油和提取物，常加入到咸味菜肴。苦杏仁可用于烹饪和糕点，但使用前必须先对原料进行处理。苦杏仁含有毒性氢氰酸，因此食用之前必须将其除去。氰化物是一种已知毒素，精炼氢氰酸会产生氰化物。食用未经适当处理的苦杏仁可导致死亡。

杏仁营养价值高，含有维生素E、钙、铁和纤维。

杏仁粉

杏仁粉在焙烤中被用作无麸质替代品，提供湿润致密质地。如果将杏仁粉加到酱料中，可起增稠剂作用。糕点面团常加少量杏仁粉，例如，甜塔皮（pate sucrée）。

为防止粉碎时杏仁变成黄油状物质，建议先将它们冻结，并小批量粉碎。
杏仁加水一起粉碎可以生产杏仁乳。这种乳不含乳糖，也不含胆固醇，而且是完全素食食品。

杏仁粉　　　　　　　　　　　　　　　　　　　　　　　杏仁糕

杏仁糕

杏仁糕由干杏仁制成，先对杏仁烫漂，然后加糖（既可加玉米糖浆也可加甘油）制成。杏仁糕常被加入许多甜点产品，可用于蛋糕、糖果、饼干和糕点。杏仁糕与杏仁糖泥非常相似，唯一的区别是它含较少颗粒，加糖量也较少。

杏仁糖泥

杏仁糖泥是一种稠厚、柔韧、容易成型的甜点。杏仁糖泥由杏仁粉加糖制成，一般配上与甜点主题相称的颜色，并造型。

杏仁糖泥

杏仁糖酱

杏仁糖酱是一种用焦糖化杏仁制成的糊状物。这种糖酱可用于糕点、糖果、饼干和糕点。

榛子　拉丁学名：*corylus*（榛属）

榛树原产于北半球。这种树是落叶树，产生卵形果实。榛属树的特征是先开花后长叶。榛树花结出长1～3厘米、直径1～2厘米的榛子。这种坚果成熟前一直包在壳中，成熟后坚果便被释放出来。榛子授粉后约7个月成熟。

杏仁糖酱

榛子的特征风味取决于这种坚果的成熟度。立秋时采摘的榛子具有乳香风味。如果延长榛子的成熟时间，会增加甜味。烘和焙均可强化榛子的风味，因此，榛子很适合用于糖果或糕点。这种坚果可与巧克力、橙子、太妃糖、奶油和焦糖很好配合。榛子营养丰富，含有大量叶酸、纤维、硫胺素、维生素E和B族维生素。

榛子膏

榛子膏是一种由烫漂榛子与糖和甘油或玉米糖浆混合而成的糖果配料。这种膏状物可用于蛋糕、糖果、曲奇饼和糕点。

烫过的全榛子

从坚果提取得到的油最好用于冷制备物，因为它们的发烟点较低。已知高温会破坏坚果油的微妙风味。

榛子糖酱

榛子糖酱是一种由焦糖化榛子制成的糊状。这种糊状物可用于蛋糕、糖果、饼干和糕点。

吉安杜佳

吉安杜佳（Gianduja）是一种首先在意大利制造的甜巧克力榛子糊。因希望儿童会喜爱这种糖果，所以这种糖果取用一个意大利皮埃蒙特地区狂欢节流行角色的名字。

开心果

开心果　漆树科（*Anacardiaceae*）

开心果树原产于中东地区，特别是阿富汗西部、伊朗和土库曼斯坦高原。该树为落叶树，平均树高9米，具有柔和银色大卵形叶子。无花托的开心果花呈橄榄绿色。开心果虽然常被称为坚果，但实际上是一种核果，其可食用部分是种子。这是一种非常类似于葡萄的簇生坚果。

开心果为人类提供营养已有几千年历史，这一历史可以追溯到巴比伦时代。开心果富含纤维，含有多种植物化学物质（酚酸、黄酮类、类胡萝卜素），这些物质与开心果其他营养素一起，起着抵抗肌肉衰变和心脏疾病的作用。

开心果具有独特微妙花香风味，质地坚实。开心果可用于制造开心果糊、糕点皮、糕点、香蒜酱、冰淇淋和意大利雪糕（gelato）。

核桃　胡桃科（*Juglandaceae*）

核桃树原产于北半球温带地区，以及墨西哥、南美洲和西印度群岛的部分地区。核桃有许多品种，但消费者最熟悉的仍然是普通核桃（波斯核桃，或英国核桃）。核桃树是落叶树，具有与特征性大圆叶相间的针状叶。平均而言，这种独特树种高度可达15~46米之间，并能存活几百年。核桃刚开出的是小花，授粉后在秋季结成椭圆形核果。将周围硬壳去除便得到美味核仁。

核桃仁含许多营养成分。它们含有大量纤维、β-胡萝卜素、铜、锰、褪黑素和ω-3酸（亚麻酸）。

核桃仁有甜味，呈油性，具有独特的风味，非常适用于糕点和甜点。

栗

栗原产于北半球温带地区，长在落叶乔木上。栗有若干品种；北美历史上最著名的美国栗树在18世纪初遭受了可怕的枯萎疫病危害，目前这种树已经被列为濒危物种。目前人们正着力培育抗枯萎病美洲栗。其他栗品种包括亚洲品种及欧洲品种。

亚洲品种【*Castanea crenata*（日本栗），*Castanea mollissima*（板栗），*Castanea davidii*（刺栗），*Castanea henryi*（锥栗），*Castanea seguinii*（茅栗）】

不同于美国品种【*Castanea dentate*（齿叶栗），*Castanea pumil*（荔栗），*Castanea alnifolia*（丛生栗）， *Castanea ashei*（兔眼栗），*Castanea floridana*（佛罗里达栗）】或欧洲品种（*Castanea sativa*）。亚洲品种栗树较像灌木，并像地被植物那样覆盖周围大片土地。相对而言，美国和欧洲品种栗树以树干巨大而著称，这种树成熟后在顶部形成树冠。

栗子因含维生素而受到重视。栗子在所有坚果中维生素C含量最高，维生素A和维生素B₁含量也可观。

山核桃　拉丁学名：*Carya illinoinensis*

山核桃原产于美国，可有几百年结果树龄。它们天然生长成林，不断吸收附近湖泊和河流溢出的水分。这种坚果被认为是美洲本地坚果，山核桃的英文名"pecan"原为阿尔冈琴语名，意为"必须用石头打开的坚果"。

山核桃生长在山核桃科落叶乔木上。山核桃树的平均高度在6~12米之间。鹅毛般山核桃树叶为交替生长的小树叶。这种卵形果实一般三枚一组结在一起，每枚分别有一质地粗糙的外壳。随着果实完全成熟，外壳会开裂成四片，露出精致的去壳核果。山核桃通常被认为是一种坚果，但它实际上是一种美味核果。山核桃的可食用部分是位于中心的果肉。

山核桃带有黄油般独特脂香风味，既可用于咸味也可用于甜味菜肴。它们是纤维、蛋白质、不饱和脂肪和ω−6脂肪酸的极好来源。山核桃富含包括维生素A和维生素E的维生素、钙、钾和镁。

山核桃可用于果仁糖之类糖果、馅饼和蛋糕，既可生吃，也可烤熟以后吃。

花生　拉丁学名：*Arachis hypogaea*

花生被认为原产于玻利维亚和巴拉圭。花生花授粉后开始结果发育，它们藏身于地下成熟。这就是为什么它们在英文中也被称为"ground nut"和"earth nut"的原因。花生的学名正是采用了这种独特的含意——如"hypogaea"意为"地下"。

花生长在30~50厘米高的小草本植物上，具有类似于同属豆科的豌豆特性。花生叶长在茎两侧，并带有小叶。花生叶长可达7厘米。花生开带红条纹的黄花。

市场上消费者能购到的花生主要有四个品种，这些品种各有特色。

瓦伦西亚花生（Valencia peanut）　消费者青睐的可当零食的花生品种是瓦伦西亚花生。瓦伦西亚花生的可贵之处在于其品质、大小和形状。

西班牙花生（Spanish peanut）　西班牙花生几乎只用于糖果和甜点制造。市售咸味混合坚果中的红皮花生正是这种花生。西班牙花生的可贵之处在于其风味十足，且含油量较高，非常适合生产花生酱。西班牙花生的缺陷在于其壳的外观缺乏对消费者的吸引力。因此，西班牙花生或以脱壳状态销售，或制成消费者更关注风味和质地的各种糖果。

兰娜花生（Runner peanut） 兰娜花生在北美最流行，该品种产量高。与其他品种相比，这种花生具有较大核仁。兰娜花生通常用于生产花生酱。

弗吉尼亚花生（Virginia peanut） 弗吉尼亚花生具有诱人的外壳，主要以烤花生或带壳花生形式销售，也以去壳或盐花生形式销售。

咖啡 茜草科（Rubiaceae）

咖啡树原产于埃塞俄比亚，目前生长在中美洲和南美洲，以及东印度群岛。咖啡树能产生"提神浆果"何时被人发现不得而知。不过，最早的记载文献来自也门修道院，那里的苏菲（Sufi）僧侣们会聚在一起喝这种美味果制成的提神饮料。这一发现最早被记载于16世纪，从此咖啡开始慢慢发展成为目前的兴旺工业，它为全球提供广泛饮用的饮料。

咖啡果长在高度可达5~12米的常绿小灌木上。为了对咖啡树种植进行管理，要对其进行修剪，一般修剪成2米高。咖啡叶大，长达15厘米，深绿色的树叶边缘起皱。成簇小白花结卵形小浆果串。未成熟咖啡呈绿色，成熟时变黄色，完全成熟时成为红色。每一成熟咖啡果产生两粒咖啡豆。为获取咖啡种子要将这种小果进行干燥，之后它们变成黑色。咖啡浆果经过烘焙才成为咖啡豆——实际上咖啡并非豆，而是一种核果。为消费市场供应咖啡的两个主要品种是：小果咖啡（*Coffea arabiac*）和中粒咖啡（*Coffea canephora*）。

小果咖啡

小果咖啡是各处栽种的首选咖啡植物。这种咖啡所含的咖啡因尽管比其他商业咖啡品种少，但仍然被认为在口味类别上占据主导地位。小果咖啡常作为风味剂用于糕点、冰淇淋、糖果，甚至酒。这种咖啡风味柔和醇厚，并具有均衡酸度。

中粒咖啡

中粒咖啡也称罗布斯塔（robusta）咖啡，可用于制造速溶咖啡。这种咖啡被认为口味较次，因此往往与小果咖啡混合使用。这种咖啡植物比较强壮，因此较容易栽种。这意味着产率较高，因此对消费者来说成本较低。罗布斯塔咖啡混合物所含咖啡因水平高于其他栽培品种。这种咖啡的风味被认为较强，并具有泥苦味。

花生过敏与任何过敏一样，不可掉以轻心。花生过敏有轻微（心绞痛和恶心）到致命（过敏反应）不等的程度，对食品制备过程应加以注意。对于严重过敏者，仅与处理过的花生接触就有可能引起反应。对于各种过敏原和食物不耐症必须以极大职业精神和对客户尊重的态度来对待。

咖啡代用品（菊苣）

菊苣根作为咖啡替代品已有几百年历史。这种植物原产于欧洲，并在18世纪由殖民者传到北美。菊苣植物（蒲公英）的主根经过干燥、烘焙，再经过粉碎，便成为一种像样的饮料。菊苣根与咖啡存在一定差异，因为它不含咖啡因，并且较易溶于水——使其更为经济。菊苣以其烤香味而著称，因此可与咖啡很好配合，有时也可以作为咖啡替代物使用。

芝麻　拉丁学名：*Sesamum indicum*

芝麻植物原产于印度和远东，作为食品和药品已经被人们栽种了几个世纪。芝麻被认为是人类最早栽培的植物之一。

这种植物生长高度在50~150厘米之间。芝麻有若干品种，芝麻的叶子大小和形状因品种和生长条件不同而异。然而，各种芝麻植物均产具有典型坚果风味的可口小种子，但风味强度有差异。芝麻的钟形花朵大多通过自花受粉，并由这些白中带红的花结种荚。芝麻的生长过程并非如人们所想象的那样。开花后，正好在人们期待出现种荚之前，出现的是奇怪的现象——芝麻植物所有叶子似乎发生枯萎，并脱落。待所有叶掉落后，种荚才开始成熟，并产生小芝麻种子。

芝麻有几百个品种，这些品种可分成两类：脱落型和非脱落型。脱落型芝麻品种的种荚会自行打开，释放出种子。该品种的产量也较高，并且含油量也较高，从而香气较浓。非脱落型芝麻利用机械进行收获，并且含油量较低。非脱落型芝麻仅用于生产芝麻油。

去壳芝麻

脱去外壳的芝麻称为去壳芝麻。去壳芝麻较容易消化，从而使人体更容易吸收其营养素。但芝麻壳也存在很多营养物质，所以去壳过程会损失一些营养物质。去壳芝麻仍然具有高营养价值，并且是蛋白质、钙、铁和矿物质的重要来源。机械去壳芝麻被认为质地较柔软，因而更适合人类食用。去壳芝麻常用于调味料、谷物、饼干、麦片和烘焙食品和糖果制造。

白芝麻

这种芝麻带壳，具有独特的坚果风味。它们在使用前通常经过烘烤。白芝麻用途包括制作蜜饯糖果和烘焙食品。

黑芝麻

黑芝麻营养丰富，含有B族维生素、钙和高水平蛋白质。它们通常用于药物产品、烘焙食品风味物以及糖果。用于食品的黑芝麻烘烤时要加以小心。烘烤可强化存在于种子中的天然风味物。黑芝麻普遍带有苦味，使用前后进行简单品尝有助于风味配合。

芝麻酱

芝麻酱是由芝麻粉碎而成的一种糊状油剂制备物，质地与花生酱类似。芝麻酱主要有两种类型：去壳芝麻酱和带壳芝麻酱。这两种形式芝麻酱，又可分为烘烤芝麻制备物和原料芝麻制备物两种形式。

去壳芝麻酱加工以前要将芝麻壳去掉。

带壳芝麻酱营养较丰富，含有蛋白质、钙、维生素E和B族维生素。这种芝麻酱还有一定喷香感，因为芝麻壳含有苦味挥发物。

白芝麻和黑芝麻

罂粟　拉丁学名：*Papaver samniferum*

罂粟植物原产于小亚细亚，作为药用和食用作物已种植了几百年。该植物种名的一部分"somniferum"意为"催眠"，也意味着它有麻醉能力。罂粟有若干品种。在这些品种中，鸦片罂粟是唯一可生产食用种子的品种，其余品种如果误食，对人体均有毒性。由于这种植物的麻醉作用，它受到国际机构严密控制，并且只有取得许可证并经允许才能种植。

鸦片罂粟是一种生长高度在30~120厘米间的草本植物。4~6片花瓣包围杯状中心雄蕊，并且因品种不同而开出各种颜色的花朵。开花期行将结束时，花瓣脱落，露出星形柱头。这种荚果内存在下代开花的种子。罂粟作物收获的是这种花中心的种子。

罂粟种子为肾形小种子，具有坚硬外壳。它们主要用于甜食产品和烘焙。罂粟种子也可压榨提油，这种油被认为是一种橄榄油合适替代品。罂粟种子有不同颜色，从灰白色至灰蓝色不一，但风味和质地均类似。

大多数罂粟种子经过烘焙会使天然存在于精油的各种风味物释放出来，从而能强化其风味。完整或粉碎的罂粟种子可用于烘烤和糖果。由于罂粟种子的坚固性，因此通常被置于沸水中浸泡软化，再用研钵和杵或研磨机粉碎。

亚麻　拉丁学名：*Linum usitatissimum L*

亚麻也称普通亚麻或亚麻子，亚麻原产于远及印度的地中海沿岸欧洲部分。该植物中心长有一根草样主秆，该主秆在顶端分出开花芽枝，其生长高度

什么是谷物？谷物是从草科植物得到的小种子。谷物一般包括燕麦、稻、大麦和小麦。英文谷物的同义词有"grains"和"cereals"。

在0.9~1.2米间。这种植物因品种不同而开白（矾）色或蓝色（水龙骨）花。每朵花平均结10粒酷似芝麻的卵形小种子。

亚麻籽营养丰富——含有纤维、植物化学物质、B族维生素、ω-5脂肪酸、镁和锰。为使人体吸收大部分这些营养素，必须首先破碎或粉碎亚麻籽。保护性种皮可使亚麻籽通过消化系统而不被消化。粉碎的亚麻籽同时含有纤维和油，非常有益于健康。由于种子囊已被打破，营养物质很容易被人体吸收。

市场上有两种类型食用亚麻：黄亚麻和棕色亚麻。

黄亚麻

黄亚麻是一种根据消费者口味要求由几个亚麻品种杂交而得到的品种。它以整粒、粉体或油形式销售。它有坚果和黄油般风味，看起来较令人喜欢。

棕色亚麻

棕色亚麻自古以来就以存在，并认为古巴比伦人首先种植棕色亚麻。棕色亚麻籽也以整粒、粉体和油形式销售。这种亚麻籽与黄亚麻籽相比被认为较具充饥感，并具有宜人的草本风味。

亚麻籽是许多烘焙食品的健康添加物。它通常被添加到面包、松饼、谷类食品和饼干中。

黄亚麻籽

棕色亚麻籽

松子　拉丁学名：*Pinus*（松属）

松子是几种原产于世界不同地区松树所结的坚果。自古以来人们栽种松属树木和灌木以获取其种子。人类祖先吃松子可能是因为现成可取，而不是因为其营养成分。近几年科学证据表明松子颇具营养性。它们是蛋白质、纤维、抗氧化剂、维生素K和叶黄素的宝贵来源。

松属树木既可以小灌木形式也可以大树形式生长，松树高度可达30多米。松树的特点是具有茂密的树冠枝叶。松树叶是三面针叶，并有贯穿全松针的中心细脊。松树产含松子的松果，这种松果一般需要2年左右完全成熟。松果准备就绪后，便像花朵一样开始张开，种子所处位置完全适合饥饿鸟类喙取。松树依靠飞禽传播种子。

北美人消费的松子80%~90%均从中国进口。这些松子生长在俄罗斯（西伯利亚）红松上，运到中国进行加工、包装后海运出口。

123

向日葵　拉丁学名：*Helianthus annuus*

向日葵原产于北美，被认为是一种快速长种子的植物（在正常生长条件下，向日葵应在90天内生产可食用种子）。向日葵有60多个品种，但最常见的生长高度在1~6米之间。据认为，美国土著人大约在3000年前开始将向日葵作为粮食种植。随着时间推移，并经精心选择最大的种子，现已出现不同向日葵栽培品种。最早长出的向日葵籽只5毫米长。目前商业向日葵籽大小不一，但通常长度在1.5~2厘米之间。

向日葵头可有1000多朵生籽成簇小花。向日葵面中心小花最多（盘花）。每行小花有序地呈螺旋形排列，每行交替地指向左边再指向右边。向日葵面外缘由不育的舌状花包围。盘花会成熟为种子，而舌状花不会。

葵花籽

向日葵种子的蛋白质含量非常高。带壳或去壳的葵花籽烘烤后可当零食吃。葵花籽可用于甜点、烘烤食品，也可用于糖果制造。

商业用途的向日葵有两个专用品种：油性种子和非油性种子。葵花籽油是全球范围内除棕榈油和豆油之外第三大植物油。葵花籽油具有微妙香味，浅色。它含有高浓度维生素E、单不饱和脂肪酸和多不饱和脂肪酸，饱和脂肪酸含量低。

葵花籽毛油的发烟点为107℃。如果高于此温度，则这种葵花籽油很容易酸败，并会出现令人反感的风味（较高温度会使油中的脂肪酸劣变）。精炼葵花籽油的发烟点较高，为232℃。因此，一般选用精炼油而不用毛油。

油性葵花籽（甜点用葵花籽）

甜点用葵花籽通常为带白色条纹的黑色葵花籽。它们的长度在2.2~2.5厘米之间。由于颗粒较小，带壳油性葵花籽主要用作禽类和动物饲料。然而，由于含油量非常高（50%），因此油性葵花籽被用于制造三种葵花籽油：高亚油酸型葵花籽油、高油酸型葵花籽油和油酸型葵花籽油。每一品种葵花籽油具有不同应用属性。对于油炸食品应选择适当的油，因为消费者口味会直接影响产品的市场。例如，亚麻酸和油酸含量较低葵花籽油较适合用于油炸食品——如炸薯条、薯片和甜甜圈。

油性葵花籽可用于焙烤；可用于谷物、干果、薄脆饼和饼干制造；也可用于油炸。

非油性葵花籽

非油性葵花籽可用于甜点制品，用于糖果制造，也可用于烘焙食品。烤烘过的或天然状态的非油性葵花籽也很适合当零食吃。

大米　拉丁学名：*Oryza sativa*（水稻）

大米是称为水稻（*Oryza sativa*）的草本作物所产的种子，被当作谷物使用。水稻的生长高度在1~5米之间。水稻有细长叶片，长度范围在50~100厘米之间。大米的起源未知，但是，据记载，它在亚洲和部分非洲地区至少已被栽培了上万年。大米被认为是全球范围第三大主食，其次是玉米。

大米可以淀粉、面粉或整粒形式用于制备甜点，也可用于烘焙。大米的品种有数百种，白米一般用于糕点和烘焙，因为它具有微妙的风味和外观。以大米为主要成分制作的经典糕点食谱是法式大米布丁、大米水果布丁、蛋塔米饭和米饭布丁。大米也被用作无麸质替代品。

米粉

米粉是由去除胚芽和米糠的精白米研磨而成的粉体。这种无麸质粉由水稻（*Oryza sativa*）作物得到。米粉容易消化并对胃温和，常用于制造婴儿食品。米粉也可作为增稠剂用于调味料、面条制造及焙烤食品。米粉可以作为替代品供面筋不耐或腹部疾病患者食用。

用于面包制作：酵母发酵面团依靠面筋产生弹性。因此，米粉如不与面粉配合，则不适合制作面包。如因面筋过敏或不耐症而以米粉作为替代品使用，则可加黄原胶以获取弹性。

米纸

米纸（也称华夫纸）用一种与人参植物有关的水稻植物蓪草（Tetrapanax papyriferus）心制成。蓪草原产于台湾，在东亚和热带地区种植。蓪草生长速度快，被认为是一种侵入性、但美丽的多年生灌木。蓪草的圆形叶有50厘米大小。蓪草芽很粗，顶端开白色花朵。蓪草生长高度范围在1~3米之间。该植物生产的花粉已知是一种对皮肤有刺激性的过敏原，因此，处理这种植物时需要小心，要戴手套。

去除包装的米纸具有引人注意的薄而精致的外观。为了使米纸发挥作用，只需湿布盖住使其吸水便可。这可使米纸具有足够柔韧性，以便用于烹饪。米纸无需水煮，具有足够强度承受油炸和蒸煮。

米纸可用于某些糖果产品制造，用于咸味菜肴、寿司和焙烤。它可代替油纸用来垫烤盘，也可当作酥皮使用。米纸也是牛轧糖和小杏仁蛋糕的配料。

燕麦　拉丁学名：*Avena sativa*

　　燕麦是淀粉谷类作物燕麦（*Avena sativa*）的种子，目前是北美第三大最重要粮食作物。燕麦的起源颇具争议，其模糊的历史令研究人员猜想这种作物最早在何时何地得到栽培。一些学者认为，这种粮食作物原产于非洲和中东部分地区。然而，一些学者较倾向于认为它们原产于欧洲的温带地区。后一种猜想可能性较大，因为这种谷物偏爱温带生长条件。很难说出燕麦起源于何时，因为它有许多品种和亚种，并且直到被发现可食用以前一直被当作入侵性杂草看待。据认为，最早对燕麦进行栽培发生在基督诞生前的某个时候。最早记载的燕麦用途是药用目的，经过很长一段时间后人们才发现燕麦是一种可以食用的谷物。

　　淀粉性燕麦植物属于禾本科，农民认为燕麦是种极好的轮作作物。它们的长相像草类芦苇，种子长在交替长出羽毛状花环的草梗顶端。它们是一年生植物，可在夏末或秋季收获。

燕麦片

　　燕麦片是燕麦（*Avena sativa*）的衍生物，因加工过程不同，有不同级别。各种等级的燕麦片制作有三个主要过程：压片、燕麦皮研磨和整粒制粉。这三种过程展开以前，要根据燕麦大小对其进行清洗和分类，并将燕麦壳除去，再对燕麦进行热湿处理以使其稳定，然后再根据大小再次进行粉碎和分级。

　　压片后得到消费者熟悉的"燕麦片"或"滚压燕麦"。燕麦被两个同速相向转动的辊筒压碎。此过程之前已经将燕麦壳除去，并经切割轧制成0.36~1毫米间不同厚度。通常情况下，销售的最薄燕麦片为即食早餐谷物食品和婴儿食品。它们需要的烹饪时间最短。较大燕麦片简单地以常规燕麦片、中等燕麦片和厚燕麦片形式销售。

　　燕麦麸研磨过程中，燕麦经过辊筒被压扁，致麸皮与胚乳分离。它们经过筛分离后，得到燕麦麸和（不含麦麸的）燕麦粉。

　　燕麦直接粉碎的操作是全燕麦磨粉操作，期间要将细燕麦粉与粗燕麦粉筛分开。这种操作最终可以得到均匀一致的全燕麦粉。

　　燕麦的烹饪用途包括燕麦粉、（不同等级的）燕麦片、焙烤食品（饼干、蛋糕和面包）、牛奶什锦早餐、格兰诺拉麦片和饮料。

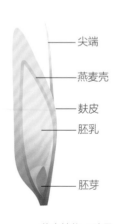

尖端

燕麦壳

麸皮

胚乳

胚芽

燕麦植物／种子

香草、香料和花卉

香料用多种独特香气树木和植物的皮、种子、茎、根、芽、果实或花制成。历史上，香料作为防腐剂，在医药、化妆品，以及在烹饪和糕点方面都起着重要作用。

香草和香料笼罩着一定神秘感，主要在于它们的治疗作用和迷信角色。大多数香草和香料最初均出于药用和神奇功能而得以应用，然后才在厨房中使用。它们在形成政治联盟，以及在打开探险和发现大门中发挥了重要作用。马可波罗、达·伽马和哥伦布这类探险家的驱动力来自开拓通向财富、权力和东方香料贸易路线的欲望。

以下介绍一些糕点厨房中较常使用的香草、香料和鲜花。

多香果　拉丁学名：*Pimenta dioica*　市售形式：整果或粉末

多香果是（属桃金娘科）众香树的干浆果，这种树原产于西印度群岛、中美洲和南美洲部分地区。这种浆果在临近完全成熟之前采收，并被置于阳光下晒干。多香果以整果或粉末状销售。完整多香果在气密罐中可保存很长时间，但粉碎以后便会很快失去其风味。

多香果的浓郁香气类似于丁香、肉豆蔻、肉桂和生姜混合物香气。多香果的风味类似于其香气，但还带有胡椒味。多香果在糕点厨房有许多用途，可作为风味剂用于蛋糕、水果派，甚至冰淇淋。

茴香　英文同义词：anise，aniseed，sweet cumin。　拉丁学名：*Pimpinella anisum*　市售形式：整果和粉末

茴香原产于地中海沿岸，是已知最古老的香料之一，自古以来就被人们使用。茴香种子的颜色从灰绿色到褐色不一，这种带肋的种子呈椭圆形。茴香种子很快失去风味，所以应将它们储存在密闭容器，以便保持其风味。最好购买整粒种子形式的茴香，再根据需要进行磨碎。茴香具有既香又甜的香气。茴香具有温和甘草滋味——这毫不奇怪，因为甘草调味要用到茴香。茴香可作为风味剂用于糕点、饼干、黑麦面包，及含酒精饮料和甜酒。

欧白芷　伞形科（*Apiaceae*）　市售形式：切断、晒干或磨成粉的根，精油，萃取液

欧白芷是胡萝卜的近亲，这可能是为什么常将白芷的风味与芹菜和胡萝卜相比的原因。类似于胡萝卜和芹菜，欧白芷也具有很浓及甜中带苦的后味。英文单词"archangelica"来源于希腊字"arkhangelos"，意为弓天使。白芷原产于欧洲和亚洲北部，但现在世界各地广泛种植。白芷的其他常见英文名称包括：wild celery（野芹菜）、wild parsnip（野欧洲防风草）、garden angelica（花园白芷），或Holy Ghost（圣灵）。

由早期历史可以看出，白芷曾主要作为药用植物使用。随着时间的推移，白芷也被当作蔬菜使用，用于拔丝甜点，甚至用于调味液。白芷作为令人印象深刻的观赏植物，生长高度可达3米。白芷具有坚实的中空茎，顶端带有类似于胡萝卜的深绿色叶子，也开美丽的灰白色伞形花。这种植物是两年生植物。

白芷的根和茎可食用，一般来说，它们越嫩越甜。大的白芷植物空心茎往往做成蜜饯，作为装饰品用于蛋糕和糖果制作。传统英式圣诞蛋糕使用几种类型的蜜饯，包括那些让人猜测实际上是白芷蜜饯的未硬化绿色外加物。白芷叶可以切碎作为风味剂用于沙拉，甚至奶油乳酪。据说白芷叶加到酸味水果中能除去一些酸度，使果实更可口。

豆蔻　英文同义词：*cardamom*，*cardamon*　拉丁学名：*Elettaria*和*Amomum cardamoms*　市售形式：整体和粉末

豆蔻原产于印度西南海岸的马拉巴地区，属于姜科（Zingiberaceae），有两个销售品种，黑豆蔻（Amomum）和绿豆蔻（Ellateria）。这两个品种产生香气风味的均是豆蔻植物干燥的种子荚果。黑色豆蔻具有干瘪外皮，大约1.2厘米，而绿色豆蔻（较常在印度和中东地区以外出现的品种）略小。两者都有浓郁水果香气，如果随意使用，可能用量过多。这种香料常以完整豆荚形式出现，因为这是保持其风味的最佳形式；然而，豆荚内有很多黑色微小种子，可以用研钵进行研磨。这是一个费事的过程，所得到的香料粉末应立即使用。

中东传统中，豆蔻与咖啡一起磨成粉，用于为咖啡加入温和桉树风味。在斯堪的纳维亚，豆蔻用于焙烤，也用于咸味菜肴，甚至作为调香物用于称为白兰地的酒精饮料。

肉桂　拉丁学名：*Cinnomomum zeylanicum*，*Cinnomomum cassia*　市售形式：棒和粉末

肉桂是一些樟属树木的干燥内皮层。肉桂原产于亚洲热带地区，如今，主要在东亚种植。虽然樟属有许多品种，但以香料形式销售的有两种类型：斯里兰卡肉桂和中国肉桂。请注意，中国肉桂又称桂皮（cassia），虽然两个品种表现出细微差别，但都适用于糕点和甜点制作。由于肉桂在过去非常宝贵，因此据说肉桂种植保持了几百年的秘密。肉桂树皮薄，光滑，呈浅棕色。肉桂从两年以上树龄的树收获，采取便于长出新枝的方式进行切割和修剪；次年，根部会长出新芽。从割下的嫩梢剥下的皮，要放置干燥。干燥的内层树皮会卷曲成卷或成细筒条。销售的条状肉桂便是这样生产的。肉桂也可研磨成细粉，适用于烘焙、烹饪、饮料、炖菜和调味汁。一条肉桂棒相当于半茶匙肉桂粉。肉桂具有带甜味的温馨风味。

丁香　拉丁学名：*Syzygium aromaticum*，*Eugenia aromaticum*，或*Eugenia caryophyllata*　市售形式：整体和粉末

常绿丁香树的生长高度范围在10~20米间，由这种树收获的未开放花蕾，经干燥后作为香料出售。几百年前，丁香主要生长在历史上称为香料群岛的摩鹿加群岛。现在，丁香的种植已经扩展到南美洲、西印度群岛、东非和印度的一部分。然而，印度尼西亚仍然是全世界最大的丁香生产国。丁香是一种香料，既可以整体也可以粉末形式使用，可以方便地用于调控其他风味，使用量适当时，会带来一种令人愉快的肉桂般风味。丁香和绿色豆蔻也是湾仔茶的

关键配料。在西餐中，丁香主要用于甜味制备物。

肉桂

薄荷　拉丁学名：*Mentha spicata*（绿薄荷），*Mentha piperita*（胡椒薄荷）

市售形式：新鲜薄荷和干制薄荷

唇形科包括180多种香草（包括大家熟悉的罗勒、牛至、马郁兰、迷迭香、鼠尾草、香薄荷和百里香），要将唇形科家族的内容讨论清楚是一件令人困惑的事！仅就薄荷家族成员进行讨论就足以说明这种复杂性。薄荷原产于欧洲和亚洲，以积极杂交和无差别复制而著称——成为植物分类上的多年生"入侵性物种"。

然而，为简化起见，厨师只需熟悉两种主要烹饪薄荷：绿薄荷和胡椒薄荷。胡椒薄荷风味比绿薄荷强烈，并且新鲜时带有特殊的"清凉"感觉。这种感觉由称为薄荷醇的化学物质引起，它集中在植物的精油中。事实上，薄荷醇具有药用功能，可以减轻呼吸道和其他疾病。胡椒薄荷是糖果配料——例如，喜庆拐杖糖或白垩棒棒糖，这类装在老式袋中的糖果，都简称为"薄荷糖"。绿薄荷没有胡椒薄荷那种冷热效果，但具有独特的柔和风味。绿薄荷往往是东南亚、印度和中东烹饪的首选薄荷品种。其他一些受人欢迎的薄荷品种被作为观赏物栽种在花园中。尤其以圆叶薄荷、蓝凤仙花及水薄荷最著名，但还有许多其他薄荷。

丁香

肉豆蔻　拉丁学名：*Myristica fragrans*　市售形式：整体与粉末

肉豆蔻原产于东南亚摩鹿加群岛，即香料群岛，肉豆蔻是一种大型热带常绿乔木，平均生长高度约12米。这种树树龄达到15年以后才开始结果，此后每年可产多达2000枚果实。用作香料的肉豆蔻果实部分是深褐色坚果状种子及其红色薄膜。肉豆蔻果实可根据其坚硬度和起皱卵形外观、其棕褐色，以及其大小加以识别，肉豆蔻通常不比葡萄大。

肉豆蔻

在瓦斯科·达伽马于1512年声称摩鹿加群岛属于葡萄牙以前，只有阿拉伯人进口肉豆蔻。尽管葡萄牙和后来的荷兰人把持着肉豆蔻进口活动，法国植物学家皮埃尔·皮奥赫（也称彼得·派珀）将肉豆蔻苗走私到了毛里求斯，在那里他创立了一种健康作物。当英国人在1796年占领此地时，他们成功将肉豆蔻传播到了东印度群岛和加勒比海地区种植。格林纳达具有理想的肉豆蔻生长条件。至今，格林纳达仍被称为"豆蔻之岛"，并骄傲地在其国旗上标上肉豆蔻种子图像。

（不论是磨成粉还是新鲜磨碎的）肉豆蔻均有甜美胡椒味，可用于含乳、奶油和鸡蛋的甜点。肉豆蔻也可用于摩洛哥综合香料（ras el hanout），当然，很难想象，不加肉豆蔻的苹果酒、热葡萄酒和蛋酒会成什么样子？

橙花　拉丁学名：*Citrus* spp.　市售形式：花水

植物或树木结出果子以前，都必须首先开花。例如，塞维利亚橙树在早春开花，使空气中弥漫着美味清香。橙树花瓣很香并有蜡质性。这种花可利用所谓的水蒸馏法提取精油。据推测，公元前10世纪以前，中东人便开发了提取花水的过程，此后，这种混合物便流行起来，并被当作异国情调配料。橙花水常用于甜点制作，例如用于玛德琳蛋糕（madeleines）和司康饼（scones）。橙花瓣也可加到其他配料中，以增加风味——例如，可与黄油和糖一起用于烘焙食品和糖果制品（有关橙的植物学信息，参阅第106页内容）。

玫瑰　拉丁学名：*Rosaceae*（蔷薇科）

玫瑰属于由100多个不同品种构成的蔷薇科。玫瑰花开在常年灌木上，玫瑰花瓣及其产生的果实（玫瑰果）主要作为芳香物用于糕点和甜点。大多数玫瑰品种原产于亚洲，但有些品种原产于北欧和北美部分地区。

玫瑰花瓣枯萎脱落后，其成熟子房便会形成所谓的玫瑰果。玫瑰花在晚春和初夏盛开，此期间的花瓣和果实有多种用途。玫瑰花瓣可通过蒸馏过程转化成玫瑰水。糕点使用各种鲜花制品是为了增加风味。花瓣也可加入糖和黄油中以增加风味。玫瑰花瓣随糖结晶用于装饰蛋糕。花瓣是果酱的趣味成分，也可直接混合到糊状物中，制备质地介于糕点与煎蛋卷之间的任何产品。玫瑰果是一种美味添加物，可用于果酱、果冻和马茉莱（marmalades）。它们也可作为风味物用于糖霜、甜点和焙烤食品。玫瑰果也是非常流行的茶风味物。

玫瑰不仅既香又漂亮，而且对健康也有好处！玫瑰花瓣含有微量维生素C；玫瑰果的维生素C含量要高得多。玫瑰的风味特点因品种不同而异，范围从典型花香到简单水果风味不一。

食用花卉有无数用途，但应该遵循一定的安全防范措施。要选择那些尚未与任何化学品接触的花朵——否则可能导致死亡。花可从有信誉的花园采摘，这种花园不使用除草剂或其他有害化学物质治理植物。也不要从路旁采花，因为它们很有可能已经接触过有害毒素。最后，应避免从花店购买鲜花，因为这种鲜花的花茎已在某种防腐剂中浸泡过。然而，由于需求量增加和流行性扩大，仔细调查可以发现有些花店会出售一些可食用花卉。研究调查后作出明智决定——这样才能避免顾客因食用婚庆蛋糕而出事。

某些花的叶子可以涂上加热过的巧克力。巧克力冷却时，会轻轻地从所用花叶上剥离，形成可用于装饰的完美形象造型。

香子兰　拉丁学名：*Vonillo planifolia*　市售形式：全豆、粉末和液体提取物

香草豆

香草精是一种兰花香草制成的高度芳香性风味剂，这种香草称为特里什起（tlilxochitl）藤，原产于墨西哥韦拉地区。这是一种攀援藤本植物，生长在树木或杆子上，会爬至与树或杆相同高度。栽培过程中，这种植物的高度受到限制，以方便收获。香子兰原来只生长在墨西哥和中美洲，采用人工授粉技术以后才在其他地区成功栽培。香子兰风味极受人喜爱，是世界上次昂贵的香料或调味料。香子兰通常生长在受热带风暴影响和政治不稳定的地区，其种植是一种劳动力密集过程。而且，直到20世纪70年代末，香草种植者同业联盟控制着香子兰的价格和分配，从而限制了香子兰的市场供应。这种同业联盟解体以后，其他地区，例如马达加斯加、法属波利尼西亚和加勒比海地区，才开始进入这一曾经的独家经营市场。如今，香子兰有三个品种：香荚兰（*Vanilla planifolia*）、*Vanilla tahitesis*，和*Vanilla pompona*，它们均从最早的特里什起（tlilxochitl）藤得到。最常用的是香荚兰（*V. planifolia*），常称为马达加斯加波旁香子兰。香子兰可用于商业和家庭烘焙、糖果和香料。它有多种形式：全豆、液体及各种全干豆粉。由于香子兰成本高，大多数商业产品使用的是人工合成香子兰风味剂，这种风味剂用木材化合物木质素合成。

紫罗兰　拉丁学名：*Violaceae*（堇菜科）

这种堇菜科植物原产于北半球温和地区。紫罗兰有若干品种，有各种颜色：蓝色、紫色和黄色。然而，黄色紫罗兰不能吃，因为它毒性非常强。最常见的紫罗兰呈紫蓝色。由这种紫色植物产的花卉可用于糖果和蜜饯。它们通常结晶后用作装饰物。紫罗兰植物的花瓣和花朵均富含维生素A和维生素C。据认为，它们的维生素C含量是一般橙子的三倍。

可可制品

热巧克力：早期历史与发展

对许多人来说，巧克力不只是一种愉快享受，其含意甚至超出了糕点房中心配料；它像水或空气一样，是一种维持生命的关键物质！巧克力爱好者在谈

巧克力作为腐朽和恶魔般的声誉可能开始在17世纪，但在概念上的生活有点调皮地在这样的巧克力为基础的制剂作为恶魔的食物蛋糕，并在商业巧克力叫黑魔法的命名。

到自己喜爱的甜点时确实会夸大其词。然而，这种热情可以追溯到公元前1000年，当时的土著印第安人已经会将可可豆制作成一种泡沫巧克力饮料。作为巧克力原料的可可豆受到过高度重视，阿兹特克人甚至将它作为货币使用。据西班牙探险家埃尔南·科尔特斯1519年的记载，蒙特祖玛皇帝要喝大量巧克力饮料。现代热巧克力的原型可追溯到旧时西班牙，当时的巧克力饮料用胭脂树红色种子染色，用辣椒、香草，有时也用蜂蜜调香。这种饮料的营养、药用和风味特点受到西班牙宫廷的喜爱和保护。西班牙人将这种饮料调成甜味，并且减少香料用量，100年后当这种饮料传到法国宫廷时，出现了一代巧克力迷贵族。他们对巧克力的迷恋，进一步因教会领袖一上来就认为这种饮料可在四旬期斋戒期间饮用而得到促进。教堂甚至在布道时泡制和饮用热巧克力，这种有点混乱、不太虔诚的做法很快在神职人员中失去了市场，有些地方甚至将其谴责为罪孽性颓废行为。

可可树和可可豆种类

可可树原产于赤道南美洲和中美洲，并且自玛雅人和阿兹特克人时代起就已得到栽培。如今，可可树也在赤道非洲和亚洲种植。可可树生长高度达9米，由树皮直接长出花朵。由这些花结出长25厘米、直径10厘米的果实。可可果实的果肉层将25~40枚（用作巧克力原料的）种子包围。这些种子经涉及发酵的初始巧克力加工（见143页）后称为可可豆。而此时的英文"cacao"拼写也变为较熟悉的"cocoa"。

可可属（*Theobroma*）内，有三个用于巧克力生产的可可树栽培品种。克

16世纪植物学家林奈·卡罗勒斯（Carolus Linnaeus）将巧克力置于饮食需求金字塔过高位置。他对巧克力极为喜欢，觉得必须为可可树取一个令人敬仰、意为"神的食物（food of the gods）"的拉丁名称"Theobroma"。西班牙语"criolle""forastero"及"trinitario"分别对应于"本地的""外国的"和"特立尼达的"之意。由于巧克力行业已经扩展到三大洲，因此，现在看来这些名称的历史意义多于地理意义。

展示种子和荚肉的切半可可果（英）

里奥罗（criollo）品种产生的巧克力被认为质量最高，因其微妙而复杂的风味而受到追捧。因此，专门被称为"风味可可豆"，并经常被用来改良其他可可豆的风味。与其优良品质一样，它也有显著缺点，虽然克里奥罗豆可得到最可口的巧克力，但它难以生长，很容易出现疾病，并且产量不高。因此，克里奥罗可可在世界可可豆市场的销售量只占10%。弗拉斯特罗（forastero）品种是一种风味全、高产、抗病害的可可豆。尽管弗拉斯特罗豆的风味没有克里奥罗豆风味那么突出，但其他属性使其赢得了世界市场的最大份额（70%）。特立尼达（trinitario）豆是一种杂交可可豆品种，它既有克里奥罗的某些风味特点，也有弗拉斯特罗的抗病性和产量特点。特立尼达豆占全球可可产量剩余的20%，像克里奥罗豆一样，它也被认为是一种风味豆。

可可豆外壳及内部可可仁

阿兹特克帝国时代之前可可就已经与香子兰配对出现。西班牙人征服时期，阿兹特克皇帝蒙特祖玛（Montezuma）已经在巧克力饮料中大量使用香子兰。香子兰和巧克力都存在类似的种植方面的问题：两者均需费时的手工方式进行栽培；两者都对土壤条件和降雨量特别挑剔；两者均易受大风、暴雨、真菌和昆虫伤害。毫不奇怪，这些困难反映到了人们支付的这些配料价格上。但是，巧克力比香子兰豆更具商业意义，因而近年来大型巧克力制造商在种植园方面的实验使得巧克力价格降到了较可接受的程度。另外，可可种植对除草剂和杀虫剂的依赖已经司空见惯。有机种植者不参与这方面种植的主要原因是其产品价格将会明显提高。

巧克力生产

食品行业并不经常提及机械化对食品质量的积极影响。然而，科学和工业革命的机械创新是实现现代巧克力柔滑性状的主要原因。

发酵和干燥

可可豆采收后的巧克力生产的关键过程是对可可种子进行发酵以改变其生化结构，从而改变可可种子的风味。为完成这一过程，要将可可豆荚对切开，舀出种浆和种子，并整个被收集在发酵木箱子中。酵母和果浆糖在木箱中相互反应形成乙醇，再变成乙酸。形成的乙酸由可可种子吸收，使其内部细胞结构破坏。包括涩味物质和蛋白质在内的细胞内容物混合，得到涩味较少且更为可口的可可种子。种子发酵发生这种转变后不再称为"种子"，而被称为"豆"，而"cacao"的拼写也变为"cocoa"。

发酵可能需要长达5天时间，涉及很多导致明显不良结果的因素。发酵不足、发酵过头的，甚至腐烂的可可豆都会对风味产生不利影响。这些影响因素需要技术精湛、工作严谨的可可豆技师加以管理。

可可豆发酵结束后要进行清洗去除残余果浆，然后进行干燥。为使其产生饱满风味，要将可可豆摊在垫子或水泥板上用低热，甚至太阳热进行缓缓干燥。干可可豆的水分含量范围应在5%~8%之间，不要太干，否则容易碎裂，但也要足够干燥，这样才能保证在运输过程中不发生腐败。只有水分含量适当的干可可豆，才能运往世界各地巧克力制造商处作进一步处理。

焙炒、风选和粉碎

虽然可可焙炒炉有大小和技术方面的差异，但其作用基本相同。焙炒炉将可可豆加热到120～160℃之间，并在焙炒过程对其进行搅拌。焙炒时间及温度会有差异，但总预期效果是通过美拉德反应进一步形成可可风味。涩味和苦味会下降，而由氨基酸和糖引起的风味会增加。焙炒也使可可豆壳变硬，以便能够进行风选。

风选是将可可豆壳与其余部分分离的过程，后者之后称为可可仁。接下来要对可可仁进行研磨，得到所谓的巧克力浆。在此步骤中，可可仁通过钢辊研磨使可可固体破碎，并将可可豆细胞的可可脂释放出来。钢辊也产生摩擦作用，这种摩擦对混合物有加热作用，从而使可可脂融化，得到稠厚柔滑可倾倒的混合物，这种混合物称为巧克力浆。

压榨

在现代巧克力生产中，压榨用于制造可可粉，也得到副产物可可脂（应当指出，糖果巧克力固体或糖衣巧克力不经此过程处理）。这工段实际上用专门液压机将巧克力浆压成饼（称为滤饼），同时挤出可可脂。

可可脂被收集并用于改良其他巧克力产品，而压缩饼则粉碎成可可粉。

精炼

精炼是制作糖衣巧克力和巧克力糖块（包括黑巧克力和牛奶巧克力）的最后步骤。精炼操作因制造商不同而有所不同，但基本上均由装巧克力配料的加热桶或加热槽以及（使这些配料混合的）研磨浆或叶轮构成。该过程涉及使巧克力浆与最终巧克力制品配料【糖、添加的可可脂、（牛乳巧克力用的）牛乳、风味剂，必要的话卵磷脂】混合。然后这些成分加热并混合，最后使巧克力少量残留水蒸发掉，并且可显微观察到边缘抛光的固体颗粒，所有这些操作均是为了生产人们所期望的柔滑巧克力。

精炼操作还可改善风味，并确保脂肪分子均匀地环绕在固体周围。具体精炼时间可持续几小时，也可持续几天（一般不超过两天），而温度则取决于巧克力类型。牛奶巧克力因有可能烧焦乳固体而不能像深色巧克力那样加热。精炼后要对巧克力进行调质、冷却、成型和包装。

无论理解也好，不完全理解也好，另一个现实因素是：巧克力制造商均有其确切生产过程秘密。他们的配方及其所用机器就像国家机密那样受到严格保密！

Liquor（浆）

"chocolate liquor" 中的 "liquor" 并不是说巧克力中有酒精。其真实的拉丁词根是 "liquorem"，该术语仅指巧克力浆的流体状态。

可可和巧克力生产
带肉可可豆发酵
可可豆清洗与干燥
可可豆运送到世界各地制造商
可可豆焙炒并风选，只留下可可仁（壳被丢弃）
可可仁磨碎成巧克力浆

可可生产过程开始	巧克力生产过程开始
压榨巧克力浆并保留可可脂	在巧克力浆中添加最终巧克力配料
可可豆饼磨成可可粉	精炼过程开始
	最后巧克力冷却、调温和成型。

当代巧克力

最早以饮料形式进入欧洲的巧克力，在当地受到喜爱的历史持续了约300年，随后出现了第一批可"吃"的巧克力。两项技术进展在巧克力工艺中起到了关键作用。第一项进展出现在1828年，当时一位名为科恩拉德·范·侯登（Coenradd Van Houten）的荷兰化学家发明了一种液压机，这种液压机使经发酵、焙炒且粉碎后的可可豆与大部分可可固体中的可可脂分离。除去脂肪后，可可固形物就可以磨成现在人们所说的可可粉。这项由范·侯登为获得更细热巧克力而提出的创新，1847年由英国Fry&Sons公司投资实施。通过使可可粉和可可脂重新组合，并加入白糖，Fry&Sons公司生产出一种固体巧克力。这种巧克力不仅可口，而且可融化，也可以浇模成型。

巧克力工艺的第二项主要技术发展是精炼的发明。1879年，Lindt&Spüngli公司创始人鲁道夫·瑞士莲（Rudolph Lindt），发明了一种称为精炼机的机器，这种机器对可可固体、可可脂、糖和其他添加配料进行长时间研磨混合，产生更细腻的巧克力（见145页精炼）。与此同时，巧克力发展历史上一些有名品牌开始出现——吉百利（Cadbury）、雀巢（Nestle）、祖哈德（Suchard），后来又出现了赫尔希（Hershey）和玛氏（Mars）等。这一时代不仅标志着巧克力制造过程的进展（也可能说成是革命），而且也增多了一种最私密行业。在配料非常有限的条件下，巧克力制造公司只有通过改进技术和配方，才能保持自己的地位。这促使出现了一个保守机密的商界，同时也出现了非常私密的工业间谍渠道。

所有这些巧克力史对现代糕点师有何影响？现代巧克力生产创新出了系列可可制品：可可粉、黑巧克力、牛奶巧克力、糖衣巧克力和白巧克力。这些创新同时引起了巧克力制品和技术的发展。19世纪创新产生了巧克力酱（ganache）、巧克力包衣糖果、巧克力馅糕点、利用巧克力风味和结构的蛋糕，以及各种装饰巧克力。

精炼机

1879年第一台由鲁道夫·瑞士莲发明的精炼机由花岗岩凹板与使巧克力混合成柔滑质地的研磨轮构成。花岗岩板呈壳形，并相应地称为精炼器——这一名词一直在使用，尽管现代精炼机与原始精炼机毫无相似之处。

调温

无论是工厂成型还是糕点房糕点厨师成型，成型前都要经过调温，对巧克力固体粒子间可可脂固化或结晶化过程中的脂肪结晶方式加以控制。调温的目的是使紧密联结的稳定脂肪分子得到均匀分布，从而得到具有玻璃光泽、咬口良好的固体巧克力。调温也可产生抗起霜性能的巧克力（起霜是不稳定脂肪上升到巧克力表面出现的起白粉现象）。具体调温方法参见275页内容。

可可豆含高达55%的可可脂。巧克力的风味和质地很大程度上由可可固体决定，可可脂的卓越性质使巧克力具有光泽、可咬性，而最重要的是，它在室温下保持固体而在口腔中迅速融化的属性。

黑糖衣巧克力　　　　　　　　牛乳糖衣巧克力　　　　　　　　白糖衣巧克力

巧克力的种类

　　巧克力有多种类型。黑巧克力含高达90%的可可，牛奶巧克力只含不到10%的可可，而白巧克力只含可可脂，根本不含可可固体。有必要理解，百分比的基准是可可产品总量（包括可可固体和可可脂），而其余大部分是糖。知道这个比例的优点是，它能使糕点厨师以及广大消费者对各类巧克力的苦味和甜味更加清楚。

糖衣巧克力

　　融化时柔滑可流动的巧克力糖皮，在凝固时变硬并具有光泽。英文"couverture"（糖皮）一词来自法语，意为"覆盖"，用于描述包衣甜点的完美品质。尽管称为糖皮，但其还有更多功能含义。例如，这是一种理想的装饰用巧克力，也可以竖立在其他巧克力、巧克力酱和糖霜中。虽然有不同类型的糖衣巧克力，包括黑巧克力、牛奶巧克力、白巧克力和风味糖衣，但它们具有一个共同特点，即可可脂含量高，以巧克力总重计范围在31%~55%之间。糖皮中强制性可可脂百分含量使其具有诱人的视觉和质地效果，并在熔融时具有可加工性。糖皮也可含少量植物油，或在牛乳糖皮和白色糖皮中残留少量黄油脂肪。糖皮的总可可百分含量有很大差异，含量范围在黑糖衣为50%~70%可可，牛奶巧克力糖衣在20%~50%可可之间。

黑巧克力

　　所有巧克力类型中，黑巧克力具有最强的风味、涩味和苦味。原因是黑巧克力（或者至少半甜半苦巧克力）的可可浓度最高。黑巧克力中的可可与牛乳巧克力中的不同，并未被乳固体和大量糖取代。黑巧克力的主要配料是巧克力浆（见第144页），其本身由大约一半可可脂和一半可可固体构成。黑巧克力还有外加的可可脂、糖、卵磷脂，并且通常加风味剂。黑巧克力中糖与可可的比例，对于用黑巧克力制备下面介绍的三种不同类型巧克力的糕点师来说极为重要。

　　半甜巧克力　半甜巧克力至少含35%可可，最高可达64%，糖含量显著比甜味巧克力低。通常，巧克力的可可百分含量升高，相应地会降低其糖含量。因此，半甜巧克力的可可与糖比例会产生较强可可风味，并带有明显涩味。半甜巧克力的甜味苦味平衡使其成为一种多用途巧克力，可用于所有糖果和甜食制品。

苦甜巧克力　这类巧克力配方中可可含量最高可达90％，余下只有10％的糖和风味物。这种具有苦味且甜味不足的巧克力，越来越受欢迎。苦甜巧克力的可可含量介于64％~85％之间，仍然属于多用途巧克力，可做成糖块，也可作为糖果和甜食制品配料使用。

牛奶巧克力

牛奶巧克力是一大类巧克力，包括低质量大规模生产的巧克力，也包括较高质量的糖衣巧克力。虽然乳固体是牛奶巧克力的主要成分，但从风味和质地角度来看，可可的百分含量所起的作用也不能被低估。牛奶巧克力中可可含量可在（美国最低要求）10％与欧洲牛奶巧克力最高可能含量45％之间变化。牛奶巧克力像黑巧克力一样，可用于各种糖果和甜食制品。然而，需要注意的一点是，高比例糖和乳固形物的巧克力往往意味着含较少可可脂，从而会干扰成品光泽表面和较脆质地的实现。

单一产地巧克力、有机巧克力及公平贸易巧克力

当今大多数市售巧克力均用按风味及成本效益选择的混合可可豆大规模生产而成。单一产地巧克力是针对大规模生产的一般质量巧克力提出的。它们用的都是指定区域、选定土壤和生长条件区域生产的可可豆。单一产地巧克力也往往用单一品种可可豆制造，而不用混合可可豆制造。委内瑞拉克里奥洛（criollo）种包色拉那（Porcelana）可可，及厄瓜多尔弗拉斯特罗种艾里巴（Ariba）可可（唯一的一种上等弗拉斯特罗种），便是单一产地/单一新品种可可豆。

虽然并非一定是单一产地，有机和公平贸易巧克力所占市场份额也不大，有机和公平贸易巧克力生产中严格遵循的指导原则包括禁止使用农药以及利润分配更多照顾到巧克力种植园工人利益。

白巧克力

由于白巧克力不含可可固形物，因此它被认为不是真正的巧克力。但是，优质白巧克力确实使用可可脂作为其脂肪组分，并且具有巧克力属性。例如，它可有糖块形式，并且受到糕点师重视，它也可以通过调质成为糖皮，并具有较好咬口和光泽。除了可可脂，白巧克力还含有乳固体、糖、卵磷脂，并且常加香兰素。

牛奶巧克力从欧洲到美洲

尽管黑巧克力爱好者遇到牛乳巧克力偶尔会流露出轻蔑神态，但这项1875年由瑞士雀巢公司和瑞士通用巧克力公司创造的发明却无疑是为了改善黑巧克力的苦味性质。这些公司在创造牛奶巧克力时面临的挑战是找到一种将牛乳与可可混合的方法，以获得稳定体系。实际上，可可固体不会有任何问题，问题是可可脂不能与乳中的水混合。从逻辑上讲，只要将牛乳中所含的水分除去就可以将它们混合在一起——于是发明了炼乳加工过程。然而，即使使用炼乳，将所有配料结合在一起的过程也不简单。要将牛奶浓缩成类似干酪的程度，然后利用至今仍然有所保密的技术进行混合。

20世纪初，亨利·赫尔希开发专门适合美国人口味的牛奶巧克力时，特别注意不模仿欧洲生产商。他通过反复试验，得到了甜蜜巧克力配方，其特点被（赫尔希忠实粉丝）描述为稍微有点"酸"。这种风味因赫尔希自己的炼乳体系所至，这种炼乳要在真空条件下沸腾几小时才制成。换句话说，赫尔希的独特味道更像是一次事故，而非集中努力的结果。虽然过去100年机械和知识基础均发生了变化，但赫尔希配方基本没有变化，一直保持着对许多美国人来说怀旧的吸引力。

虽然赫尔希不是美国唯一巧克力生产商，但其首款牛奶巧克力的故事至少可以部分说明，美国巧克力和欧洲巧克力在口味方面的不同具有偶然性。

可可制品

可可脂

可可脂是巧克力浆压榨分离得到的两种产品之一，即与可可固形物（可可粉）分离开的大多数脂肪（可可脂）。巧克力制造工艺中，添加这种可可脂可调整出不同类型巧克力。 例如，添加可可脂可改进糖皮巧克力凝固性能。可可脂也广泛用于化妆品行业。可可脂以小颗粒或棒状形式销售，糕点房使用可可脂的目的基本上与巧克力生产商相同，就是为了改善巧克力成品的光泽和质地。糕点师可购到经过滤和处理除去微量可可风味和香气的可可脂，这样可避免它们对配料风味的干扰。

无论是天然融在巧克力浆中的可可脂，还是已被提取和纯化的可可脂，这种天然脂肪的重要性在于其独一无二的脂肪酸组成。可可脂与其他脂肪的差别在于其所有脂肪酸在大致相同温度（35℃）熔化并在大致相同温度（20℃）凝固。其他脂肪，例如猪油的脂肪酸组合具有范围较宽的熔点。例如，如果用猪油代替巧克力制备物中的可可脂（这是一个从多方面来看都不可接受的概念）制备物在口中从来不会完全熔化。

苦甜巧克力

（无糖）巧克力浆

烘焙过并去壳的可可豆，经研磨成为巧克力浆。巧克力浆也称可可块或可可糊，由几乎等量的可可脂和可可固体构成。在巧克力生产流程中，巧克力浆既可压制成可可粉，也可精炼（见45页）成当糖果吃的巧克力。巧克力浆也可不经精炼直接冷却成块。这种产品称为不加糖巧克力，用于焙烤。不加糖巧克力的特点之一是它比精炼巧克力的酸度高。对于使用小苏打作发酵剂（见75页小苏打）的蛋糕，不加糖巧克力中的酸性成分，可用来启动产生二氧化碳从而导致膨松的连锁反应。

如果可可含量只有15%，那么只有黑巧克力才可标上"甜味巧克力"，牛乳巧克力不能这样标。这种几乎只在美国供应的甜味巧克力，可在食谱中替代黑巧克力，以提供温和可可风味及较多甜味。专业甜食制品很少使用甜味巧克力。

可可粒

经过烘焙和风选（去除外壳和胚芽），并在磨成巧克力浆之前，可可豆可以被分解成小块，作为专业烘焙原料销售。可可豆的使用方式与坚果相同，可可豆粒为烘焙食品和糖果提供松脆质地和可可风味。

可可粉

可可粉制造时，先要（利用特殊液压机）将巧克力浆中一定量（范围在75%~90%间）可作其他用途的可可脂压榨出。然后用可可磨将得到的可可固体

可可粒

（行业内也称"可可饼"）研磨成细粉。两种主要类型可可粉是荷兰工艺可可粉和天然可可粉。

荷兰工艺可可粒

荷兰工艺可可粉

可可豆研磨前可先用碳酸钾处理。碳酸钾是一种可降低可可天然酸度的碱性物质。荷兰工艺可得到温和、较少涩味的可可粉，这种可可粉比天然可可粉易溶解于水中。荷兰工艺可可粉除了风味较饱满以外，颜色较天然可可粉深，也较容易溶于水。荷兰工艺可可粉的局限性是由于它酸度低，因而在用小苏打作膨松剂的配方中起不了多大作用。

天然可可粉

天然可可粉不经过碳酸钾处理，因此不像荷兰工艺可可粉。市售可可粉中天然可可粉的风味最强。天然可可粉之所以有强苦味和可可风味，原因是由于除去了可可脂，从而提高了可可固体的含量。天然可可粉也不像荷兰工艺可可粉，仍然保持其酸度，这意味着它可与小苏打一起构成混合膨松剂用来产生二氧化碳。

天然可可粒

一般而言，选择可可粉是因为它的通用性及其成本效益。它可以为甜点浇料提供良好的颜色和风味，而作为蛋糕配料，它不仅可提供风味，而且也可改善质地。可可粉还可用于装饰性撒粉和制造巧克力饮料。

酒及衍生产品

　　酒在糕点房之外的世界是一巨大主题，历史上酒具有丰富创新的一面，也有制造麻烦的一面。就负面影响来说，葡萄酒、啤酒以及烈酒和酒精多年来一直是某些社会紊乱的原因。从积极的一面来看，几个世纪以来在发酵、蒸馏和老化技术方面知识的积累，促成了风味微调、酒精浓度调节的可能，并且也出现了鉴赏家及对许多现有产品大众欣赏的文化。糕点房的具体酒精话题，没有什么与这种富有风味的挥发性液体有关的历史包袱。原因是糕点中添加的酒精量微乎其微，重点不在于酒精，在于如何利用酒精改善制品整体。

　　如果使用得当，酒精可对风味产生重大风格改善，并可为许多甜味制品感官添加效果。无论是蛋糕用酒去味、冰糕添加酒，还是水果色拉喷洒酒，都必须谨慎选酒。例如，很显然，人们会选择（利用苹果蒸馏制成的）卡尔瓦多斯酒加到带苹果元素的制品中；然而，香槟酒风味不太容易找到可搭配的制品。对于巴巴朗姆酒糖渍蛋糕这类经过时间考验的配方来说，选什么酒是已经定了的事。朗姆酒风味不仅完全适合巴巴蛋糕的吸液糖浆，而且也是固定搭配——对纯粹主义者来说，不加朗姆酒就不能称为巴巴蛋糕！

　　此外，糕点师还必须熟悉酒文化背景。配方中加酒时，必须尊重文化限制和个人选择。同样，还需要注意，所要制备的制品也有可能会让儿童消费。

发酵和蒸馏

　　所有含酒精饮料，无论是饮用或是要加到甜味和咸味制品中，都要经过某种发酵形式。葡萄酒是发酵过的葡萄汁，而朗姆酒在蒸馏之前要对糖蜜进行发酵。所有情形下，无论是培养的酵母或空气中自然存在的酵母菌，一旦与基础配方中的糖进行交互作用，就会引起发酵，并将其转换成醇。由于所给配料中糖有限，因此发酵作用只能产生有限浓度的酒精——（体积）浓度范围在5%~12%之间。这一百分浓度范围分别对应于啤酒和葡萄酒的酒精含量，但如何才能大大提高朗姆酒中酒精浓度呢？这就需要借助蒸馏手段。

　　无论是用罐式蒸馏器，还是用最近发明的蒸馏塔进行蒸馏，都发生相同的基本化学活动。以白兰地生产为例：在这种情况下，发酵过的酒被加热到（与芳香族化合物、不良挥发性物质及一定量水处于一体的）酒精汽化点。这种蒸汽在蒸馏器中上升，期间不良物质被吸附掉。余下的富集酒精的蒸气被冷却，返回到液体状态，并收集于分开的容器中。当然，这只是对过程的简化说明。抽走甲醇之类有毒挥发物所需的确切时间至关重要。将那些会使蒸馏物产生不良风味的物质去除，同时保留有利于改善风味的香味物质是这一过程复杂性的另一例子。

　　发酵和蒸馏并非仅仅是生产和浓缩酒精的方法。发酵过程可产生转化得到的独特风味，而蒸馏蒸发的不仅是酒精，也有发酵基料所携带的芳香物质。生产可食用（更不用说安全）发酵和蒸馏饮料时，受到许多变量影响，具体情形因产品不同而异。

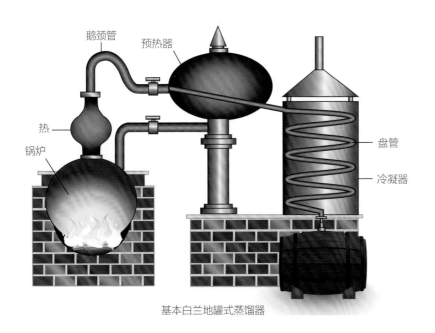

鹅颈管　预热器

热

锅炉

盘管

冷凝器

基本白兰地罐式蒸馏器

利口酒

利口酒（liqueur）包括一系列可称为风味酒的酒精饮料。大多数利口酒每升至少含100克糖，并且由已加入水果、坚果、香料和香草风味的酒类蒸馏制成。该词也意味着较高质量产品，例如，可能意味着，使用真正水果而不是水果风味物，或者使用天然咖啡提取物，而不使用人工咖啡风味物。

君度酒

君度酒（Cointreau）1875年在法国昂热由爱德华·君度发明，由苦橙皮与甜橘皮混合物泡入蒸馏酒制成。这种酒的技术为人头马君度集团（Rémy Cointreau Group）拥有，并由其制备，因此被视为一种私密利口酒，君度酒的确切成分是保密的。例如，其所含的醇被列为"天然"，因此，其确切所含的醇类型只能猜测；不过，君度酒的晶莹剔透外观，暗示着其含某种类型中性醇。

君度酒被认为是一种"橙皮"利口酒。这里说明一下，橙皮指的是这种利口酒用了库拉索（curacao）橙皮浸泡。仍然是由于君度酒保密性的缘故，所以很难确切知道其使用的橙皮类型。君度酒在法语中也归类为一种"liqueur d'écorces"，大意指这种利口酒用皮调味。该术语名副其实，君度酒风味的独特之处在于其具有微妙苦味及总体浓重的柑橘味。君度酒主要用于调味膏、冷冻制品、包衣巧克力，以及特殊制备物，例如填充酥脆物的奶油糕点。

金万利酒

君度酒出现五年以后，居住在巴黎城外一处城堡的亚历山大·马尼亚-拉波斯托勒（Alexandre Marnier-Lapostolle）发明了金万利（Grand Marnier）酒。类似于君度酒的苦柑橘风味，金万利酒也是一种橙皮浸酒，这种酒的基本特点是以干邑（Cognac）酒为基料、用橡木桶陈酿，并具有温和香兰素风味。市场上有不同档次的金万利酒销售，具体价格根据用作基料的干邑酒酿造期和质量确定。对于糕点及糖果，完全可以采用中等档次的Cordon Rouge金万利酒，虽然与君度酒相比还是有点贵。市场上有一种不太贵的烹饪级金万利酒，称为Corgon Jaune酒，但只在欧洲销售。为了略微体现不同效果，金万利酒可用于甜食制品，使用方式与君度酒大致相同。

咖啡利口酒

咖啡利口酒通常在朗姆酒或中性谷物酒之类酒中加入咖啡制成。市场上有许多供甜食制品使用和饮用的咖啡利口酒。需要注意的是，配料表中所列的是真正的咖啡，而不是人工咖啡提取物。在诸如提拉米苏（Tiramisu）、歌剧院蛋糕（Opera cake）和闪电泡芙（éclairs）之类甜食制品中常用的两种咖啡利口酒是甘露咖啡酒（Kahlua）和添万利咖啡酒（Tia Maria）。

白酒

究竟什么酒可称为白酒（eau de Vie），因国家和语言不同而多少有点分不太清。在法语中，"eau de vie"（白酒）这个词广义地指定除利口酒以外的所有蒸馏酒。利口酒不包括在内，是因为它们有甜味，并且由于其风味来自添加的成分，而不是仅通过蒸馏产生的风味。例如，卡尔瓦多斯（calvados）酒是一种白酒，因为它的风味由苹果汁蒸馏得到，而不是加入苹果风味。然而，即使如此也会难于对白兰地酒定位，因为白兰地可能会稍有甜味，并且其风味因为加入焦糖而受到了改变。这种情形下，将白兰地归为白酒类是一个程度问题。英语中与法语"eau de vie"（白酒）相当的统称术语是"spirits"（烈酒）。

普瓦雷威廉酒

普瓦雷威廉酒（Poire William）是一种清澈的干白酒，利用巴特利特（Bartlett）梨经发酵和蒸馏制成。法语将这种梨称为威廉姆斯苯克雷蒂安（Williams' Bon-Chrétien）梨，普瓦雷威廉酒由此而得名。最好的普瓦雷威廉酒产自法国与瑞士相邻的阿尔萨斯地区。具有相同名称的类似产品省去了发酵过程。这种类型的普瓦雷威廉酒制造时，梨经简单的粉碎后加入到蒸馏酒中，然后再次蒸馏。这类不太贵的普瓦雷威廉酒，风味不太美妙，但在糕点房中使用仍可取得良好效果。普瓦雷威廉酒是梨果酱吐司的不可或缺配料。

卡尔瓦多斯酒

卡尔瓦多斯（calvados）酒是一种蒸馏苹果酒，用生长在法国巴斯-诺曼底地区的甜苹果和酸苹果混合发酵物制备而成。为持有名为"appellation controllée"（受控制称谓）的法国标志，苹果共混物种植区域仅限于卡尔瓦多斯省法语区，这种酒也由此而得名。卡尔瓦多斯酒主要用于原产于诺曼底地区的甜食制品，特别是含有苹果配料的制品。苹果甜甜圈（beignets aux pommes）和苹果酱吐司（charlotte aux pommes）是应用卡尔瓦多斯酒强化苹果风味并加入微妙挥发物的两个很好例子。

基尔希酒

基尔希（Kirsch）酒像卡尔瓦多斯酒和普瓦雷威廉酒一样，是一种水果发酵后的蒸馏酒。这种酒用发酵带核樱桃蒸馏生产清澈烈酒，这种酒带有淡淡的樱花风味。由于基尔希酒滋味与实际樱桃不同，因此市场上各种加甜樱桃风味的利口酒不适合替代基尔希酒。

"kirsch"一词是德语"kirshwasser"的拼写省略词，意为"樱桃水"。这种原产于德国的白酒可用于黑森林蛋糕（Black Forest cake），用于诸如（作为奶油馅饼用）慕斯林奶油（crème mousseline）之类的制备物也可取得同样好的效果。

白兰地酒

英语名词"brandy"（白兰地）源于荷兰语单词"brandewijn"，意为"烧过的葡萄酒"。不同品种白兰地酒均可能带焦糖色调，"烧过的葡萄酒"主要强调的是蒸馏过程所用的热量。干邑（Cognac）酒和雅文邑（Armagnac）酒是两种上等白兰地酒，这两种酒用其起源地城市命名，往往用白玉霓（Ugni Blanc）青葡萄发酵和蒸馏得到。两者都用木桶陈酿，装瓶期可在3~30年之间。某些情况下，干邑酒可老化长达60年。然而，普遍发现老化时间过长对风味改善不再起作用。年轻糕点师如果不小心用60年干邑酒的话，那么，无论如何，这位糕点师很有可能要失去饭碗！换言之，较便宜的白兰地酒完全可以满足糕点房使用要求。萨兰包（salambo）中的糕点奶油（crème patissière）是干邑或其他白兰地为制备物增加愉快元素的一个例子。

朗姆酒

如果讲到糕点和烘焙中使用朗姆酒（rum），人们也许首先会想到的是诱人的巴巴朗姆酒糖渍蛋糕制品，但朗姆酒丰富的焦糖风味还有无数其他用途。朗姆酒同时应用于众多甜食制品并非巧合，这是由于朗姆酒与糕点最基本成分的糖都来源于甘蔗。

传统朗姆酒并非一直就受到如此广泛欢迎。食糖生产早期，朗姆酒是一种偶然性并且特别劣质的含酒液体，废糖蜜受到酵母发酵时形成这种含酒液体。发酵糖蜜曾经用简单设备蒸馏成一种饮料。这种饮料最初给奴隶饮用，以工作更长时间，或给水手饮用以消除其暴动想法。现代朗姆酒开始用糖蜜蒸馏，但是，这种糖蜜用酵母培养（在加以控制条件下）发酵，并在完全受控环境下老化。多年来市售朗姆酒的选择性也得到提高。中性白朗姆酒、用木桶老化变黑的朗姆酒，以及直接用甘蔗汁制备的农业朗姆酒都有供应。巴斯克蛋糕（gateau Basque）所用的糕点奶油，以及国王饼（galette des rois）所用的傅兰吉（frangipane）奶油，是众多应用朗姆酒糕点的两个例子。

葡萄酒

法式食谱的甜食制备可直接使用红葡萄酒，例如，用红葡萄酒煮梨，也可直接用白葡萄酒，例如用于红色水果沙巴翁（sabayon），但糕点房对葡萄糖的选择并非仅仅简单地选择白葡萄酒或红葡萄酒就可。本节不涉及饮用葡萄酒讨论，仅着重介绍包括香槟酒、冰葡萄酒（ice wines）和加烈葡萄酒在内的发酵葡萄产品。

香槟酒

称为香槟（Champagne）酒的气泡葡萄酒必须来自法国香槟地区。在此约束内，还规定了可以在香槟酒制造时使用的葡萄品种，一般有：霞多丽（Chardonnay）、莫尼耶皮诺（Pinot Meunier）和黑品乐（Pinot Noir）。

最基本的香槟酒制作过程包括：（1）葡萄发酵，制作基酒；（2）基酒装瓶，同时加糖。加入的糖使残留在加塞瓶装酒中的酵母活动。二次发酵过程中产生的二氧化碳倒入香槟杯时会以欢快泡腾状态释放出来。可以理解，特优香槟酒制造商对这种香槟生产的简单描述感到不满。整个香槟酒生产过程都存在各种关键选择，开始时选择合适葡萄混合，最后选加合适陈酒是其中的两个关键选择。

从成本效益角度看，糕点房不宜选择正宗香槟酒，因此，选用适当质量的干起泡酒替代是一种可接受的做法。

冰葡萄酒

一般，冰葡萄酒根据其甜度和酸果味两个因素的整体效果定义：（1）收获时间上，冰葡萄酒所用的葡萄要留在藤蔓上直到秋天和第一次深度冻结，因此提高了其甜味和果味。冷冻使葡萄中的水结晶，反过来又使葡萄中的糖分浓缩。这些葡萄然后经过压榨提取浓缩了的葡萄汁。（2）不同于一般葡萄酒，冰葡萄酒发酵过程在尚有10%未转换为酒精的糖时终止。这可产生低酒精度的既甜又酸的葡萄酒。

冰葡萄酒可乘冷倒入玻璃杯直接饮用，也可用于制备甜食制品，如用于制备甜冰糕，用于糖浆稀释，或用作浆果腌泡汁。

强化葡萄酒

此类葡萄酒已经过改良，即"强化"，加入的酒精有口感调整作用，也改善了保藏性能。这类葡萄酒的酒精浓度通常在20%左右，口感比佐餐酒凶，根据类型，也可有较甜的酒。历史上，往葡萄酒中加酒精是早期西班牙和葡萄牙水手在漫长航线中保存其葡萄酒的一种做法。除了酒精对葡萄酒风味有影响以外，船上条件也有一定影响。海浪不断运动和极端温度波动均有助于葡萄酒产

香槟酒可作为两道菜之间提供的洁腭剂或点心使用。

"干"和"甜"是人们谈论葡萄酒时偶尔用到的形容词，但这两个词具体指什么呢？葡萄酒的干度和甜度用于表示糖转化为酒精的程度。如果所有糖已发酵变成酒精，则葡萄酒就是干葡萄酒。如果发酵过程中断，得到的便是较甜的葡萄酒。其它因素也会影响葡萄酒的甜度，如冰葡萄酒的冷冻。

生非常特别的风味。随着时间推移，这些风味受到人们追捧。现代强化葡萄酒生产已经细化成为一门科学和一门艺术，人们在陆地上模仿诸如受热波动之类的航海过程。

马德拉酒

马德拉酒（Madeira）产于葡萄牙马德拉岛（该酒因此而取名）。马德拉酒用当地绿色葡萄品种制造，其特点是颜色深且风味浓郁。用于马德拉酒制造的顶级葡萄品种，从最甜到最干包括：布尔（Bual）、马姆齐（Malmsey）、华帝露（Verdelho），以及舍西亚尔（Sercial）。这些葡萄用于基酒发酵。发酵过程进行到一定阶段时，要在葡萄酒中加入中性酒精。此时加入的酒精起到杀灭酵母菌、终止发酵过程作用，且对葡萄酒风味有两方面影响：（1）由于有未被转化成为酒精的残糖存在，生产的是较甜葡萄酒；（2）提高了葡萄酒的总体酒精含量。如前所述，温度波动可以被用来实现某些加烈葡萄酒的特殊风味。马德拉酒是一种利用这种传统制成的酒。马德拉酒完成发酵和强化以后，便存储在木桶中，利用太阳或特殊加热器加热。这一过程持续约3个月，然后使葡萄酒冷却，进一步老化并装瓶。

波特酒

波特（Port）酒产自位于葡萄牙内陆波尔图市的杜罗河谷（Oporto）（该葡萄酒由此而得名）。波特酒是一种甜食葡萄酒，这种酒用混合葡萄【巴斯塔都（Bastardo）、巴路加（Barroca）和国家卢列兹（Nacional Roriz）是众多波特酒所用的三种葡萄品种】发酵，并用蒸馏酒强化。像马德拉酒一样，波特酒的特征性甜度通过在发酵中途加入蒸馏酒实现。波特酒甜度可通过控制发酵中途加入蒸馏酒的时间实现。三种主要类型波特酒为（1）白波特酒，这种酒由绿葡萄基酒制成；（2）红宝石波特酒，这种酒用装在不锈钢容器中陈化3~5年的红葡萄基酒制成，（3）褐黄波特酒，这种酒用装于木桶的7年陈红葡萄基酒制成。

雪利酒

雪利酒的英语名称为"sherry"，该词是西班牙安达卢西亚地区一个名为"Jerez"城市的英语化词，该城产雪利酒。雪利酒分为三大类：菲诺酒（fino）、阿蒙提拉多酒（amontillado）和俄罗洛索酒（oloroso）。由于大多数雪利酒均采用帕洛米诺（Palomino）葡萄（一种绿色葡萄）制成，这三种葡萄由专门的雪利酒制作工艺所规定，而不是由葡萄类型所规定。

为了解这三种雪利酒之间的差异，最好先了解它们有什么共通之处。这三种酒均用由白兰地强化的完全发酵基酒制作。此外，它们都用索莱拉系统木桶老化。这种老化系统按酒陈化时间顺序摆放木桶。根据不同生产商的特定配方，将（陈化期在2~50年的陈化基酒）不同陈化期限的基酒混合后装瓶。这三种雪利酒的不同之处在于所用的称为弗洛尔（flor）的酵母菌物质不同，下面对这种物质进行讨论。

菲诺酒（Fino）　这种雪利酒在木桶陈化过程中，葡萄酒表面形成一层来自空气的酵母菌。这层酵母称为酒花层，具有足够厚度，可将空气与酒隔离，从而可防止酒氧化。弗洛尔酵母菌可以这种方式对雪利酒保护长达5年，然后这一酵母层开始死亡。

阿蒙提拉多酒（amontillado）　由于环境的变化，弗洛尔酵母有时死得太早，从而这种雪利酒不能贴上"菲诺酒"标签。如果没有弗洛尔酵母层，葡萄酒中的单宁会暴露在氧气下并发生氧化，产生阿蒙提拉多酒雪利酒特有的风味。正常葡萄酒酿造时，氧化是一件灾难性事故，但在阿蒙提拉多酒中，它却能产生一种受人喜爱的独特风味。

俄罗洛索酒（Oloroso）　俄罗洛索雪莉酒要主动避免出现弗洛尔酵母。这种情况下，葡萄酒要强化得足够早，并要用足够高百分浓度的酒精进行强化，以确保不产生酒花。像阿蒙提拉多酒一样，俄罗洛索酒的风味也因氧化而得到改善。

添加剂和加工配料

酸

柠檬酸

　　柠檬及柑橘类水果中的酸味感觉来自柠檬酸，因而，英文"citric"来自词根"citrus"（柑橘）很正常。尽管柠檬酸与柑橘类水果有关，但市售的柠檬酸却是一种可用作食品添加剂的白色粉末，它通过特殊培养物（霉菌）在葡萄糖溶液中的生长而制成。这种来源的柠檬酸在糕点房有多种用途，而在工业食品生产中的应用更是多得不计其数。主要与公众相关的柠檬酸用途是作为风味添加剂使用，以及作为抗褐变剂用于蜜饯水果，如瓶装果酱。柠檬酸作为一种糖果添加剂，作用是抑止蔗糖转化为果糖和葡萄糖（有关糖转化，见第63页），在适用情况下，也可作为酸味剂添加。在发酵粉中，柠檬酸是可以被添加的用于与碱性碳酸氢钠作用的必要酸性对应物之一（见75页有关化学发酵剂说明）。

塔塔粉

　　精制成塔塔粉的酒石酸像糕点和菜肴中使用的许多配料一样，是被发现的，而不是被发明的。早在公元800年，术士们已经在对葡萄酒桶四周和底部形成的酸性棕色片进行试验。虽然塔塔粉仍然是酿酒副产品，但其应用面极广。在糕点房具体应用中，塔塔粉用于发酵粉，其作用与柠檬酸相同。有时，人们将塔塔粉加入蛋清制成蛋白糖霜（meringues）。这样做是因为酒石酸可增加搅打鸡蛋中含硫分子的键合，从而使鸡蛋泡沫稳定。面包面团用水太富碱性或太"软"时，也可添加塔塔粉。这是因为弱酸性面团能更有效形成面筋。还有一个应用塔塔粉的例子是用来抑止糖浆中的糖结晶。

醋

　　英文"vinegar"（醋）来自法文"vin argre"，意为"酸葡萄酒"，葡萄酒被暴露于氧气中，并受到某些天然存在的细菌作用时，便会形成乙酸（各种类型醋中的活性化学物）。由于这一过程涉及发酵，因此酒精转化成乙酸本身是一种发酵过程。作为已是一种发酵物的发酵过程，醋的制造过程可用"双发酵"术语描述。醋有多种类型，可用葡萄、其他水果、苹果汁、麦芽和大米发酵基料制成。最常见食品级醋的基本配料可能最令人惊讶，这就是用天然气合成的醋酸。白醋也可用纯酒精制成，合成和蒸馏得到的醋均被美国食品和药物管理局认为是食品级醋。常见白醋不仅用于糕点房工作表面消毒剂，而且也可有节制地添加到油酥面团中，以防止收缩。

胶凝剂和胶

明胶

明胶是一种使半透明果冻样和味道浓郁的巴伐露斯（bavarois）产生惊奇视觉效果的元素。令人惊讶的是，这类美味食品与普通肉猪有关。明胶从猪皮提取，有时也从牛皮及骨头和脚蹄提取。明胶是一种其溶液受到加热和冷却会有特殊反应的蛋白质。当含量低至1%的热明胶溶液开始冷却时，长明胶分子彼此依附在一起并开始收缩。随着依附在一起的长明胶分子收缩，不仅束缚了固体颗粒，更为重要的是也束缚了游离水分子。溶液完全冷却时，明胶分子网络变得非常紧密，以致不再存在可供颗粒进行自由流动的空间。例如，水果冻由于明胶性质而凝固，并产生半透明制品。这种制品在常温下虽然为固体，但在口中几乎立即融化。例如，巴伐露斯中的明胶能够刚好保持类似于慕斯（mousse）的凝固状态，但容易在口中融化。明胶有片状和粉状两种主要形式。这两种形式的明胶可以互换使用，但用量和水化方式必须调整。水化是加热前明胶在冷水中吸水的过程。粉状明胶可按比例直接加入将成为凝胶的溶液，而片状明胶在溶解前要分开浸泡，然后再配成最终溶液。第三种形式较新的速溶明胶，无需水化或加热就能发挥作用。明胶的另一种应用是作为稳定剂使用。明胶用于冰淇淋及其他类似冷冻制品中，可起防止冰晶缔合作用。例如，某种制品冰晶融化时，水分子会发生转移并相互吸引，重新冻结成较大口感较差的冰晶。如果冰晶体由明胶分子网络隔离，便可以避免这种水分子聚集。

明胶

果胶

市售白色粉状果胶常用于水果蜜饯制品。果胶是天然存在于许多水果中的多糖（由众多糖单元构成的化合物），添加果胶通常是对已经存在于保藏水果中果胶的补充。尽管果胶的化学性质与明胶蛋白质无关，但它们建立网络束缚固体并使制品凝胶化的机制相似。然而，果胶强度不如明胶大，因此较高浓度才能使溶液凝固。糕点师应该知道，果胶只有在酸性条件下才能缔结形成网络。这是因为果胶受热会产生负电荷，从而导致颗粒分离。酸可消除这种电荷，从而使离散的果胶聚集（一种令人高兴的情形！）。除了用于水果蜜饯以外，果胶也可用于糖果，例如，可用于经典果酱（pates de fruits），代替上光面料中的明胶，也可作为冷冻制品稳定剂使用。糕点师可使用三种类型果胶，每

种均有特定应用：（1）NH果胶，主要用于上光；（2）黄色果胶，可用于胶凝糖果；（3）速凝果胶，可用于水果蜜饯。

中性镜面材料

这种果胶产品主要用于淋面蛋糕，例如，黑醋栗镜面蛋糕（miroir cassis）、糖浆馅饼，这种果胶的主要优点是可以倒在各种冷表面。例如，将明胶基料的温热上光面料倒在冷黑醋栗慕斯上，将使表面融化；而中性镜面面料则对这种表面毫无影响，并且可产生具有光泽和透明感的表面。

阿拉伯胶

市售的阿拉伯胶为白色粉末，由生长于北非、中东和西亚部分地区的金合欢树汁经过干燥、粉碎和纯化制成。由于这种树汁来自野生树而不是栽种的树，因此，全球的阿拉伯胶供应量有限。阿拉伯树胶是一种类似于果胶的多糖，在糕点房用得不多。但仍可将它作为增稠剂和稳定剂用于某些糖衣和馅料。其在甜食制品中应用的主要吸引力在于它可增稠，但不会产生胶黏质地。

琼脂

琼脂（英语拼写为agar-agar，简写为agar）从各种类型红海藻提取，市售形式为冷冻干燥的丝或粉末。琼脂在亚洲烹饪中大量作为增稠剂使用，有些甚至以固体形式切碎后做成色拉，有限的琼脂也已经被用于糕点制品。琼脂是一种多糖，而不是一种像明胶那样的蛋白质。琼脂的应用面并不广。搅打对琼脂不起作用，因而不能用于凝固巴伐露斯。琼脂的另一不足之处是它比明胶结实，在口中只软化，但不是完全融化，被描述为"易碎"，但这对于蛋糕来说，可能并不受欢迎。琼脂基料制品的较高熔点也有可利用的一面——例如，户外婚礼上暴露在温暖阳光下的蛋糕糖霜可添加琼脂。琼脂除了可用于素食制品以外，也符合犹太和清真食物认证要求。

淀粉

专门用作增稠剂的淀粉可分为谷物淀粉或根淀粉。玉米淀粉和大米淀粉都是谷物淀粉，而竹芋、木薯和马铃薯淀粉（虽然马铃薯实际上是块茎）均被认为是根淀粉。虽然淀粉的提取过程因原料来源不同而有差异，但提取的最终结果均是从细胞释放淀粉颗粒，并将蛋白质和纤维性细胞膜过滤掉。一般市售的淀粉是加工过程所产生的微小淀粉颗粒构成的白色柔滑粉末。以下讨论各种淀粉的均匀性、半透明度及烹饪性能。

淀粉如何起增稠剂作用

淀粉颗粒与水分（通常为蒸煮前浆料中的水分）接触便开始吸水膨胀。加热时，淀粉颗粒进一步膨胀，并最终破裂释放出成千上万直链淀粉和支链淀粉分子，并最终呈均匀分散体。饼馅酱料部分的淀粉溶液中，淀粉分子形成了产生增稠作用的互联网络。淀粉对溶液的增稠过程也称凝胶化，受多种因素协同影响。例如，未煮透或煮过头的淀粉都会对滋味和质地产生不良影响。这就是为什么，为确保实现所期望的结果，所使用淀粉一定要严格按推荐的烹饪时间和温度操作。

竹芋粉

国际上，竹芋指一些根可生产食用淀粉的类似植物；在西餐和糕点中，竹芋粉几乎全从称为竹芋（*Maranta arundinacea*）的南美植物（也称顺从植物）提取。制作淀粉的竹芋根要经浸渍、过筛、干燥形成柔滑白淀粉。竹芋粉相当适合用作增稠剂，因为它加入到溶液中仍可保持较清晰状态，它不像玉米淀粉，自身味道非常小。像其他根淀粉，如果用量过多便会使制品起黏性。竹芋粉供应量和价格（与玉米淀粉或马铃薯淀粉相比，竹芋粉较昂贵）是限制其使用范围的两个因素。

玉米淀粉

制造玉米淀粉的基本过程涉及：（1）玉米粒在水中软化，（2）玉米粒进行湿法磨碎，（3）用离心机将磨碎玉米中的淀粉从玉米蛋白质中分离出来。得到的淀粉再进行干燥并研磨成微细白色粉末颗粒。通过这一过程，可将玉米细化成含0.5%以内纯淀粉。这种纯度以及高直链淀粉对支链淀粉比例，使其成为半透明、有光泽的增稠剂，并且能在不产生黏性条件下增稠。这种性状烹饪时具有良好稳定性，再加上来源广泛，因此使得玉米淀粉成为首选淀粉之一，在盛产玉米的北美更是如此。使用玉米淀粉时，需要考虑某些因素，它有自身独特风味，冷却时会变得混浊或不透明，并且受冷冻后容易出水。还应记住，热的玉米淀粉增稠溶液比较稀，而冷的时候比较稠。玉米淀粉可用于糕点奶油、馅饼馅料，及其他甜味和咸味制品。

马铃薯淀粉

马铃薯淀粉与基本上由马铃薯干燥粉碎得到的马铃薯粉有明显区别。马铃薯淀粉通过一种称为磨锉过程提取得到，这种过程使马铃薯细胞破裂，以释放其中的淀粉颗粒。破裂细胞形成的浆料经过滤后获得马铃薯淀粉。也许马铃薯淀粉的最大品质特点是其淀粉颗粒较大，并含有非常长的直链淀粉分子。这些性能的好处之一是具有较大的增稠潜力。马铃薯淀粉中的长分子意味着，为形成互联网络溶液所需的用量较少。较大淀粉颗粒也会带来问题，如果淀粉加热时间不够长，则有可能在酱料或馅料中出现颗粒质感。马铃薯淀粉的另一问题是，长时间烧煮后不特别稳定。因此，糕点厨师需要特别注意应用马铃薯淀粉场合的烹调时间和温度。像木薯淀粉和竹芋淀粉一样，马铃薯淀粉也是一种中性口味的清澈增稠剂；然而，与其他根淀粉相比，马铃薯淀粉还有价格较低的成本优势。

大米淀粉

在西方厨房中，大米粉和大米淀粉一般指相同产品——即淀粉含量约90%的经加工及精细研磨的大米粉（见第72页大米粉）。一般用离心机分离得到的纯大米淀粉（很像玉米淀粉）确实存在，但其在西式糕点中的应用有限。如大米粉一样，大米淀粉较常用于亚洲制品，也用于食品制造。在玉米过敏情形下，大米淀粉可作为玉米淀粉替代物选用。

木薯淀粉

木薯淀粉

　　木薯淀粉指用木薯植物根部提取得到的淀粉。木薯植物主要生长在巴西、圭亚那和西印度群岛。这种特殊淀粉的市售产品形式是一种称为木薯粉的精细研磨粉末，较常见的两种产品分别以"小珍珠"或"大珍珠"形式出售。用木薯淀粉增稠的好处是透明度高，并且具有中性味道。木薯淀粉的缺点包括容易产生黏性质地，另外成本较高。木薯淀粉的最常见用途也许是布丁，应用时，木薯淀粉小珠在牛乳和糖中煮制时先软化然后释放出淀粉。汤类也可用木薯淀粉增稠和调整质地。

脂肪

　　尽管脂肪由于饮食批评而有点令人困惑，但仍然是糕点和烘焙制品的主要配料，也是某些类型面包不可或缺的配料。87页讨论过的黄油在维也纳面包（viennoiseries）和一些糊状物（用于果馅饼等的糊馅）中是受青睐的脂肪；但包括植物油和起酥油在内的其他油脂，在糕点师主要配料清单中也有其相应的地位。

　　脂肪对糕点具有最为明显的影响作用。例如，在酥皮面团（pate brisée）中，脂肪将面粉颗粒包围和隔离后中断了面筋的形成，在糕点中造成"短屑"或易碎性。诸如千层饼之类层叠糕点中，面团层之间的脂肪（通常为黄油）使这类糕点产生薄层松脆质地。脂肪也有助于面团醒发。仍以千层饼为例，黄油中的水受热蒸发、膨胀，使制品产生膨化品质。某些蛋糕中，脂肪与膨松剂和淀粉作用束缚空气，这些空气在加热时会膨胀。制作面包时，油脂是影响水合作用的一个因素，某些情况下，能够延迟面筋的形成。在佛卡夏（focaccia）之类脂肪含量较高的面包中，橄榄油对其风味和质地有明显影响。在曲奇饼（cookie）中，脂肪起着"延展"作用，如在糕点中一样也有起酥作用。一般

氢化和反式脂肪酸

　　围绕反式脂肪酸（反式脂肪）负面健康影响研究范围的扩大，迫使起酥油和人造奶油生产商重新对其进行实验研究。事实证明，植物油部分氢化过程中形成的，以及天然存在于黄油和其他动物脂肪的反式脂肪酸，会使血液中"不良"胆固醇积累，而使"良好"胆固醇降低。例如，克罗克斯（Crisco）公司迫于诸如美国食品和药物管理局（FDA）之类监管机构的压力，创造了一种标为具有零反式脂肪的起酥油。生产零反式脂肪起酥油有不同方法；一种常用方法是将（确实含有反式脂肪的）部分氢化油制成（不含反式脂肪的）完全氢化油。由于完全氢化油太硬，因此难以使用，仍然需要部分氢化成分软化。人们可能会想到，如果仍然存在部分氢化油，那么还会有反式脂肪存在。这没错，但根据FDA，只要每12克脂肪的反式脂肪含量不超过0.5g，就可以标记为"零"反式脂肪。最后，硬脂肪、黄油和棕榈油均含有饱和脂肪，食用过量会对高密度脂蛋白（HDL）胆固醇水平不利，或者会使体重增加。最新有关反式脂肪标签的法规和提高公众意识确实在正确方向前进了一步，但要真正解决反式脂肪带来的问题，仍然要依靠降低一些产品的消费量。

来说，面包和糕点中的脂肪起延缓老化、增加或携带风味，以及促进膨化、改善柔软性和保水性作用。

起酥油

广义上讲，起酥油（shortening）是已被转化成充气烘焙产品，在室温下保持固态和可塑性的液态植物油。生产起酥油的主要方法是加氢，这种工艺已有上百年历史。氢化过程在化学上并不复杂，它将不饱和油（室温下呈液态的不饱和脂肪）转换成饱和脂肪（室温下为固体的饱和脂肪，例如黄油）。

起酥油用黄油比喻较为贴切，因为它曾是作为焙烤制品中廉价黄油替代物来开发的。起酥油不仅比黄油便宜，而且熔点也比黄油高，这有助于获得较薄皮壳。较高熔点意味着烘焙过程中脂肪固体能够停留更长时间而不会渗入面团层。这有助于糕点出现独特的酥脆层。起酥油几乎可替代黄油的所有功能，包括围绕面粉颗粒阻止面团形成面筋，确保制品出现希望的酥皮。这种"起酥"作用正是这类产品称为起酥油的原因。然而，起酥油的不足是其口味。黄油较贵，较不容易操作，并且也不见得更健康，但说到底，多数人认为其味道较好。

冰淇淋和冰糕稳定剂

冰淇淋和冰糕在冻结时仍然具有可塑性，本身就是一种稳定化作用。糖使溶液稳定是因为它降低了溶液的冰点，从而避免制品冻结过硬。冰淇淋中的蛋黄卵磷脂起乳化剂作用，有助于防止脂肪重新聚集。尽管看起来好像明显，但温度本身也可以被看成是一种稳定剂；冰淇淋和冰糕在零度以下存储可以防止冰晶融化。为使不同元素（冷冻晶体、液体溶液、分散脂肪球、糖和束缚的空气）保持一种均匀分散的状态，有时需要添加稳定剂。冰淇淋可添加称为单硬脂酸甘油酯（见下文）的乳化剂，而果汁冰糕加转化糖或葡萄糖（见第59页糖产品）比较有利。

单硬脂酸甘油酯

单硬脂酸甘油酯（GMS）是一种稍有甜味的白色粉末，可作为保持酱料（如蛋黄酱）稳定的乳化剂使用，但也可用于糕点，尤其是冰淇淋。加入这种白色粉末可以防止冰淇淋中的脂肪球与其他脂肪球结合，从而使冰淇淋制品保持整体稳定。为了解这种工作原理，最好先看一下乳化分子：GMS的乳化性和稳定性受到GMS分子两方面的性质影响；一方面是该分子与水的键合，另一方面是其与脂肪键合。这种新单元含有一个水分子、一个GMS分子，以及对其他脂肪球有天然排斥作用的油滴。GMS是一种单甘油酯（甘油三酸酯脂肪的相近物质），被认为是一种安全的食品添加剂；但是，如果冰淇淋搅打后马上吃掉，并不会经受不当温度变化，则糕点师一般不太可能添加GMS之类稳定剂。

提取物

提取物是浓缩风味剂（也称加工风味剂），通常用于为中性滋味配料提供风味。例如，在香草冰淇淋中，提取物可用于为牛奶、蛋黄和糖等原来没有突出风味的基料提供风味。除香草（香子兰）提取物以外，其他常见风味剂例子包括：杏仁、柠檬和咖啡。提取物或风味剂可利用基材束缚挥发油的方式制成，并保藏于酒精中。这些风味剂也可通过化学合成制备，用来（并非总能成功地）提供近似天然提取物风味。以上两种情况下产生的提取物和人造风味剂都要谨慎使用，因为它们的风味相当浓烈。

天然提取物是指那些不使用合成配料的纯提取物。这意味着，提取那些位于茎、叶、种荚、花，或原料植物根部的挥发油，然后再用酒精基料混合。种植成本、天气状况、劳动力，以及原料植物的运输，均对提取物的价格产生影响。由于生产天然提取物涉及更多因素，因此销售价格也较高。然而，纯提取物的突出风味使其成本非常容易被人们接受！

含有人工成分（也称食品化学品）的合成提取物有时被用来模拟天然提取物风味，以较低价格销售。合成提取物的风味有点类似于其天然对应物，但是通常不完全相同，并且通常缺乏某些纯正追求者所希望的微妙韵味。例如，应用精致或微妙风味（如糕点奶油）制品，如果使用合成香子兰提取物，则会产生明显的模拟味道。在这种情况下，即便是天然香子兰提取物也只能大致上具有完整香子兰种子风味。

香草提取物

香子兰是糖果和糕点的常用配料。香子兰豆是某些热带国家一种藤蔓形式兰科植物——五荚兰（V.planifolia）的果实。有四种可获得这种豆荚的兰科植物为：波旁（Bourbon）香子兰、墨西哥（Mexican）香子兰、大溪地（Tahitian）香子兰和印尼（Indonesian）香子兰。每种均有其独特性质。波旁香子兰的应用和栽培（见第141页）最广泛。真正的香子兰不仅因其独特风味而受到应用，而且也促进了人们对食品中其他风味的了解兴趣。香子兰对巧克力、坚果、水果，甚至咖啡风味有增效作用。香子兰可提高人们对甜度的判断力。

咖啡提取物

良好品质的咖啡提取物应具有完整风味，且具有幽雅香气。咖啡提取物用罗布斯塔（Robusta）和阿拉比卡（Arabica）咖啡豆制作。这种加工的风味提取物常用于蛋糕、糕点以及许多乳制品。咖啡提取物也很适合用于饮料工业，甚至可用于黑啤酒（stout beer）调味。

提取物应储存在阴凉避光处，容器应盖紧。随着时间推移，提取物会失去一些效力；然而，如果储存适当，则有可能延长其保质期。

香草特性

波旁香草：具有甘甜、奶油般醇和风味，特别适用于巧克力、乳制品、面包制品，以及咸味配料。

大溪地香草：具有甘甜清香风味，能与水果很好配伍。

墨西哥香草：具有奶油和香料风味。适用于巧克力与肉桂之类暖性香料配伍。

印尼香草：鲜为人知的品种。主要用于巧克力制作。

坚果提取物

坚果提取物用于强化风味，并且经常为糕点增加一定甜度。常见加工风味剂有杏仁风味剂、夏威夷果风味剂、腰果风味剂和核桃风味剂。

食用色素

人们只能想象早期人类觅食的情形。为了判断某种食物是否安全和可否食用，他们会通过视觉对每一食物做出评估。可能含有毒性或腐败的食物与颜色有关。如今，这种方法在人们的潜意识中仍然根深蒂固，并且会永远存在于人们日常生活中。

据认为，食用色素早在公元前1500年被首次使用，这可从荷马《伊利亚特》（*Iliad*）对藏红花使用的描述看出。老普林尼（Pliny the Elder）也写了一篇有关公元前400年葡萄酒着色的文章。据认为，中世纪时代厨师们已开发出相当量天然食用色素——但只为精英阶层所使用。当时，颜色代表了地位、财富

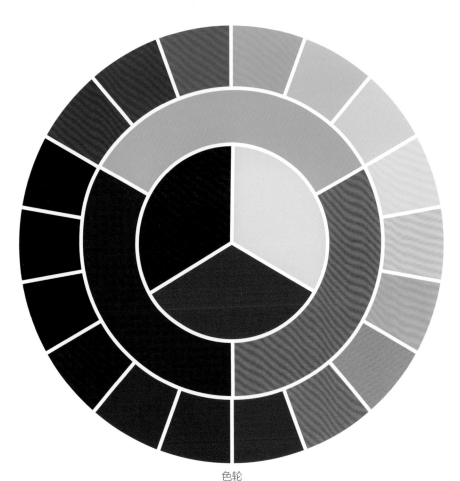

色轮

原色位于该色轮中心。所有颜色均可由这三种原色构成。

次生色位于色轮的第二个环。每种次生色由两种原色混合构成。

三次色位于色轮的外环。每种三次色由两种次生色混合构成。

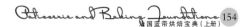
和健康。当时的人们充满着迷信并且认为颜色具有药用价值，因此常将食物染成被认为对人类有用的颜色。

色素在食品中流行也有其实用原因。正如肉类有必要调味一样，人们为掩饰过期食品，同样会用（天然和合成）色素对食品染色。人们对食品着色主要是为掩蔽缺陷。如果视觉上有吸引力，便会增加消费者食欲，并且会忽视食物在审美方面不完美的一面。食品中使用色素的另一个原因是食品色素是一种允许艺术表达的创造性元素。

天然染料

天然染料从食物中提取。天然染料使用时应谨慎，因为它们会改变制品所期望的风味。还应注意的是，大多数天然食品着色剂来自植物；然而，胭脂红酸（用于产生红色的颜料）却是从一种称为胭脂虫的甲虫萃取得到的。

合成染料

合成染料是煤焦油和石油化工业的副产品。第一种人工合成染料子1856年

天然染料

天然染料提取物	产生的颜色	产生的色素	用途
焦糖	棕色	类黑精	焙烤食品
碳化植物材料	黑色	炭黑	糖，糖果
钛	白色	白色6号	
鸡蛋、牛奶、酵母	黄色	核黄素	谷物、乳制品、甜食混合物
姜黄	黄色	姜黄色素	糖果
胭脂树	黄色	混合胡萝卜素	人造奶油，乳制品
胡萝卜	橙色	β-胡萝卜素	
橙子	红色	胭脂素/降红木素	
虾		辣椒红/辣椒玉红素	
红辣椒		番茄红素	
藏红花		阿朴胡萝卜素醛	
番茄		叶黄素	
棕榈		角黄素	
苜蓿草	绿色	叶绿素	糖果，乳制品
荨麻		叶绿酸	
欧芹			
菠菜			
胭脂虫	天然红4号	胭脂红酸	肉制品
甜菜根	粉红色	甜菜苷	冰淇淋、酸奶
黑葡萄	红色	花色苷	糖果、果酱
黑加仑	蓝色		
樱桃			
接骨木			
红色卷心菜			
草莓			

根据天然食品色素协会（The Natural Food Colours Association）资料整理

由英国化学家威廉·亨利·珀金爵士（Sir William Henry Perkin）发明。此后50年出现了另外50多种人工合成着色剂——也诞生了一个行业。由于合成染料会将一些大众不知的有害物质引入食品系统，因此有必要加以监管。目前，北美的合成染料受到（美国）FDA和加拿大卫生部密切监管。在欧洲，食品工业中使用的合成材料由欧盟委员会严格监管。

染料与色淀

着色剂有两种不同类型：染料和色淀。

染料为水溶性的，不能与油混合。它们也称渗色，容易从一种产品转移到另一种产品。它们主要用于不分层硬糖的着色。

色淀有多种用途。可将色素添加到脂肪基产品中，可用于"抛光硬糖"产品外层着色，也可用于有渗色问题的场合。

合成色素

合成色素	市售形式
蓝色1号	染料/色淀颜料
蓝色2号	染料/色淀颜料
绿色3号	染料/色淀颜料
红色3号	染料
红色40号	染料/色淀颜料
黄色5号	染料/色淀颜料
黄色6号	染料/色淀颜料
柑橘红	使用，但有限制

根据 *Introduction to Food Science* 整理。

市售食用色素形式

液体：通常为水溶性。

粒状色素

粒状色素：色素颗粒略比粉状色素大。使用粒状色素的主要目的是为了降低粉尘产生。

第 四 章 *Chapter Four*

糕点技术
与技巧

想象起来就令人惊奇，通过对四种基本成分——面粉、黄油、糖和鸡蛋进行组合——就能创造出从简单到神奇的无数制品。

然而，没有哪种蛋糕是一成不变的，因此，了解每种配料的作用和烹调过程，可确保掌握这四种基本配料及其余配料的成功应用。学习糕点制作基本技巧，不仅可为今后应用新配料，而且也可为获得自己的创造性和建立个人风格，打下坚实基础。

面粉、黄油、糖和鸡蛋是糕点师调色板上的主要颜色，而这四种基本颜色的组合无穷无尽。成功组合可以调出美丽的宝石色调，而不成功的组合则可产生奇怪、模糊的棕色和灰色。因此，糕点师不仅需要了解这些配料，而且也要掌握每种配料的正确使用比例，才能得到精致面屑、湿润的海绵体或柔软的糕点外皮。

无论使用何种食谱，其工艺和技术基本相同。将这些基本技术牢记住，可确保成功实现食谱操作，并有助于养成良好的工作习惯。

温度与时间

不同制品要采用不同温度，才能实现所需的糕点膨松程度、颜色或外皮。应始终对烤箱和工作环境温度进行检查。过热或过冷的糕点房会影响配料性状。还要考虑配料温度。冷配料可能需要较长混合时间，这将导致比理想配方所需多的空气掺入。较暖的配料所需混合时间较少，但混合动作会产生高温，可能对配料产生不利影响，使其过早软化或融化。也不要忘了到外面看看天气，潮湿环境会引起配方失去平衡。

时间是另一关键因素。如果配料工作温度不正确，则不得不对其进行加温或降温。糕点坯料在烤箱烘烤时，常常出现未煮熟、完全煮熟和煮过头的状况。因此，要对烤炉进行校正，并精心设定计时器！

计量

任何配方首先要对配料进行计量（记得要始终确保容器和量具完全干燥）。

细读配方，以确保手头备有各种配料，并且有足够完成配方所需的量。由于多数烘焙食品都以百分比为基准，因此要尽可能称量准确。严格按照所用配料比例条件调整配方用量的最有用工具，是一个称为"面包师比例"的简单方程。根据此方程，每种配料用量可以配方中面粉总量百分比为基准，按下式计算：

$$（配料总量 \div 面粉总量）\times 100 = 配料百分量（\%）$$

下面将以基本牛奶面包配方为例，介绍如何应用以上方程调整配料的比例。

牛奶面包					
500 克	1磅/8 盎司	面粉	15 克	1/2 盎司	盐
250 毫升	8 盎司	牛乳	20 克	3/4 盎司	白糖
20 克	3/4 盎司	酵母	50 克	1 3/4 盎司	黄油

我们将根据以上公式，用每种配料重量除以面粉重量，再乘以100，计算出每种配料百分比。这里我们用公制单位计算，但同样可以利用英制单位进行计算。

$$面粉：（500÷500）×100=100（\%）$$
$$牛乳：（250÷500）×100=50（\%）$$
$$酵母：（20÷500）×100=4（\%）$$
$$盐：（15÷500）×100=3（\%）$$
$$白糖：（20÷500）×100=4（\%）$$
$$黄油：（50÷500）×100=10（\%）$$

以上为以所用面粉量为基准计，利用公式算得的各种配料比例。得到这些配料比例后，就可以利用各配料百分比，以面粉用量为基准，增加或减少配方产量。这就是为什么专业厨房食谱要按重量而不是按体积计量的原因。因为面粉堆积密度取决于面粉储存条件，不能作为精确测量元素使用。此工具非常有用，一旦熟悉某些配方后，就能够单独根据对面团的感觉，对产量进行调整。对于各级别糕点师来说，数显式台秤必不可少，尤其是遇到同时以公制单位和英制单位度量的配方时，更是如此。

混合

配料采用的混合方法很重要。混合应使各种配料均匀分布。没有什么比吃到一口面粉更令人不愉快的了！混合过程也需要掺入空气，例如搅打奶油和蛋酥，这种情形下，合适的混合工具是打蛋器。不需要空气的场合，例如，泡芙面团（pate à choux）或甘纳许（ganache）的混合，最好用木勺或塑料抹刀。

混合方法对烘焙食品所期望的结果影响特别大。对于面包面团要进行强力长时混合。这有助于面筋形成。对于糕点面团，要进行最小程度混合，并要求将面团与脂肪一起剪切，以限制面筋形成。在面糊中，搅拌应将空气纳入面糊，以获得体积和较多糕屑。面糊的面粉通常最后加入，以使其受到最低程度混合操作，从而限制面筋形成。

醒发与发酵

某些面团，特别是面包面团，需要醒面或醒发以便培养酵母。一般来说，面包或基于酵母的产品需要醒发两次，这通常称为两步法。某些面糊要静置过夜，允许面粉完全吸收液体，并使风味料软化，以便蒸煮时产生更好的风味与质地。永远记住，要严格控制面团发酵的环境温度。酵母是活有机体，像所有生物体一样，会受其周围环境影响。温度对酵母发酵速度有很大影响，较高温度会加速发酵过程，而较低温度会减缓过程发展。最佳发酵温度应在24~29℃。

成形

　　面团或面糊要成型后再进入烤箱进行烘烤。面包面团具有足以成型的结构和面体，并且无需模具就可保持其形状。较软的面团和面糊需要用模具成型，脆饼和煎饼例外。一定要根据食谱选择合适的模具。模具应当清洁，并根据食谱说明，模具内涂黄油和面粉，或衬烤盘纸。脂肪含量高的面体通常需要很少或根本无需对模具涂油，如千层饼酥皮。对面糊烘焙时，要记得察看烤盘深度，考虑对物料烤透所需的时间（参见上面"温度和时间"一节）。原则上，烤盘和烤板永远不应洗涤，但取出烤制好的物品后，要趁热对其擦拭。这可以防止生锈，也可防止后面使用时粘盘。

烘焙

　　糖、黄油、面粉和鸡蛋在烘烤的七个阶段中起着重要作用：

气体的形成与膨胀　　二氧化碳的生成造成焙烤食品膨胀或发起。制备物中加入酵母、发酵粉和小苏打会产生二氧化碳。混合过程中纳入的空气也对气体形成有贡献，面团受到烤炉加热产生的蒸汽也是形成气体的一部分。用打蛋器混合时会将空气带入面糊。当面糊受热时内部水分变为蒸汽会形成更多气体。

束缚气体　　鸡蛋或面筋中的蛋白纤丝是束缚气体并使焙烤食品持有轻质多气孔质地的关键。烘焙所用的面粉和其他淀粉中存在的蛋白纤丝与鸡蛋中的蛋白质一起形成的长股纤丝结合在一起，延展并捕集二氧化碳和水蒸气。如果没有这些覆盖结构，形成并膨胀的气体会逃脱，从而烘焙产品不会胀大。

淀粉糊化　　存在于制品中的淀粉在60℃开始糊化。糊化过程会使淀粉吸收多余水分、发生膨胀，并形成凝胶体。糊化过程为焙烤食品提供结实结构。

蛋白质凝固　　温度达到75℃，存在于面粉和鸡蛋中的蛋白质便开始凝结或固化，形成焙烤制品最终结构。这一过程依赖于正确烹调温度。如果蛋白质凝结前气体未完全形成，则最终产品体积膨胀会较差。如果蒸煮混合物所用的温度不够高，则形成的气体会在蛋白质凝结至能捕集气体之前蒸发，从而得到瘦小发韧产品。

蒸发　　整个过程中，水分会以不同速率蒸发，影响蒸发速率的因素有烘箱温度、表面积与体积之比，以及所用烹调方法。蒸汽有助于焙烤产品增加体积，但由于蒸汽通过表面蒸发，从而也会促进表面结壳和褐变过程。

脂肪熔化　　不同的脂肪具有不同熔点，从而会以不同速率释放水分和分散。面体中存在的脂肪对面筋形成有抵消作用，从而使制品变得湿润和柔软。因此，脂肪和焙烤温度的选择会影响产品的最终质地效果。

褐变和结壳 置于烤炉内受到加热的焙烤制品,会发生表面水分蒸发并结壳。随着表面干燥,淀粉受热和蒸汽作用会发生颜色变化。淀粉在过热作用下会发生分解,转化为容易焦糖化的糖。此淀粉变化过程称为糊化。面粉中的蛋白质也会转化成一种焦糖化状态,这一过程称为美拉德反应。

以下是一些各阶段操作不当出现的常见问题:

体积小 由于搅打不充分或鸡蛋受热过快,不能使制品纳入足够的空气。
形状不均匀 烤箱未得到调节,炉架不平,成型技术差。
壳皮颜色过深 糖太多,温度过高。
表面开裂 面粉太多,用错面粉(面筋过多),温度过高,过度混合。
密实和干燥 糖过多,鸡蛋加热太快,温度太低。

以下分类介绍焙烤基础,根据这些基本知识可以开发个性化制品。

蛋糕和松糕

如今看来,奶油蛋糕(gateau)、蛋糕(cake)、德国蛋糕(kuchen)、小点心(biscuit)、意式蛋糕(torta)或西班牙蛋糕(pastel)——这些术语均指一种甜味海绵体糕点,由面粉、黄油、糖和鸡蛋制成。历史上,这些术语可能主要强调制品形式而已,如今,这些用语主要是习惯和解释问题。例如,大多数英语国家会将奶油蛋卷(brioche)看成是一种面包,但历史上,人们会在法语食谱中发现它列在奶油蛋糕类。事实上,法国人做蛋糕和奶油蛋糕是有区别的。面粉、黄油、糖和鸡蛋混合物用长条形烤模烤出的是一种蛋糕,而慕斯分层蛋糕(génoise)是一种奶油蛋糕或甜食(entremet)。英语"cake"(蛋糕)成为通用语后,很难再对这类产品进行明确分类。

最常见的蛋糕形式是大多数人所熟悉的四合蛋糕(quatre-quarts),也称磅蛋糕(pound cake)。这种蛋糕的简单配方相当容易记住——面粉、黄油、糖和鸡蛋各占1/4【quatre-quarts 相当于英语"four fourths"(4/4)】,此配方用英文形式表达为每种配料各一磅(磅蛋糕因此得名)混合在一起,并烤成长条面包形式。以此配方为基础,可添加柠檬或巧克力之类风味物。

制作蛋糕或海绵体面糊有不同方法。糖油搅打法(creaming method)或泡沫法(foaming method)会得到不同的质地,可根据不同场合和喜好选用。

美拉德反应

指的是加热蛋白质时的美拉德反应。法国医生和化学家路易斯·卡米尔·美拉德(1878—1936年)首先在20世纪发现这种反应。

美拉德反应描述通常在加热情况下的氨基酸和糖之间的化学反应。它描述了类似于焦糖化的褐变过程。糖分与氨基酸反应会影响蛋白质的气味和风味。美拉德反应过程会产生数以百计风味物质,这些风味物还可继续形成新的风味物。每种蛋白质会产生不同风味物。

糖油搅打法

糖油搅打法制备蛋糕面糊是指利用搅打使脂肪（最好是黄油）与鸡蛋之类其他配料中的水分乳化，并使搅打物充气。奶油面糊有时要求添加化学发酵剂，如发酵粉、小苏打，或两者混合物，以获得期望的面体膨胀率和质地。利用糖油搅打法制备的典型蛋糕例子是四合蛋糕（即磅蛋糕），其中黄油和鸡蛋必须等量结合起来。如果这种技术操作正确，鸡蛋会成功地与黄油结合，而不会分裂或凝块。本方法的第一步是使黄油与糖乳化，这有助于稳定脂肪。所用的黄油和鸡蛋都应当具有室温下的温度。然后分批加入鸡蛋混合乳化，一批完全乳化以后，再加入下批鸡蛋混合乳化。最后加入面粉，这样做是为了避免过度混合形成面筋。一旦空气纳入混合物，便得到一种稳定的乳状液。这些小而均匀的气泡因面糊受热而膨胀，使面体胀发。如果乳化操作适当，则无需添加化学发酵剂便可使蛋糕胀发。

泡沫法

泡沫法利用鸡蛋或蛋清为混合物提供必要的发泡力。如阶段一所指出，泡沫依靠空气使产品胀发。鸡蛋可提供双重支持——蛋清提供结构，而蛋黄提供柔软性。经典泡沫如杰诺瓦士海绵蛋糕（génoise）所示。清蛋糕是糖、鸡蛋和面粉的混合物，有时也加黄油。制备这种蛋糕的海绵体有两种主要方法，即热法和冷法。热法操作时，将鸡蛋和糖置于双层蒸锅中，使其温度达到温暖（50~55℃）后，再进行搅打。这可加速混合物体积发展，并使糖溶化，从而得到较平滑的外壳。冷法只要简单地将鸡蛋和糖搅打起泡便可。以上两种方法中，面粉均最后在临近烘烤之前加入。杰诺瓦士海绵蛋糕之所以被广泛使用，是其具有可用来制作奶油蛋糕、蛋糕和点心的通用性。

另一种泡沫法是分离鸡蛋法，搅打前要将蛋清与蛋黄分开。蛋清与糖混合进行搅打成蛋白霜（meringue）。临近烘烤前再加入蛋黄和面粉轻轻混合。

高海拔烘烤

海平面处水的沸点为100℃，但在海拔600米以上的地区，由于空气压力的降低，沸点也降到98℃以下。这对烹调和烘烤均有影响。在烘烤中，由于大气压力降低，没有足够空气压力使热量上升减缓，从而蛋糕会胀发过快。由于这种快速膨胀作用，气体或空气会在蛋白质凝固束缚它们以前有机会逸出，所以蛋糕会变得消沉或发不起来。迅速膨胀的面糊也可能溢出模具。因此，低沸点不能烤透蛋糕，同时，也会因液体较迅速蒸发而变得干瘪。那么，面包师到底应当如何做？

通过了解气压原理，并熟悉配方中各元素作用后，可按以下方法进行调整：

增加至少5%的面粉用量，以提供较多面体和结构。增加20%液体用量，以平衡增加的面粉，同时也弥补蒸发速率加快引起的液体损失。将温度提高25℃，以促进蛋白质凝固，从而使其能够束缚气体。烘烤时间缩短20%，以防止干燥。减少烤盘的装填量，装量不超过盘容量的一半。使用冷液体和冷鸡蛋，以减缓蒸发作用。对于曲奇饼，减少一半小苏打用量。

由于一般不会刚好生活或工作在海拔600米的地区，因此，要对上述指南进行必要调整，以补偿空气压力的任何变化。

小圆杰诺瓦士海绵蛋糕

制作方法

1 准备一个双重蒸锅。

2 将鸡蛋放置于小盆中，并加糖。

3 用打蛋器搅打。

4 将小盆置于双重蒸锅中，继续搅打，直到温热为止。

5 将搅打盆从双重蒸锅上取出，并继续搅打，直至冷却。得到稠厚呈黄色的混合物。

6 逐一加入过筛干配料。

7 拌和至刚好混合均匀。

8 混合物应具有既稠又轻状态。

9 将混合物用勺轻轻舀入预备好的模具中，注意避免面糊过度搅动。

10 烘烤至金黄色，顶部用手指下压能回弹，表面有干燥感。

11 冷却几分钟后再脱模。

12 将蛋糕置于线架上完成冷却。

手指海绵蛋糕

制作方法

1　打开蛋壳。

2　轻轻地将蛋黄从一个蛋壳转移到另一个蛋壳。

3　确保不弄破蛋黄，否则会在搅打时抑制蛋清起泡。

4　用指尖割断蛋清，将蛋黄转移到另一个碗中。

5　用球形打蛋器使劲搅打蛋清。

6　搅打至蛋清起泡。

7　备用。

8　蛋黄加糖。

9　立即开始搅打。注意这里搅打方式不同。将蛋黄和糖混合在一起不用球状搅拌器。

10　继续搅打至混合物黏稠并呈浅黄色。

11　再用球状打蛋器将蛋清搅打至湿性发泡。

12　逐渐加糖搅打。

13　所有糖加入后，继续搅打，直到坚挺有光泽蛋白霜形成。

14　将1/3过筛面粉加入到蛋黄中。

15　用胶皮刮刀混合。

16　刚好混匀后，加入1/3上述搅打好的蛋白霜。

17　混合至刚均匀，此时应仍能看到蛋白霜条纹。

18　加入剩余的蛋白霜。

19　轻轻拌和蛋白霜。

20　面糊制备毕，可用于装裱花管和（或）进行烘烤。

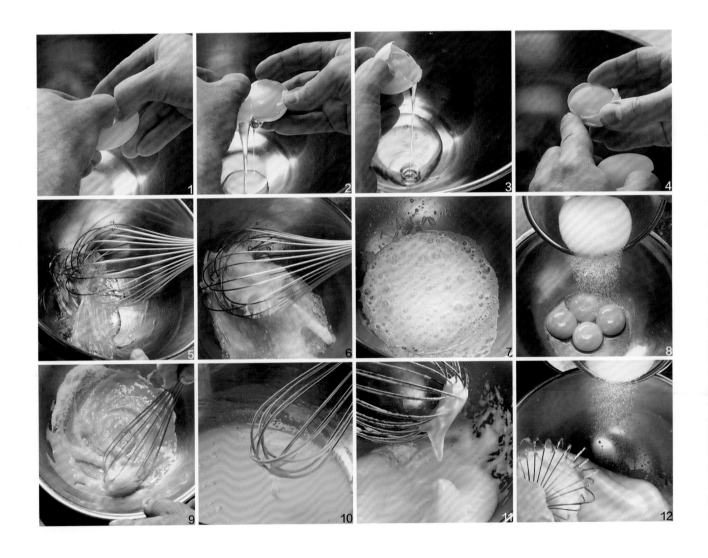

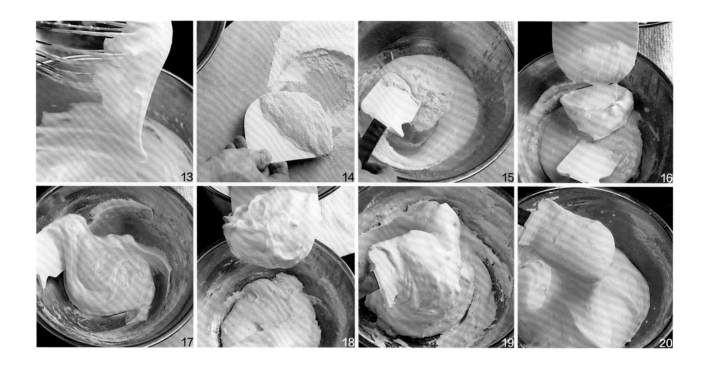

面团

用种植或采集得到的谷物进行加工、研磨成粉，并加入水、油、酒之类液体制成的糊状物几千年来一直是人类的主食。这些糊状物成了某些人类最早的烹饪制备物，并在全世界几乎所有文明中以各种形式出现。随着时间推移，这些制备物已被改造成无数变化形式，并被发展成为不计其数的风味和质地组合形式。用于制作面包和甜食的膏状制备物是人类文明的核心。这也是本书的核心，因为字面上译成英文为"paste（糊状物）"之意的法文"pate"是法文糕点"patisserie"的词根。

面团比面糊含水量低，并且通常要韧得多。面团可以用模具成型或分割成和烤成各种体积略胀大的自由形状面包。焙烤后的成品应具有脆性和轻柔感。

虽然面团看似好像由几种基本元素简单组合而成，但这些成分可以许多不同方式组合，可以做出无数风味和质地不同组合形式的面包。下面介绍几种用于制作糕点面团的方法，每种方法可得到不同的口味和质地。

砂状搓揉法

　　油酥面团主要用于馅饼（pies）和塔饼（tarts）。它们之所以称为油酥面团是由于其脂肪（起酥油）含量高，起酥油的英文拼写形式为"shorterner"，具有（指使面筋纤丝）缩短者的意思，因此，这种面团弹性受到抑制。面粉与脂肪的比例是2∶1。通常使用的是冷脂肪，并以小块形式掺入面粉，然后再加入液体。在此过程中，脂肪将面粉裹住，从而抑制了面筋形成。对于油酥糕点，每一阶段（混合、压面和成型）后往往要使面团静置一会——使操作过程可能形成的任何面筋松开。

　　将黄油加入到面粉有两种方法，一种是切割法，使用一种刮板（见196页）或糕点切刀将黄油切成小片；另一种是砂状搓揉法（sablage），英文也称"sanding method"，这种方法用手掌将两种配料搓在一起，形成质构非常细腻的混合物，这可在加入液体（例如蛋液）时形成较均匀的面团。

泡芙面团

制作方法

1　用加入黄油和调味料的深平底锅加热液体。
2　待锅内物沸腾，即加入全部面粉。
3　在炉上对锅内物料使劲搅拌。
4　形成的面团能利落地与锅侧面分开，将锅从热源移开。
5　继续搅拌直到面团形成光滑面球。
6　将面团转移到小盆中。
7　分批加入鸡蛋。
8　混合均匀。
9　确保每批加入的鸡蛋得到充分调匀。
10　大部分鸡蛋加入调和后，察看一下混合体质地，确定是否继续加鸡蛋。
11　最后的面体应软而具有弹性。

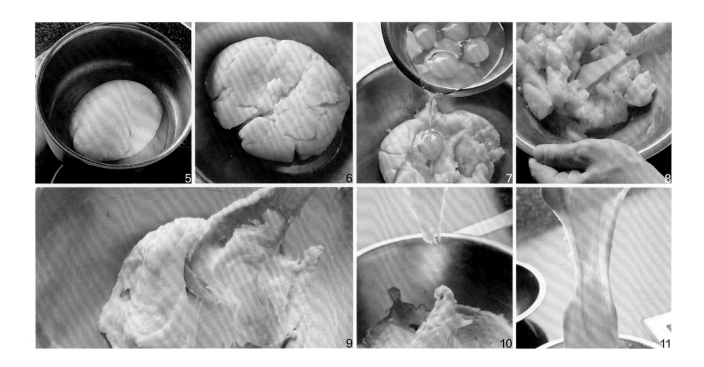

糖油搓揉法

另一种方法是糖油搓揉法。这种方法主要用于甜味油酥。黄油和脂肪最好是冷的，但如果用的是室温下的黄油，或较软，则可以先对黄油与糖和液体进行搅打，然后再用刮板切入的方法加入面粉。

甜皮塔：糖油搓揉法

制作方法

1　将面粉和糖粉置于工作台面。将糖粉围成井圈并加入黄油。

2　用手指头抓捏黄油使其变柔滑。

3　利用刮板开始混合糖和黄油。

4　使糖在黄油中混合成奶油状。

5　加入鸡蛋并充分混合。混合物不会柔滑。

6　加入香草香精并充分混合。

7　将台面物料完全混匀。

8　逐渐加入面粉。

9　面粉全部加入后，利用刮板将面粉切入混匀的湿配料中。

10　切割抄拌混合物直至形成面团。

11　一旦面团形成，连续用刮板叠压面团。

12　最后白色面粉痕迹消失，面团变得紧凑。

13　用手掌根揉搓面团，并用刮板铲面团，如此重复数次。

14　将面团揉成光滑球状并用塑料膜包起来。冷却静置至少30分钟，或静置过夜。

砂状搓揉法

制作方法

1. 将面粉刮成一井圈，加入黄油和风味剂。
2. 将黄油切割入面粉，并用手指将面粉混合到黄油中。
3. 开始用手搓混合物。
4. 继续用手指捏碎大块粒。
5. 继续搓，直至混合呈现颜色均匀的砂状。
6. 在混合物中间掏空一小块。
7. 加入鸡蛋和水。
8. 用手指混合。
9. 逐渐加入干配料。

10. 继续操作形成面团。
11. 如果面团太干，加入少量冷水。
12. 用刮板将余下的干配料切入混合物。这可抑制形成面筋。
13. 继续捏成面团并将其切开。
14. 面团出现紧致状态。
15. 最后一步是搓揉，要确保黄油充分结合在面团中。用手掌根将面团往外搓。
16. 用刮板将面团刮起形成球状。用塑料膜将面团裹起来，至少静置30分钟或静置过夜。

衬塔饼盘

制作方法

1 用手在面板上压平面团。

2 开始用擀面杖均匀地擀面团。

3 将面团沿水平方向转动1/4圈。

4 继续擀面团。

5 继续将面团转动1/4圈，以确保面皮形状和厚度均匀。

6 擀成厚约2毫米的面皮。

7 将面皮卷在擀面杖上。

8 轻轻将面皮置于涂过黄油的模具上。

9 确保面皮比模具大2.5~5厘米。

10 将面皮提起，并轻轻地压入模具内。

11 仔细压面皮，确保在面皮与模具之间不再有空隙。

12 提起面皮，使面皮在模具口内侧形成小弯曲。

13 用擀面杖擀去任何多余的面皮，收集下脚料用于另一面皮。

14 用拇指和食指捏面皮。

15 做一个高出模具口约5毫米的边缘。

16 用一只手托住面皮边缘内侧，借助糕点镊，轻轻捏出一条装饰边。

17 用一手指沿模具边将面皮刮直。

18 用叉子刺模具底部面皮，然后将塔皮冷藏至少30分钟。

19 静置后，准备对面皮壳进行预烘烤。取出塔饼底，用油纸做一个比模具约大2.5厘米的轮廓花边。

20 展开轮廓花边，将其压入模具边角。

21 用烤珠装满模具，并置于预热烤箱。

22 面皮边缘出现漂亮棕黄色时，拎住油纸取出烤珠，注意不要烫手。

23 预烤完毕。

　　并非所有馅饼都是坚实的。有些面团液体含量较高，被认为是搅打面团。这些制品中增加的液体通常以鸡蛋和（或）牛乳形式加入，目的是使面粉面筋分散，无法形成键。这些面团并不依靠面筋保持在一起，而是通过由高含量液体饱和的淀粉和鸡蛋蛋白质保持其面体。这可以使搅打面团较柔软和湿润，适用于煎炸，如煎饼面团或上浆料（炸糕面糊）。

炸糕面糊

制作方法

1　将包括酵母在内的干配料混合。加入鸡蛋。
2　缓缓将面粉调入鸡蛋中。
3　开始形成面糊时，加入苹果酒或啤酒。
4　继续混合直到均匀。

5　搅打鸡蛋清至干性发泡。
6　将搅打好的蛋清铲到面糊中。
7　加入融化的黄油。
8　制成炸糕面糊。

煎饼面糊

制作方法

1　加香草的咸味可丽饼。

2　加香草香精、柠檬和切碎薄荷的甜味可丽饼。

3　需要的设备包括可丽饼盘和用于正确量取黄油的小勺。

4　将面粉筛入小盆中，将面粉中央刮空。根据待做可丽饼的口味加入糖或盐。加入鸡蛋。

5　搅打鸡蛋，并缓缓调入面粉。

6　调入一半面粉时，加入融化的黄油。

7　充分搅拌直到面体柔滑。

8　对于甜味可丽饼，沿长度方向破开香草豆荚。

9　刮出香草豆。

10　将其余各种风味料加入面糊。对于此图中的甜味可丽饼，加入的是橙皮屑和切碎的薄荷。

11　逐渐调入牛乳。

12　使用前至少冷藏静置1小时。

13　预热可丽饼盘并刷上融化的黄油。

14　将一满勺面糊浇在煎盘中央。

15　转动可丽饼盘使面糊均匀分布。

16　将可丽饼盘置于炉子上加热。

17　当可丽饼边开始发黄时，将一把小木铲插入饼底并将饼翻身。

18　继续加热约30秒，然后将饼转移到一方盘。

19　可丽饼可对折，折成直角扇形，或卷起来，可加馅或不加馅食用。

叠层面团

千层饼、牛角面包和丹麦面包以其片状结构而著称，这种结构是对质地均一的黄油面团进行反复碾压和折叠而成。

油酥面团开始用水调和，主要由面粉和水制成面团。在此情形下，仍然要保留一些受到小心控制的面筋。面筋的强度有助于面团产生超薄层结构，但面筋仅供足以产生松薄层为度。折叠黄油层面团的步骤称为"一折"。油酥面体最多可进行六折操作，否则面皮会被拉伸过薄。面团成品置于烘箱烘烤时，融化的黄油产生蒸汽，迫使调和体分离并膨发。正如前面所学过，面粉同时凝结，为水化体系提供强度，使其能将产生的蒸汽包住。

虽然首次操作这一过程有点不好把握，但可通过实践熟练掌握。千层饼由死面制成。

千层饼面团是一类介于叠层面团与发酵面团之间的面团。千层饼面团比酥皮面团还要难以把握，这种面团使用含有酵母的水合面体。这类面团中最出名的是可颂面包面团。对含黄油面团进行碾压折叠产生多层结构的原理，进一步因酵母发酵而强化。折叠面体的技术与油酥面团相同，只不过可颂面包面团的折叠次数从不超过四折。

你可知道？

千层饼技术（feuilletage）出现于15世纪，一些人认为，这是康德的马歇尔手下一位名为Feuillet的糕点师的发明。另一些人认为该发明属于画家克劳德·洛兰乐（Claude Le Lorrain），还有一些人认为这是凯瑟琳·德·梅迪奇（Catherine de Médicis）的功劳。有关千层饼发明有许多故事，但其根源可追溯到古希腊人使用的油酥饼。以上提到的人也许并未发明千层饼，但包括发明五折面团的卡里姆（Carême）在内的这些人无疑使千层饼在十七十八世纪流行了起来。

水和面

制作方法

1 将黄油调入面粉后，在面粉中央掏一大圈，加入盐。加入一些水并混合使盐溶解。

2 开始将面粉调入水中。

3 利用刮板，边混合边叠压混合其余面粉。

4 面团开始形成时，继续切割。如果面团太干，再加些冷水。

5 面团应松散地拢在一起。

6 用刮板叠压直至几乎所有面粉痕迹消失。

7 将面团做一球体。

8 用大刀在面团顶切出一个十字形。

9 切口足够深使面团略呈张开状。

10 用保鲜膜轻轻地将面团裹起来，使其静置至少30分钟。

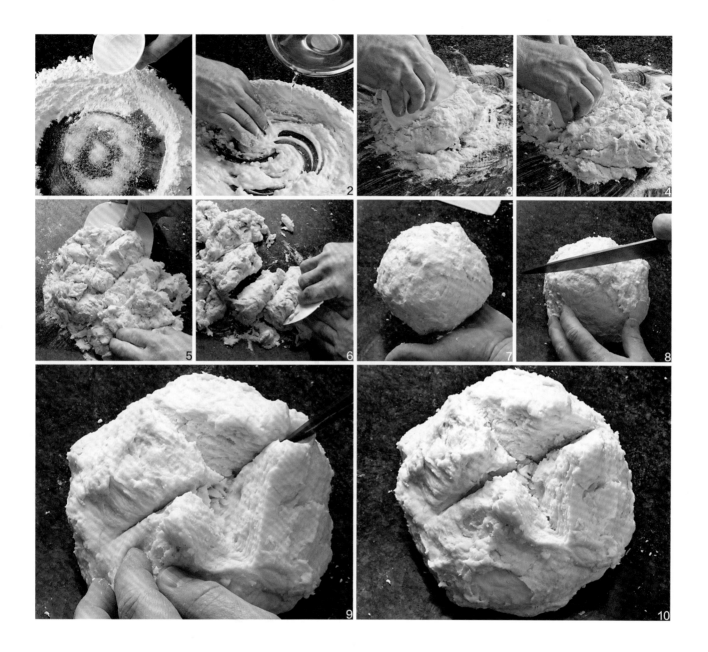

千层饼面团折叠

制作方法

1　要按十字形对水和面团进行滚压，其中央要足够大，以便放入黄油。

2　将水和面团置于面板上。

3　从一角开始朝外碾压，面团成为中央厚外侧薄状态。

4　继续对其余角进行碾压。

5　面团中央部分比十字形四角部分厚。

6　将方块黄油置于面团中央。

7　折起对角面皮，然后将面体转向。

8　折起另两角面皮成为信封状，压实使黄油被包于其中。

9　用擀面杖轻轻将面团敲平。

10　转动面团，重复同样过程。用擀面杖长端将边缘敲打整齐。

11　量出两倍面体的长度。

12　平整地开始滚压面团。只朝前后方向滚压。

13　面团滚压成适当长度时，刷除任何多余的面粉。

14　将端部1/3折起，刷除多余的面粉。

15　将底部的1/3面皮折在第一折面皮上。

16　将折起的面皮朝右转90度。

17　重复前面的滚压操作。

18　将面皮朝外滚压成一厘米厚的长方形。

19　再次将面皮折三折，并将其朝右转90度。

20　用两手指在面皮上做标记。

21　面皮上的两手指印表示面皮已经折过两次。现在可将面团冷藏静置20分钟，然后进行余下的两次折叠操作。

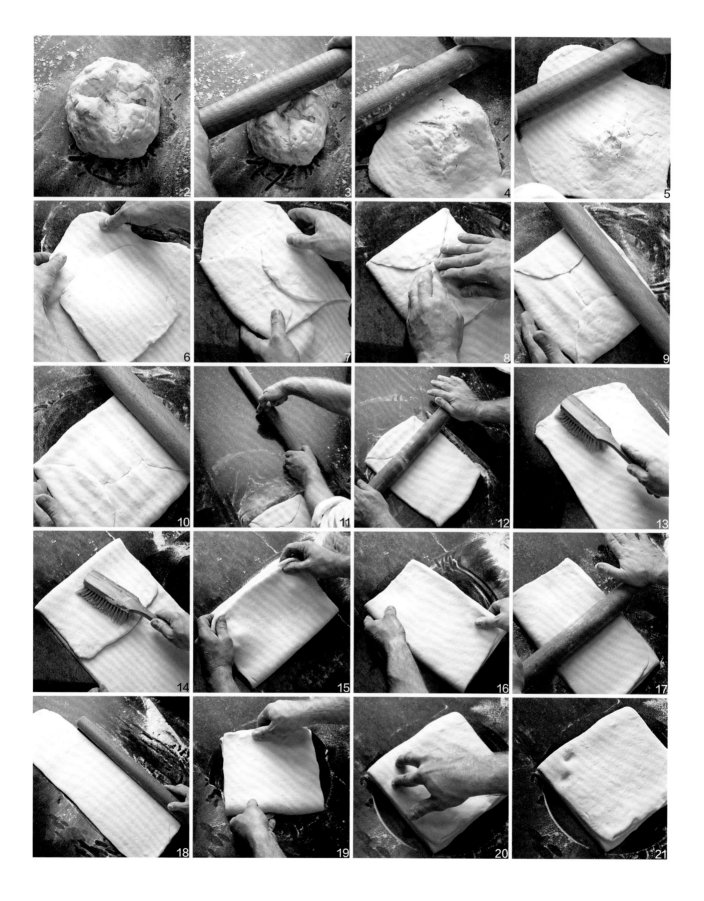

带状面塔皮

制作方法

1　将面团压成厚约3毫米的面皮，并用刀裁去圆边。
2　用刮板做尺，切出一长条面皮。
3　将长条面皮架于未涂黄油的烤板上。
4　使其在烤板两边下垂。
5　将其余面团对折，再对折。不要压面。
6　将对折面团切成2.5厘米宽的面条。
7　在长条面皮外缘刷鸡蛋清。
8　在刷过蛋清的面皮上展开面条带，并整齐地贴在上面。

9　也使面条带挂在上面。
10　用叉子在盘底面皮上刺孔。
11　用小刀背在面带外缘刻花边。
12　抬起烤板并敲击一下，将烤板边的面带修齐。
13　用鸡蛋清刷竖起的面带花边。
14　此面带可用于填充馅料并进行烘烤。

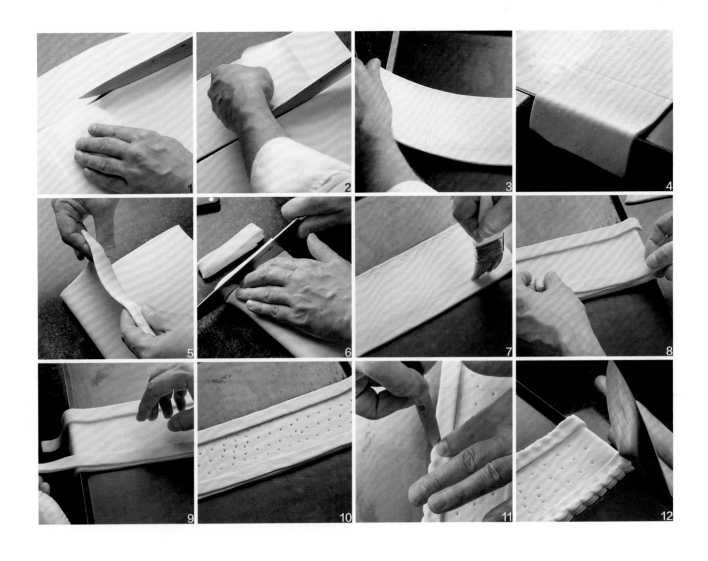

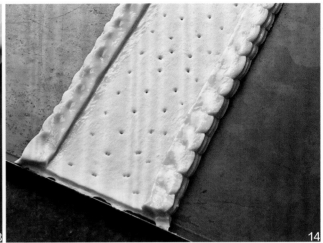

发酵面团

　　发酵面团是我们熟知的面包面团。这里的发酵剂是酵母，酵母是一种需要培养的活有机体。但是酵母具有独特的风味，从而限制了其在精细糕点制品中的使用。制作面包时，面筋的存在和发展是这种焙烤产品成功的重要因素。

　　无论是新鲜酵母还是干酵母，均需要用水稀释，并要用糖、面粉（或两者）进行培养。此第一步确保酵母活得很好。然后可加入鸡蛋、黄油和调味剂等其余配料，再加入剩余的面粉，最后形成具有弹性的稠厚面团。

　　相对于前面提到的面糊和面团，这里的面团需要设法促进发展形成长而相互交织的面筋纤丝。这种面团需要揉捏。此过程使面粉完全吸收水分，使面筋继续发展。这种面团会从软而发黏状态变为具有黏弹性的光滑面团。

　　然后面团进行静置发酵。在此期间，酵母将葡萄糖和其他碳水化合物转化成二氧化碳和酒精。生成的二氧化碳气体使面团体积增大，而酒精赋予酵母发酵产品特有的风味。因配方不同，有的面包进行一次发酵，有些进行多次发酵。多次发酵的面团，期间要揿粉排出面团积累的二氧化碳。

专业面包师使用若干发酵剂。

　　预发酵物是一种发酵剂，被认为是面包制作的一种间接方法。预发酵物也称母面团。采用预发酵物的面团发酵过程较长，允许酵母较好生长，从而得到较长保质期和较复杂风味和质地的面包。这种方法最常用于手工面包生产。

　　英文"biga"、"polish"和"sponge"均有酵头的意思。每天要制作的酵头通常由等量面粉和水加酵母制成，是一种相当湿润的混合物。它们要发酵过夜，然后可代替酵母，或与酵母一起使用。

　　发酵面团（pate fermentée）是用每批留出的面团块加面粉和水制成的新酵头。

揉面

制作方法

1　面团混合后，将其置于撒有面粉的面板上。此时的面团湿且有黏性。

2　将面团折起并转动90度。

3　用手掌根将面团向前推。

4　将延展面团折起并转动90度。

5　用手掌根将面团向前推。折叠并转向。

6　继续以上操作直到面团结实不粘手，并且具有抗推阻力。

7　待面团结实并不再粘手，将其搓成面团球。

8　用手指压面团时，手指应能利落地离开面团，并且面团会回弹。

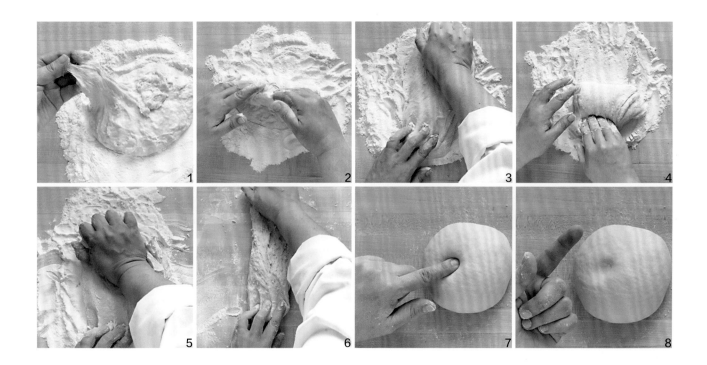

圆面包成形

制作方法

1　拉起面团边缘向中央折叠。

2　向下压实。

3　转动面团，重复将边缘向中央折叠。

4　继续转动并折叠面团，直至形成均匀面团球。

5　手抱面团，作轻压圆周运动。

6　可供醒发的圆形面团成品。

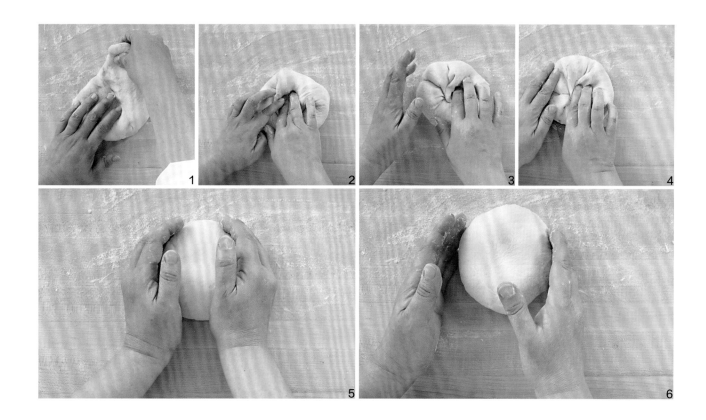

条形面包成形

制作方法

1　将面团拍成椭球形。
2　将上尖端折向中央并压实。
3　将下尖端折向面团中央。
4　压实。

5　将面团边缘向内折并压实。
6　将面团翻身，使叠合面朝下。
7　将面团条轻轻放入上过油的醒发用面包听。

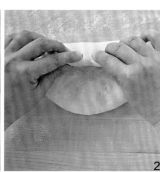
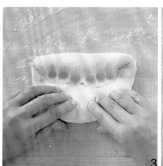
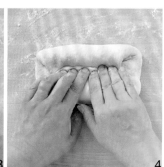

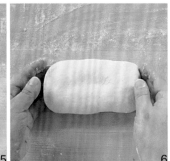

法棍面团成形

制作方法

1　将面团置于稍撒面粉的面板上。

2　将面团拍成椭圆形。在中央做一条凹槽。

3　将上边折向中央并压实。

4　将下边折向中央。

5　压实。

6　将上边折在下边上。

7　用手掌根将两边压实。

8　将面团翻身，使面团边接缝侧朝下。

9　为滚平面团，将双手置于面团中间。

10　轻轻用力，使面团前后滚动，同时使手移向外侧。根据需要重复此操作数次，每次双手总是从中间移向面团两端。

11　可进行醒发的法棍面团。

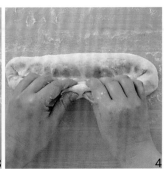

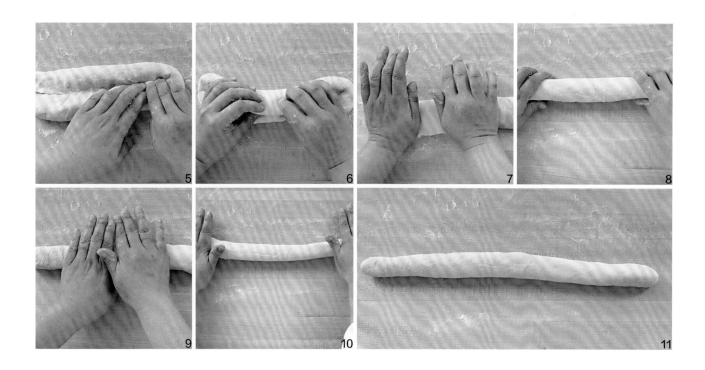

编结辫子面团

制作方法

1 将面团切成四块。

2 取一块面团平放在面板上。

3 用手掌根将面团压平。

4 提起面团上边向中央折叠。

5 压实面团接缝。

6 将底边朝中央提，并用手捏齐。

7 双手置于面团中间，将面团滚成长条。

8 使面团前后滚动，同时双手向外侧移动，双手用力和移动要均匀。

9 继续使两手朝两端移动。

10 所有面团滚好后，用保鲜膜罩住静置，以使其弹性松弛。

11 面团静置完毕，重复相同的滚动过程。

12 将四条面团竖直排列。按图将它们从 1 到 4 编号。

13 将四条面条端压在一起。

14 提起4号面条置于1号面条与2号面条之间。

15 提起 1 号面条，置于 2 号与 3 号面条之间。如图所示重新从 1 到 4 对面团编号。

16 按重复方式，放置 4 号和 1 号面条，每次操作后重新进行编号。

17 继续操作直到面条底端。

18 将四条面团底端捏在一起，并将面团底端卷到下面。

19 将编成辫结的面团转移到准备好的烤板上醒发，然后便可进行焙烤。

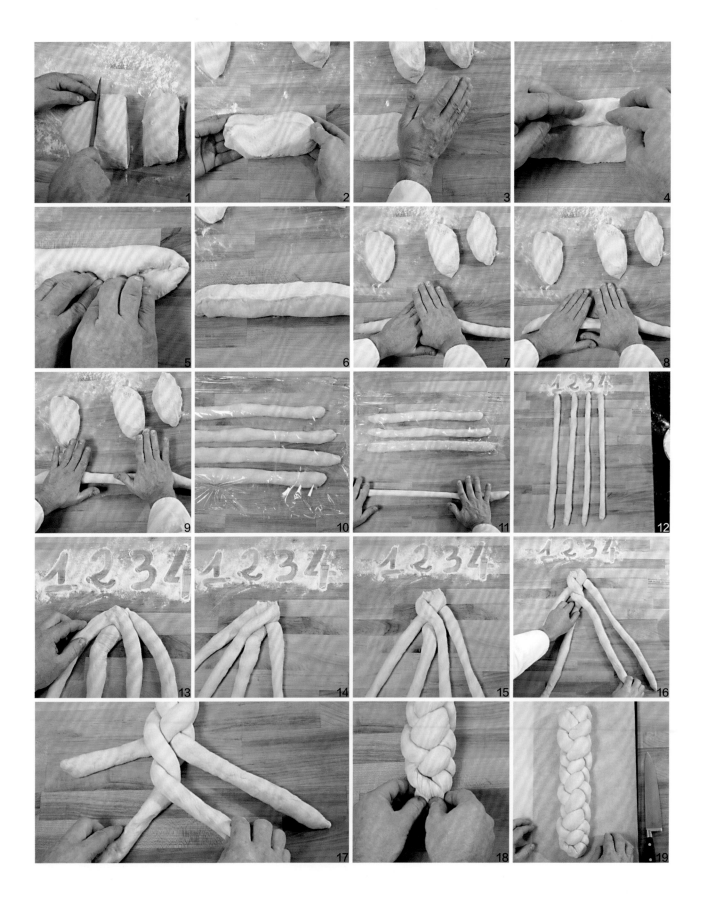

布里欧面团

制作方法

1 在面板上撒一薄层面粉。

2 如图所示用手掌根部位操作。

3 将静置后的面团置于面板上用手拍平。

4 将面团上面1/3向下折起。

5 用手掌根部压实面团。翻转面团重复操作。

6 压实面团。

7 将面团滚成均匀圆柱状。

8 将面团对折，并在中间切个口。

9 将面团对切，并分别在面团上用刀等分做刻痕，按刻痕切断面团。

10 用一块面团蘸些面粉。

11 用手罩住面团，并做圆周向滚动。

12 继续滚动直到面团成为光滑结实状态。

13 然后对每一面前后滚动。

14 继续将其他面团球滚成长条形。

15 手侧面在面粉中蘸一下。

16 一只手按住面团，在距另一端1/3处用面粉手滚动面团。

17 继续滚动面团直至其成为保龄球状。

18 其余面团重复同样操作。

19 拇指、食指和中指尖蘸些面粉。

20 抓住面团"头部"。

21 将面团置于涂过黄油的模具。

22 将面团头压入面团"身"。

23 轻轻移动手指。

24 食指蘸些面粉，将其压入面团头与面团身之间。

25 往下深压。

26 确保面团头完整。

27 制作大布里欧面团。取出1/4面团置于一边。将大块面团拍成饼状。

28 拎住一边折向面饼中央。

29 用手掌根压实面团。

30 转动面团并继续沿圆周做相同操作。

31 将面团翻身。

32 双手抱住面团，在面板上按圆周方向滚面团。

33 在面团中央做一凹穴。

34 将面团置于涂过黄油的模具中。

35 用手罩住小块面团，在面板上做圆周向滚动，直至其成为光滑结实体。

36 使此面团一端前后滚动。

37 此面团应呈液滴状。

38 用蘸过面粉的手指抓住此液滴状面团的大头，并将手指深深压入此面团中央。

39 一手指在面粉中蘸一下，将其压入布里欧面团头与面团身之间。

40 一定要沿环形压到面团底。

41 为做一种辫结带，量取3块重量相等的面团。将1、2和3号面团的一端搭在一起。

42 将1、2和3号面团的一端搭在一起。

43 将2号面团提起置于3号面团上。

44 然后将3号面团置于1号面团上。

45 将1号面团置于2号面团之上。

46 如此操作直到末端，然后将末端折到下面。

47 使其在温暖处静置，焙烤前刷上蛋液。

法国蓝带烘焙宝典（上册）

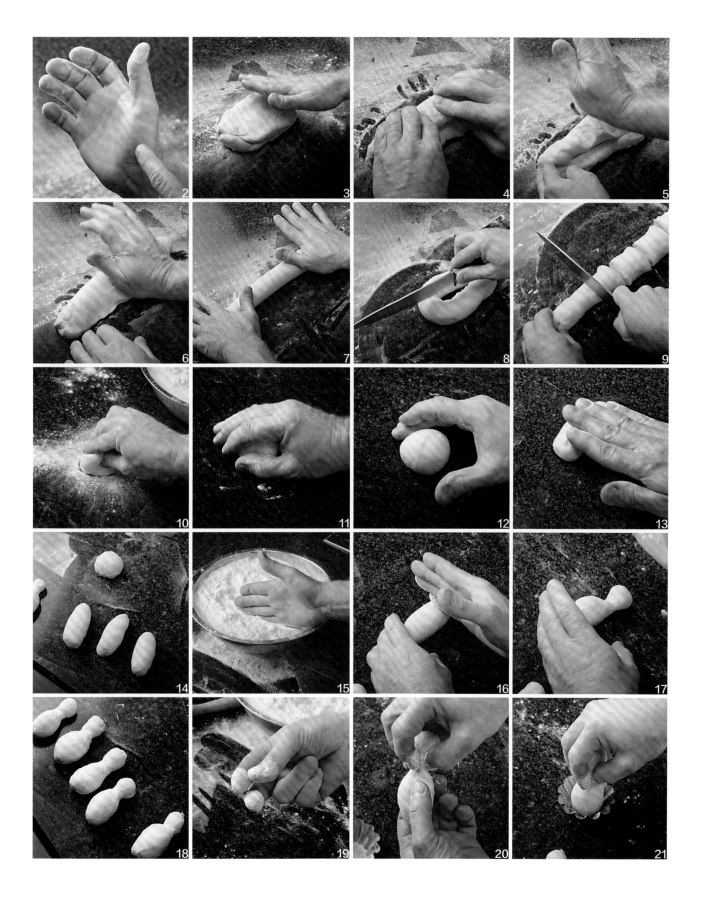

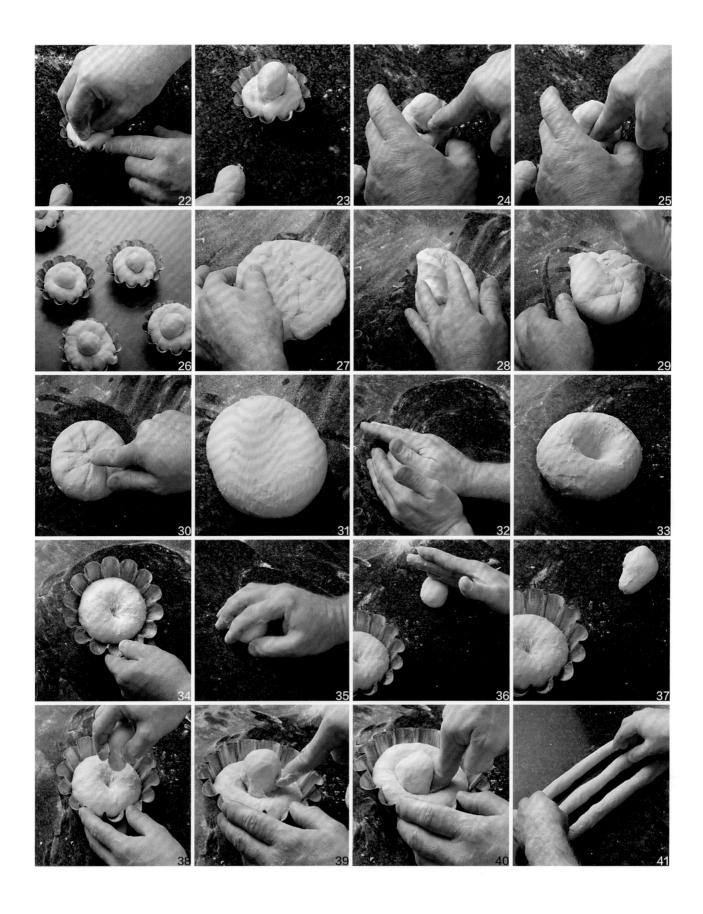

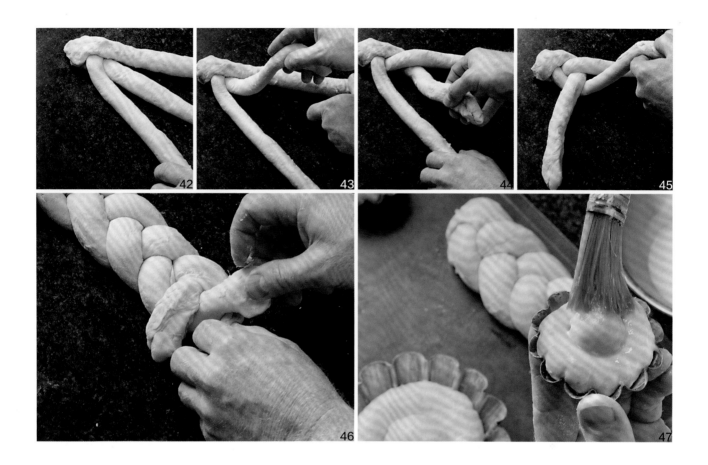

面团根据需要醒发完毕后，便可按份额进行切割成型。切开的面团可取自由形状，如乡村面包或辫子面包，也可用模具成形，如三明治面包。根据配方、质地和所需密度要求，面团在焙烤前还可再次进行醒发。

对于生产面包和甜面包【例如萨伐仑面包（pate à savarin）或发酵甜面包（pate levée sucrée）】，用酵母作发酵剂的基本要求相同。

自溶（autolyse）是专业面包师的一种可选步骤。第一步并不使酵母溶解，而是将面粉与水混合在一起并静置。这可在调入酵母前使面粉尽量吸水，从而促进面筋形成。

奶油

奶油（crème）在法国不仅指乳制品奶油，而且也指具有某种质地的制备物。制备尚蒂伊奶油（crème Chantilly）时，只要在重奶油中加糖并用打蛋器搅打充气使其体积增大一倍或两倍便可。如果将蛋糕体看成砖，则糕点奶油便是砂浆。奶油可以单独作填充物使用，也可与黄油或杏仁奶油混合使用。英式奶油（crème anglaise）是一种煮熟的蛋奶液，可用作冰淇淋基料，用于巴伐利亚风味点心，或作为佐餐酱料使用。杏仁奶油（crème d'amandes）是等量黄油、鸡蛋和杏仁粉混合后烤制的一种类似于蛋奶羹的稠厚质地物。这类奶油为其所伴的制备物增加花色。

尚蒂伊奶油

制作方法

1　将奶油倒入置于冰块中的圆底盆中。

2　沿盆边以圆周向运动方式搅打奶油。

3　搅打至起湿性发泡。

4　根据配方要求加入糖。

5　将糖加入到奶油中继续搅打至硬性发泡，冷藏至使用前。

黄油糖霜

制作方法

1 将糖浆置于炉上加热。

2 将其余糖搅打到蛋黄中，直至颜色变淡黄。

3 糖浆加热到软球阶段（113~116℃），逐渐将热糖浆调和到蛋黄中。

4 继续搅打到混合物冷却为止。

5 混合物应呈淡黄色，并会从搅打器上滑溜地流下来。

6 开始调入黄油。

7 混合物起初会呈凝结状，但仍应继续搅打。

8 加入黄油并搅打入空气后，奶油会变得柔滑。对于黄油白糖霜要继续搅打。

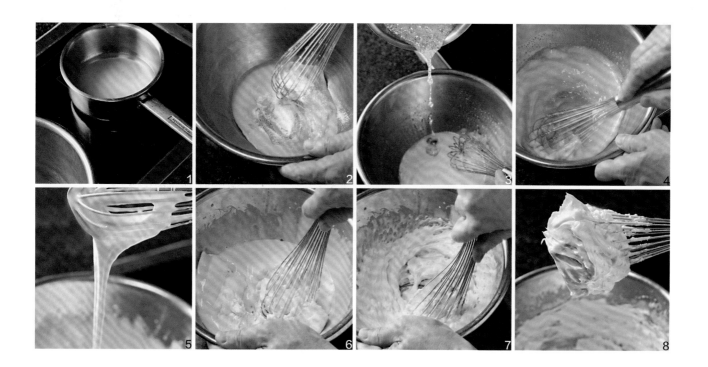

糕点糖霜

制作方法

1 沿长条向切开一根香草豆荚。

2 刮出内部的种子。

3 将香草种子加到牛乳中。

4 搅拌使香草豆混合到牛乳中。

5 将3/4糖加到蛋黄中。

6 其余糖加入到热乳中。搅拌使糖溶解。

7 将糖搅打到蛋黄中。

8 继续搅打直到均匀，并且蛋黄呈淡黄色。

9 加入果馅饼粉或面粉和（或）玉米淀粉。

10 搅拌至充分混合。

11 在混合物中加入一些热乳调和。

12 充分搅拌。

13 将调和过的蛋黄浇到剩余的牛乳中。

14 放回炉上加热至沸。煮1分钟，并不停搅打。

15 转移到干净的盆中。

英式奶油

制作方法

1 将糖加到蛋黄中。

2 立即搅打至蛋黄颜色变淡。

3 加一些热乳调和。

4 充分搅打。

5 将调和过的蛋黄回加到其余热乳中。

6 在小火下用木铲搅拌。混合物表面应当起泡。

7 蛋奶加热时这些泡沫会消失，得到如油一样可流动的液体。

8 继续煮到能挂在勺子背上，并且用手指划过会形成尾状痕迹。立即从炉子上取下，并过滤到干净容器中。

杏仁奶油

制作方法

1 将黄油和糖搅打在一起。

2 搅打至蓬松并且颜色变淡。

3 沿长条向劈开一根香草豆荚，并将种子刮出。

4 将香草种子搅拌到黄油和糖混合物中。

5 加入1/3杏仁粉和1/3鸡蛋。充分搅打。

6 再分两次加入杏仁粉和鸡蛋，每次加入后充分搅打。

7 加入朗姆酒并搅拌均匀。

8 最后的成品应有柔滑奶油感。

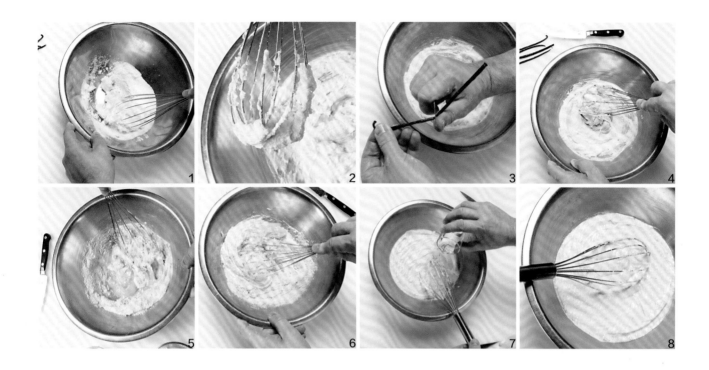

表面涂饰

制作方法

1 将蛋糕置于蛋糕纸板上，并修去多余物。

2 从边上开始。

3 握住调色刀以小角度沿蛋糕外缘移动。

4 如此对整个蛋糕边操作。

5 在蛋糕顶堆上黄油糖霜。

6 均匀地涂抹罩住蛋糕顶。

7 使多余的黄油糖霜延伸到蛋糕边缘。

8 以小角度朝内侧移动调色刀。

9 转动调色刀角度朝外移动，保持用力均匀。

10 抹光滑后，托起蛋糕，除去多余的黄油糖霜。

11 使调色刀同时沿圆周和下方向移动。

12 继续围绕蛋糕移动调色刀。

13 将表面涂饰好的蛋糕置于另一蛋糕纸板上，也可转移到一只盘子上。

14 使涂抹料坠落到蛋糕纸板上。

15 现在蛋糕可进行装饰。

蛋白霜

虽然术语蛋白霜（meringue）的出处不得而知，但最早使用蛋白霜的描述出现在弗朗索瓦·玛西阿劳（Francois Massialot）1691年出版的《王室和贵族新厨师》（*Nouveau Cuisinier Royal et Bourgeois*）一书。该书1706年译成英文时使用了这一术语。然而，弗朗索瓦·拉·瓦雷纳（Francois La Varenne）首次于1653年出版的《法兰西糕点》（Le Patissier Francois）一书中包括了一种类似于"meringue"的混合物，但这种混合物在该书中称为"biscuit sucre en neige"。

蛋白霜本身是一种简单制备物，制备方法是将糖和蛋清混合物搅打成均匀光滑的混合物。搅打阶段是制备蛋白霜的关键，因为这一过程要将空气纳入蛋清中，同时要将鸡蛋蛋白打断。蛋清在搅打过程中会变黏稠，要经过分别称为湿性发泡和干性发泡（打蛋器提起时其金属丝上形成的蛋白霜形式称为"峰（peak）"）的三个硬度变化阶段。蛋清与蛋黄分离时要特别小心，因为任何蛋黄中的脂肪进入蛋清都会影响蛋白霜的泡沫形成。

尽管蛋白霜的配料简单，但其制备方法因所要制的蛋白霜类型而会比较复杂。蛋白霜有三种制备方法制备不同的类型：法式蛋白霜、意式蛋白霜和瑞士式蛋白霜。

法式蛋白霜制作最简单，但被认为是一种原料蛋白霜，因此食用以前需要蒸煮。将蛋清搅打至湿性发泡，然后逐渐调入砂糖。蛋清要一直搅打到混合物在手指间不再有砂糖存在感觉为止。这时的蛋清混合物具有光滑质地。这种蛋白霜要立即使用。可装于裱花管用于造型，并用低温烤箱焙烤，也可加在糖浆或乳中水煮。

意式蛋白霜制备方法是，将蛋清搅打至湿性发泡，逐渐调入预煮到软球阶段的热糖浆（113~116℃）。然后将蛋白霜搅打到完全冷却。最后得到的是非常稳定的柔滑蛋白霜，可以在一定时间内保持其状态。这种糖霜可用于装饰蛋糕，也可作为塔饼【柠檬塔（tarte au citron）】面料使用。意大利黄油乳脂是加有黄油的意式蛋白霜。

瑞士式蛋白霜的制备方法是，蛋清与糖混合，然后在保温槽中轻轻搅打到蛋白霜用手触摸有暖感（45~50℃）。然后从保温槽取出，搅打到完全冷却。瑞士式蛋白霜也是一种稳定蛋白霜，具有致密、光滑和光泽感，可保持形状。这种蛋白霜常用于裱花管造型，然后在低温炉中烘烤。瑞士黄油乳脂是加有黄油的瑞士蛋白霜。

以下是制备蛋白霜时的若干小窍门：

搅打蛋清时要确保盆及打蛋器干净、干燥，并且无任何油脂或洗涤剂。大多数糕点师愿意使用无涂料的铜盆，但不锈钢、玻璃或陶瓷盆也行。几个世纪以来，法国糕点师已经知道使用铜盆搅打蛋清的好处，但不了解为什么铜盆适合于搅打蛋清。现在已经清楚，铜会与蛋清中的含硫化合物发生化学反应，形成非常牢固的键。这些强有力的含硫键使鸡蛋中的各种蛋白质纤丝非常难以靠近而结合，从而便于蛋白质起泡，同时也能使这种泡沫结构保持较长时间。不推荐使用塑料盆，因为很难使其不带油脂。任何油脂或蛋黄对蛋清发泡都有影响。

蛋清搅打时体积会增大10~12倍，因此要选择适当容器。如果不用圆形盆，则所选的盆要有足够深度，以使打蛋器能够做圆周运动，从而能尽量纳入空气。

使用剩余蛋清时，记住32只大号鸡蛋蛋清的体积约为250毫升。

蛋清和糖均属于亲水性成分，这意味着它们会吸水和持水。这也意味着，在潮湿环境下制作蛋白霜，有可能在搅打时随空气带入较多水分，从而会抑制泡沫体积的正常形成。

建议使用放置了3~4天的旧蛋，因为这类蛋的蛋白质键已经开始断裂，因此蛋清较稀，从而使其容易搅打发泡。

蛋清中加糖要缓缓地加，以确保其均匀分布。蛋白霜烹饪后任何残余的糖粒都会在其表面产生小的液滴。

有些人会在蛋清中加些酒石酸钾。酒石酸钾有助于蛋清发泡，也有助于其体积保持。然而，不要既使用铜盆又加酒石酸钾，否则两者会发生化学反应而使蛋清变绿。一些糕点师既不使用（很昂贵的）铜盆，也不加酒石酸钾，而会在蛋清中加几滴柠檬汁或醋之类酸性物质。

法式蛋白霜

制作方法

1 将蛋清搅打至湿性发泡。

2 逐渐加糖进行搅打。

3 所有糖加入后，继续搅打至蛋白霜坚挺且有光泽。

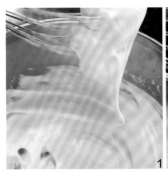  

意式蛋白霜

制作方法

1 准备所需的配料和设备。

2 在一小锅中加入糖和水。

3 将糖水煮沸，并准备一碗冷水。

4 撇掉任何白沫，用冷水刷下锅边糖液。

5 糖浆变稠时，手指浸入冷水。

6 迅速捏些糖浆，马上把手指浸入冷水。

7 使手指和糖浆在水中浸几秒钟。

8 糖应当形成软球。

9 糖球应当容易捏扁。

10 立即将热糖浆以薄层方式浇入正在搅打的蛋清中。

11 待所有糖浆调入蛋清，继续搅打直至冷却。

12 意式蛋白霜应当柔软有光泽。

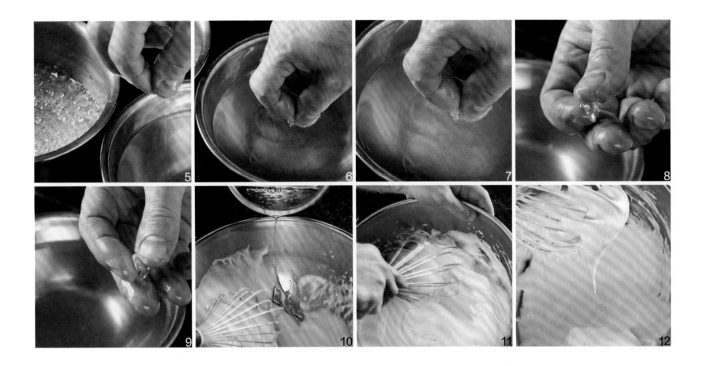

巧克力

巧克力不仅已经成为一种主要风味元素，而且也被用于为甜食和糕点增加色彩。

巧克力调温

糖果巧克力是一种高级巧克力，适用于制作巧克力甜食和装饰。这种巧克力至少含32%的可可脂。较多可可脂的存在有利于巧克力加热和冷却操作，从而可用于涂衣或造型，这是一类涉及调温的操作。第一步是融化巧克力，但必须调至正确的工作温度，以确保其硬化后成为有光泽的成品，也确保得到便于处理的适当硬度。

有两种调温方法。最为简单的方法称为播种（seeding）法。巧克力在专门温度下融化（具体温度与巧克力种类有关），然后加入未融化的巧克力，以降低融化巧克力的温度。通常，2/3为融化的巧克力，1/3为未融化的巧克力。巧克力达到所需温度时，应去除任何未融化的巧克力。

第二种方法称为台面（tabling）法。巧克力融化后，铺到光滑台面上，逐渐降低巧克力温度，同时搅动可可脂晶体。这种方法可产生较柔滑的巧克力，并且对温度控制要求较高。

巧克力温度			
巧克力类型	融化温度	冷却温度	保持温度
黑巧克力	46~48℃	28℃	31~32℃
牛奶巧克力	40~45℃	26.7℃	30~31℃
白巧克力	37~43℃	26℃	29~30℃

巧克力经适当调温后就可用于蘸取和裱花管装饰。

台面法巧克力调温

制作方法

1　用保温盆在46~48℃温度融化黑巧克力。

2　用小纸片标上1号，蘸一些巧克力在上面，置于一边。

3　将约一半巧克力倒在干净（最好是大理石）台面上。

4　用调色刀采用来回移动方式均匀地将巧克力铺展开。

5　巧克力铺展开后，用一宽金属铲将巧克力铲到中央。

6　用调色刀以由外向中间移动方式将巧克力刮到台面中央。

7　继续围绕巧克力操作。

8　再次将巧克力铺展开，并重复过程。

9　继续操作直到巧克力变稠变黏。

10　取一小油纸编为2号，蘸些冷却的巧克力到上面，并置于一边。

11　将巧克力刮回到装有其他巧克力的盆中。

12　充分搅拌至柔滑。

13　在标记为3号的小纸片上，蘸上一些巧克力，并置于一边。

14　三步操作过程为：（1）巧克力融化到46~48℃；（2）巧克力冷却到28℃；（3）最后，使巧克力回温到31~32℃。

15　在第一步中，巧克力融化到46~48℃。此时巧克力有光泽但不凝固。

16　第二步，巧克力冷却到28℃。巧克力凝固，但缓慢。

17　第三步，巧克力回温到31~32℃。此时巧克力凝固，保留光泽感。

18　适当调温过的巧克力用手触摸时也不会融化。此时的巧克力可用于浇酱和裱花装饰。

圆锥形纸袋制作与填充

制作方法

1　取一张油纸，并将其对折。压齐折痕。

2　用削皮刀沿折痕割开油纸。

3　裁成的两张油纸再对折，压齐折痕，再沿折痕将纸割开。

4　将得到的四张油纸再折叠。

5　斜角折叠裁取到的油纸，再将折痕压平。

6　用削皮刀沿折痕割开油纸。

7　现在得到的是三角形油纸。

8　实用起见，如上为三角形纸的角编号。

9　画一条等分第2个角的虚直线。

10　捏住角2对面的纸，捏住角1，如此，将短边卷到虚线位置。

11　抓住角3，沿角1相反方向卷纸。

12　角3最后应位于角2右侧。

13　左手捏住纸袋尖，将角3内折到角1上面。

14　如图所示为完成纸袋应有的样子。

15　掌握此方法后，可根据需要调整制作不同大小的纸袋。

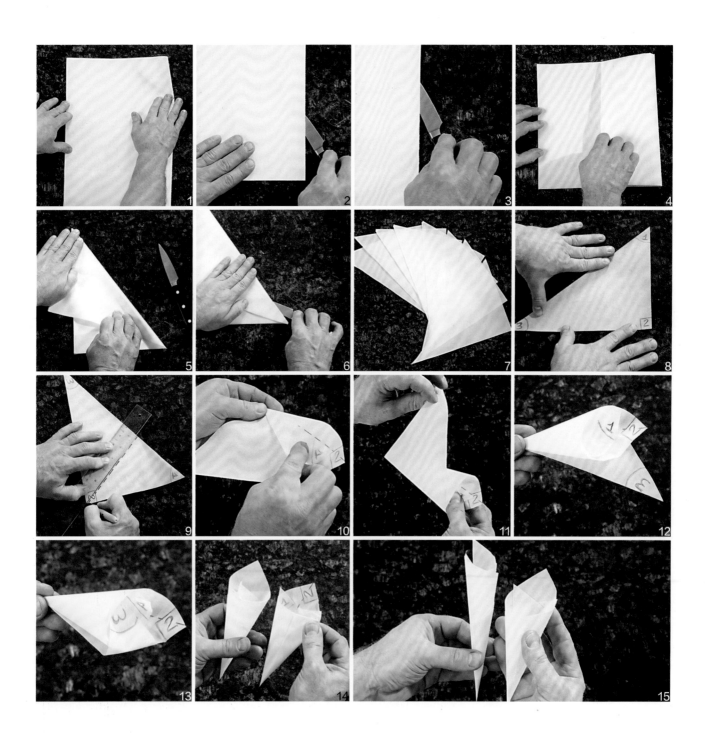

利用圆锥形纸袋进行装饰

制作方法

1　作为练习，准备水平方向线条之间距离约2.5厘米的油纸。

2　制作圆锥纸袋，并加入融化的巧克力。

3　将两边压平。

4　将右边向中间折叠。

5　将左边折叠搭在第一次折叠边上。

6　压平。

7　将上边向下折。

8　再折叠。

9　翻转并捏住。

10　用剪刀剪去圆锥袋尖。

11　挤压以确保流动均匀。

12　第一个练习是用巧克力在纸上画一条直线。线应当直，且有厚度。

13　第二个练习画波浪线。

14　第三个练习画滚动波浪线。

15　第四个练习画几何图案。

16　第五个练习画细直线——原理与第一个练习相同，但线要细得多。

17　第六个练习画大花饰线。

18　第七个练习画小花饰线。

19　第八个练习是反方向画花饰线。

20　第九个练习是在小花饰线之间加竖向环线。

21　第十个练习画小扇子。

22　第十一个练习写字，这里写"Sacher"。

23　第十二个练习画小卷曲图案。

24　这一练习的目的是用裱花管画直线裱饰，高度和宽度统一，并练习控制圆锥纸袋流体的流动。

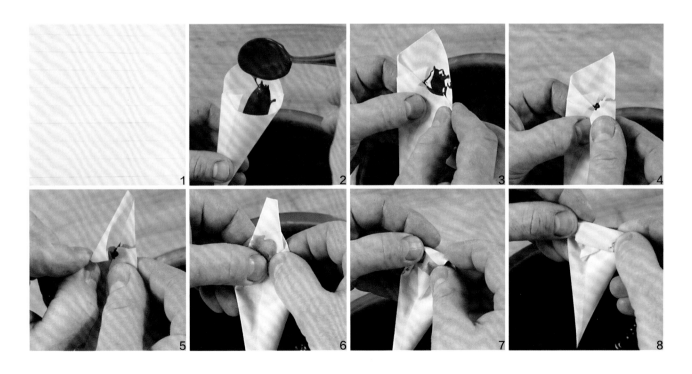

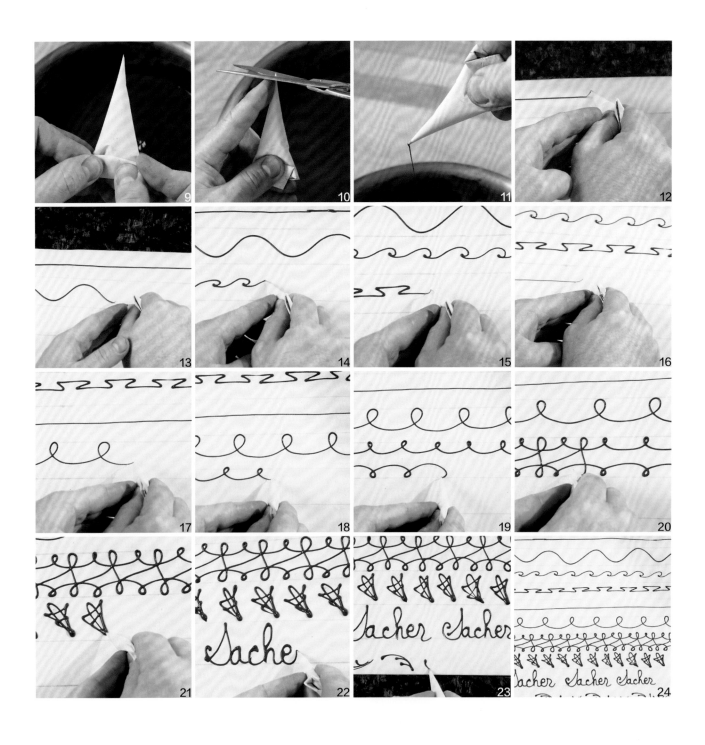

制作巧克力雪茄条

制作方法

1　在操作台面上放一长条调过温的巧克力。

2　用调色刀以小角度将巧克力铺展开。

3　转换调色刀角度，使其上下移动。

4　继续操作直到巧克力均匀铺平。

5　取一宽抹刀修整铺展的巧克力薄层边缘。

6　边缘画线，铲除边缘不平部分。

7　巧克力开始变硬。

8　巧克力凝固后，将宽抹刀呈约45度角平行置于距巧克力上面边缘约2厘米处。

9　以一次性迅捷方式，均匀用力使宽抹刀片朝上运动。

10　巧克力达到正确温度时，在其变得太硬以前，迅速切出尽量多的巧克力条。

11　巧克力雪茄条的大小可以调整，较细的雪茄条切窄点，较粗的雪茄条切宽点。

制作巧克力扇

制作方法

1 在操作台面上放一长条调过温的巧克力。

2 用调色刀以小角度将巧克力铺展开。

3 转换调色刀角度，使其上下移动。

4 继续操作到巧克力层平整。

5 将边缘修整直。

6 巧克力边修整完毕，将宽抹刀以45度角置于底部。将另一只手的食指放在巧克力边缘的抹刀片上。

7 均匀用力，使抹刀单向朝上刮动。

8 处于适当温度的巧克力，会自然形成褶状物。

9 巧克力的大小可以通过在蛋糕上移动抹刀位置调节。

为制作巧克力扇，必须有足够多的巧克力供折叠。需要进行多次试验。

成品装饰

掌握基本要素后，就可以将它们用于不同组合，产生诱人的成品。

甘纳许

甘纳许（ganache）是一种用加热重奶油制成的巧克力调和物，用于浇到固体巧克力上面。甘纳许在糕点上有许多用途，其质地可根据需要进行调整。对于用于蛋糕盖浇面料的甘纳许，奶油对巧克力的比例应较高，这样可以得到用于蛋糕盖浇和涂抹所需的较稀状态。填充用的甘纳许要用较高巧克力对奶油的比例，以便保持较稠状态，也便于对糕点裱花。记住，奶油比例越高，得到的甘纳许越软。甘纳许除了单独有许多用处外，还可作为酱料或面料基础使用。始终牢记，由于其制备简单，因此，甘纳许的质量与所用的巧克力有很大关系。用植物油作配料的巧克力绝不能用于制作高质量的甘纳许。

甘纳许

制作方法

1 将巧克力置于一干净盆中。
2 煮沸奶油，立即浇到巧克力上。
3 将混合物静置几分钟，便于热量由奶油进入巧克力，然后用木铲或胶皮刮刀轻轻搅拌。

4 继续搅拌直到完全混合。
5 最后得到有光泽的柔滑甘纳许。

5

上光巧克力

制作方法

1　在平底锅中衬上保鲜膜，在上面置一干净架子。以直径比上光蛋糕小2.5厘米的蛋糕盘或环形模具为基础。准备一把长度超过蛋糕直径的调色刀。

2　确保上光用巧克力仍然为液态但不烫。将上光巧克力从边上开始均匀地浇到蛋糕上。

3　沿蛋糕外围移动上光巧克力盆（保持恒定流速），最后浇到中央部位。

4　将调色刀置于近身蛋糕边缘处，确保刀与蛋糕有一定角度。

5　以一种流体运动方式并维持均匀水平，使调色刀由内朝外移动。

6　在蛋糕相反端，反转调色刀角度。

7　仍然维持均匀水平，以一种流体运动模式向内移动调色刀。

8　如果操作迅速，则上光巧克力应当仍然呈流体状态，将蛋糕侧面均匀地包裹起来。

9　使上光巧克力静置几分钟，然后揭起蛋糕，并用另一只手托住。

10　沿蛋糕底角用调色刀刮除任何巧克力滴。

11　将蛋糕转移到蛋糕纸板或盘子中。

翻糖

翻糖出现于19世纪中叶的法国，是一种精致的乳白色糖料，作为蛋糕和糕点完工料广泛用于法式糕点，如千层饼（millefeuille）、修女泡芙（religieuse）和闪电泡芙（éclairs）。英文翻糖单词"fondant"的词根来自法语单词"fonder"，意为"融化"。虽然市场上有翻糖供应，但也可自制，方法是糖加水加热到糖水形成浓糖浆。糖要煮到软球阶段（113~116℃），然后使其冷却到温暖程度，再进行搅拌重结晶，得到一种不透明白色有柔滑感的糖料。当涂料使用时要略加温。然而，由于翻糖是一种煮过的糖，因此重新加热时要小心。一般将翻糖加热到便于操作为止，过度加热会失去光泽。翻糖容易调风味和着色。如果使用正确，它具有闪亮感。翻糖可作为馅料用于糖果制作，也可作糕点糖衣料用，外层再蘸涂巧克力层。

千层饼涂翻糖

制作方法

1　千层饼上糖浆并切割。

2　千层饼夹层及修切完毕，在顶层刷上稀糖浆。

3　以缓缓加热至温暖方式准备翻糖，如果需要用糖浆兑稀。

4　将翻糖浇到千层饼上面。

5　将千层饼上面的翻糖铺展均匀。要在翻糖变得太干以前迅速完成操作。

6　用圆锥形纸袋沿千层饼长轴方向裱细巧克力线。

7　用小刀背（或牙签）尖端呈一定角度在翻糖上划小沟，每隔5厘米划一条沟。

8　在第一次划出的两沟之间，用小刀在相反方向划沟。

9　让其凝结干燥。

10　切割千层饼会用到锯刀，一把大叶薄刀，一把小叶薄刀。

11　先用锯刀在顶部划痕。只切割糕点的顶层。

12　将调色刀置于靠近身体一侧的千层饼边。将小刀置于千层饼刻痕上，一次性拉划到调色刀处。

13　产生的切痕应利落。

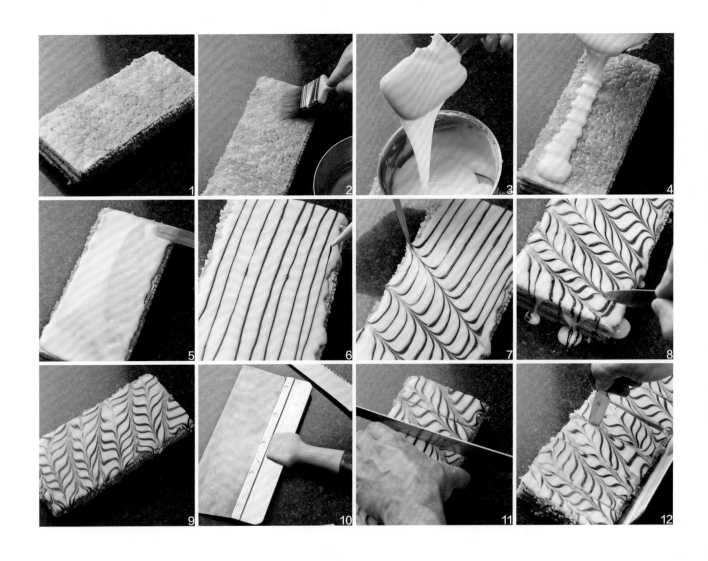

经典法式
糕点制作

基 础 面 团

炸 糕 面 糊

泡 芙 面 团

雪 茄 面 糊

可 丽 饼 面 糊

油 酥 面 团

千 层 饼 面 团

酥 饼 面 团

甜 酥 皮 面 团

自中世纪起，厨师们就已经用甜味和咸味配料的面糊在热油中烹饪了。带馅炸糕（法语为"begnets"，英语为"fritters"）各地都有，有些食谱用热面团做，另一些，如马铃薯馅炸糕，使用的是用啤酒调成的面糊。在甜味馅料中，最早用的是苹果，也是带馅炸糕中最受欢迎的馅料。带馅炸糕法语也称"pate à frire"。

炸糕面糊

制作方法

1. 用小号酱汁锅将黄油低热融化后待用。

2. 面粉过筛，置于搅拌盆中，并在中央做一井圈。在井中央处加入鸡蛋、盐和糖，并用铲子拌入面粉。

注 此阶段混合物起团粒为正常情形。

3. 倒入一半啤酒，并用打蛋器搅拌至混合物呈柔滑糊状。加入其余啤酒并搅拌调和。将少许此糊状物倒入融化的黄油中并将它们混合至柔滑。将此混合物倒回到糊状物中，并用胶皮刮刀搅拌。

注 如果面粉难以用胶皮刮刀搅拌，加点水。

4. 用胶皮刮刀或刮板将盆边刮干净，再用保鲜膜覆盖盆子。将此糊状物冷藏静置15~20分钟。如有必要可延长冷藏时间。

5. 将鸡蛋清搅打至湿性发泡，然后完全调和成炸糕面糊。

注 制备完成的炸糕面糊可用于制作各种点心。

参见各种具有炸糕面团特色的经典配方，包括杏酱苹果炸糕（apple fritters with apricot sauce/beignets aux pommes et sauce abricot）。

学习内容
制作炸糕面糊
打发蛋清

产量
约500克面糊

工具
搅拌盆，面筛，打蛋器，胶皮刮刀，保鲜膜，小号酱汁锅

配料

配料	
不加盐融化黄油	25毫升
面粉	250克
鸡蛋	2个
白糖	15克
盐	5克
啤酒，微温	150毫升
蛋清	3个
水（备用）	适量

　　泡芙面团在所有法式糕点中是最重要和应用最广泛的面团之一。许多制备物要用到泡芙面团，其中包括闪电泡芙（éclairs）、修女泡芙（religieuses）、泡芙塔（croquembouche）、芝士泡芙（gougères）、圣欧诺瑞蛋糕（gateau St.Honoré）及巴黎布雷斯特蛋糕（gateau Paris-Brest）。这种轻质精致糕点是非发面糕点。这种糕点因液体含量高而产生蒸汽，而高脂肪含量面团束缚了产生的蒸汽，从而得到轻质多孔质构。这样产生的内部多孔、外部松脆的结构，使得鸡蛋松软面团糕点非常适合用作内充馅料的面壳。

泡芙面团

制作方法

1. 准备泡芙面糊：将水、黄油、糖和盐在大锅中混合，并在中火下加热至沸。等黄油完全融化，并且糖和盐溶解以后，将锅从炉子上移走，然后加入面粉。用木铲搅拌混合；然后再用中火加热。用力搅拌至混合物不再粘木铲并且能从锅壁利落地铲除，能形成光滑球体。

2. 将混合物转移到一个干净的盆中冷却至微温。将鸡蛋逐个打入面糊中，也可将鸡蛋打在一起，再边搅拌边将鸡蛋缓缓加入面糊，同时注意面糊性状。此面糊应具有延展性并略有黏性、柔顺性和弹性。

注 制备完成的泡芙面团可用于制作各种点心。参见各种经典配方，包括闪电泡芙（é clairs）和泡芙塔（croquembouche）。

学习内容
制作泡芙面糊
制作泡芙面团

产量
830克面团

工具
木铲，大号搅拌盆，面刷，酱汁锅

配料

水	250毫升
黄油	100克
白糖	30克
盐	15克
面粉	150克
鸡蛋	5个
鸡蛋	1个

　　雪茄面糊是一种非常简单的面糊，但也是一种多用途面糊。这种制品取了一个相当倒胃口的名称，并不是因为它由烟叶制备，而是因为这种稀面糊常常被卷成雪茄状。一般这种面糊摊得很薄，然后在焙烤前卷成郁金香状。这种面糊也可在烤盘上摊薄，再浇上手指饼（ladyfinger）面糊或鸠康地饼（Joconde biscuit）面糊。

雪茄面糊

制作方法

1. 在一搅拌盆中，将黄油和糖粉搅打至起泡。

2. 加入蛋清并混合至柔滑。

3. 加入面粉，搅打均匀。

注 制备完成的雪茄面糊可用于造型或制作各种糕点。参见各种具有雪茄面糊特性的经典配方，包括雪茄酥饼（cigarette biscuit）和柠檬慕斯（lemon mousse）。

学习内容

制作雪茄面糊

产量

240克面糊

工具

搅拌盆，打蛋器

配料

黄油（室温）	60克
糖粉	60克
蛋清	60毫升
面粉	60克

　　虽然可丽饼面糊与许多其他糕点制品的基本配料相同，包括面粉、黄油、鸡蛋和牛乳，但其液体对面粉的高比例可确保烹饪后可丽饼整体上能维持柔软和水分。高液体比例可使面筋分散。可丽饼结构由被乳和蛋饱和的面粉产生和维持，鸡蛋蛋白质的凝固对可丽饼结构也有贡献。这是一种容易倾倒并具有可塑性的面糊，这种面糊可以摊得非常薄再进行烹饪。这样，可丽饼在糕点中比较独特，因为它们是在平底锅中烹饪得到的，而不是油炸或焙烤得到的。法文可丽饼单词"crêpes"源于拉丁语单词"crispus"，意为"卷曲的"或"波浪的"。如此称呼是因为其薄片性状非常适用于卷包其他配料。可丽饼面糊中加糖或盐便可得到甜味或咸味可丽饼，因此可丽饼面糊应用相当广。最为普通的可丽饼是甜味可丽饼。可丽饼可就水果冰淇淋食用，也可喷糖浆后单独吃，这种可丽饼确实是一种可口的甜食。

可丽饼面糊

制作方法

甜味可丽饼

1.　在小号酱汁锅中用中火融化黄油，备用。面粉过筛到搅拌盆中，并在中央做一个井圈。

2.　将糖和少许盐加入井圈中，并倒入鸡蛋。搅打鸡蛋，缓缓从边上调入面粉。

3.　调入一半面粉时，加入融化的黄油。继续搅打直到调入所有面粉且得到柔滑混合物。

4.　边用打蛋器搅动面糊边缓缓加入牛乳。

5.　用削皮刀切开香草豆荚并将种子刮出。将香草种子、橙皮和柠檬皮加入（同时受到搅拌的）面糊中。如果使用切碎的薄荷，最后要搅打。

6.　为使面糊增稠，要用保鲜膜盖住搅拌盆并至少在冷藏室静置1小时。或者，于室温下静置2小时，然后马上使用。

咸味可丽饼

1.　在小号酱汁锅中用中火融化黄油，备用。面粉过筛到搅拌盆中，并在中央做一个井圈。

2.　将盐加入井圈中，并倒入鸡蛋。

3.　搅打鸡蛋，缓缓调入边上的面粉。

4.　调入一半面粉时，加入融化的黄油。继续搅打到调入所有面粉并得到柔滑的混合物。

5.　边用打蛋器搅动面糊边缓缓加入牛乳。如果使用香草，最后要搅打。

6.　为使面糊增稠，要用保鲜膜盖住搅拌盆并至少在冷藏室静置1小时。或者，室温下静置2小时，然后马上使用。

注　制备完成的可丽饼面糊可用于制备各种点心。参见各种具有可丽饼面糊特性的经典配方，包括可丽舒芙里（crêpes soufflé）和 甜可丽饼（crêpes aux sucre）。

学习内容	
制作可丽饼面糊	
产量	
500毫升面糊	
工具	
厨刀，小雕刻刀，刨丝器，打蛋器，搅拌盆，面筛，小号酱汁锅	
配料	
面粉	120克
盐	少许
鸡蛋	2个
黄油	60克
牛乳	250毫升
甜味可丽饼	
糖	30克
香草豆荚	1根
橙皮	1张
柠檬皮	1张
切碎薄荷（可选）	适量
咸味可丽饼饼	
盐	5克
切碎香芹	适量
切碎香葱	适量
切碎细叶芹	适量

1913年版《实用糕点技术》（*la Patisserie Pratique*）一书中，亨利·贝拉帕特在酥性糕点面团生产评论中建议，为使不必要的面团弹性放松，面团静置时间应尽量长。他提醒到，如果面团具有韧性，则焙烤后会像纸板一样。而且，如果面团有韧性，则它会收缩，从而会导致塔饼馅料外溢。

油酥面团

制作方法

1. 面粉过筛到干净的工作台面上，并用刮板在中央做一个大井圈。

2. 将切成丁的冷黄油置于井圈中央。用手指将黄油捏到面粉中，同时用刮板叠压混合物。继续叠压到黄油松散并被面粉裹住。

3. 用手掌将混合物搓成细砂状。

4. 用刮板将混合物刮齐成堆，并在中央做一个井圈。将盐、水和鸡蛋加入井圈。用手指将这些配料拌和在一起，然后逐渐将边上的干配料调入，最后井圈中央的混合物成为膏状。

5. 利用刮板叠压运动将其余干配料纳入到混合物中。翻动混合物，并继续进行叠压，使其成为松散面团。用手掌根用力搓面团，确保所有团块消失。将面团刮在一起，重复搓面操作直到面团成为均匀体。

6. 将面团做成球，用保鲜膜裹起来，拍成饼状。将面团于冷藏条件下静置至少30分钟（最好过夜）。

注 像面包面团一样揉捏油酥面团会促进形成面筋弹性，从而导致形成发硬，发韧的糕点。这就是为什么利用叠压运动可得到满意结果的原因。

注 制备完成的油酥面团可用于成形，或用于制备各种点心。参见各种具有油酥面团特征的经典配方，包括加焦糖（caramel）和吉布斯特酱（chiboust cream）的奶油泡芙（cream puff cake）

学习内容	
制作油酥面团	
砂状搓揉法	

产量	
直径20~22厘米塔饼	

工具	
面筛，塑料刮板，保鲜膜	

配料	
面粉	200克
冷黄油丁	100克
鸡蛋	1个
盐	5克
冷水	5毫升

千层饼面团

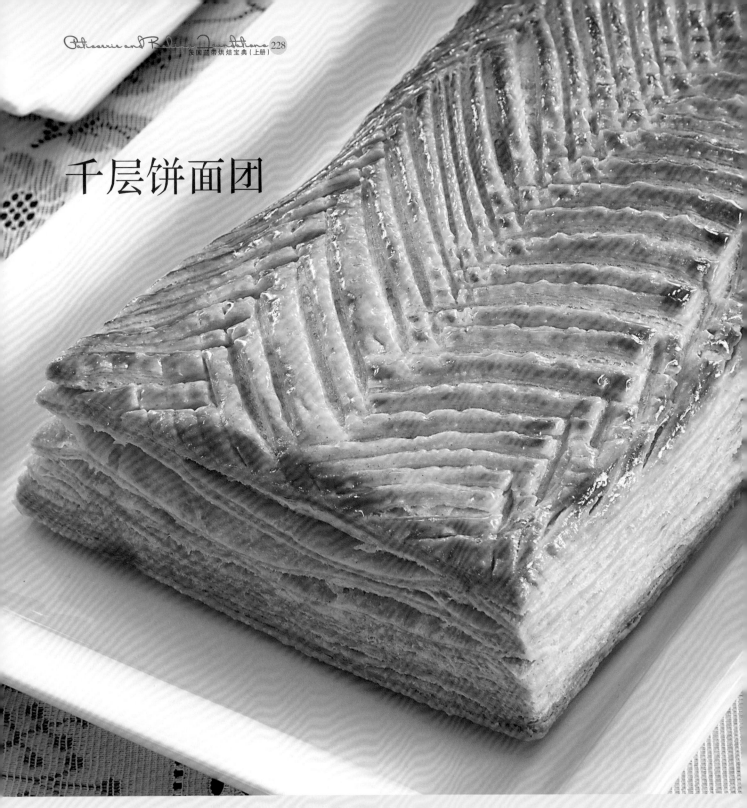

　　有关千层饼的理论有许多。然而，历史学家认为这种制品出现于欧洲文艺复兴时期（约15世纪）。到了16世纪，这种糕点相当流行，巴黎一个修道院专门开发千层饼（feuillantine pastry）糕点，这种产品的订单品名用的是"Les Feuillantines"。千层饼（法文名为"pate feuilletée"或"pate feuilletage"，英文名为"puff pastry"）的特征是有许多含空气薄层面皮，这种含气效果由含黄油面团束缚蒸汽所致。

制作方法

包酥面团

1. 将面粉过筛到干净的工作台面上，并用刮板在中央做一个大井圈。

2. 加入切成丁的黄油，用手指将黄油调和到面粉中。当面粉、黄油和水混合在一起时，用刮板将配料叠压在一起，直到呈现松散面团。如果面团太干，洒一些水。

3. 一旦所有残余面粉痕迹消失，将面团做成球，用大刀在球顶切一个十字口。

4. 将完成的包酥面团用保鲜膜宽松地包住，并转移到冰箱冷藏室静置至少1小时（最好过夜）。

注 包酥面团指的是加入黄油层以前的面团。

包入黄油并折叠面团

1. 将冷黄油置于两张油纸间，用擀面杖敲击使其质地变得与包酥面团类似。

2. 用刮板将黄油切成1厘米厚的方块。将黄油置于一边；如果糕点房较暖和，将它置于冷藏室。

3. 在干净工作台面上稍撒些面粉，然后打开包住的包酥面团，将其置于撒有面粉的台面上。

4. 根据包酥面团切痕，将面团朝四个角滚碾成十字形。注意保持面团中央比四周厚的状态（这在朝外滚碾面团和黄油时很关键）。将方块黄油置于十字形面团中央，并将两侧面带折到其上面，并使其在中央略微搭接在一起（操作时注意不要使面体形成空气泡）。将面团转动90°角，将余下的两条面带折叠到黄油中央，将黄油完全包围住。将面皮搭接缝压实。

5. 用擀面杖轻轻敲打面团，使内部黄油分布均匀。将面团转动90°角重复敲打过程。这一过程称为包封黄油。

折叠（六折）

1. 第一折和第二折：朝外将面团均匀滚压延伸构成长方形，长度为原始包封状长度的三倍，或1厘米厚。将任何多余面粉刷除。

2. 将近身处1/3面团向上折；然后将远身处的1/3面团折到第一折面团上。确保面团边整齐。将面团转90°角，并重复相同的滚压过程。确保始终将多除的面粉刷除。

3. 重复折叠过程（近身1/3朝上折，远身1/3折起搭接到第一次折叠面团上），并将面团朝右转90°角。在面团左上角按两个手指印。

注 这些标记表示面团经过的折叠次数；它们也为随后的折叠标示位置。

　　用保鲜膜包裹面团并将其转移到冷藏室静置至少20分钟。经过两次折叠的

学习内容
制作千层饼面团
制作包酥面团

产量
1.2千克

工具
厨刀，面筛，塑料刮板，擀面杖，
焙烤刷，保鲜膜

配料

配料	
面粉	500克
水	210毫升
黄油（室温）	200克
盐	10克
黄油	200克
撒粉用面粉	适量

面团称为佩顿（paton）。

4.　第三折和第四折：在工作台面上轻轻撒些面粉。从冷藏室将面团取出，去除保鲜膜，置于撒有面粉的台面（将有二手指印的角置于左上方）。对面团进行第三次和第四次折叠（滚压和折叠方式与第一次、第二次折叠操作相同。在面团左上角按四个手指印，然后用保鲜膜包裹面团并将其再放回冷藏室静置至少20分钟。

5.　第五折和第六折：在工作台面上轻轻撒些面粉。从冷藏室将面团取出，去除保鲜膜，置于撒有面粉的台面上（将有手指印的角置于左上方）。对面团进行最后两次折叠操作，滚压和折叠方式与前面相同。用保鲜膜包裹面团并将其再放回冷藏室静置至少20分钟，然后取出进行滚碾（面团静置时间越长，操作性能越好）。

注　制备完成的千层饼面团可用于制备各种点心。参见各种具有千层饼面团特性的经典配方，包括主显节蛋糕（epiphany cake / galette des Rois）、苹果酥盒（apple turnovers/chaussons aux pommes），以及蜗牛酥盒（escargots in puff pastry/boucheés d'escargots）。

小窍门　由于包酥面团与黄油具有相同性状，因此有必要按以上介绍方式完成折叠。使面团在前后折叠之间过冷，会使黄油变得太硬，并且在滚碾时开裂。确保要为这些折叠操作留出足够的时间。

　　酥饼糕点面团（shortbread pastry dough）在技术上也是酥皮糕点面团（shortcrust pastry dough）的另一种形式。酥饼面团的高黄油含量使其具有独特的易碎砂感质地。这种面团与"砂"联系在一起的另一个原因是这种面团首先要将面粉与黄油混合成砂质状。这一步骤的结果是每一面粉粒子被脂肪包裹隔离。这种面粉散粒隔离抑制了面筋键的形成，从而使成品面团具有易碎质地。加入泡打粉可使这种面团较适合于制作茶点（曲奇饼），而不太适合制作糕点外皮。

酥饼面团

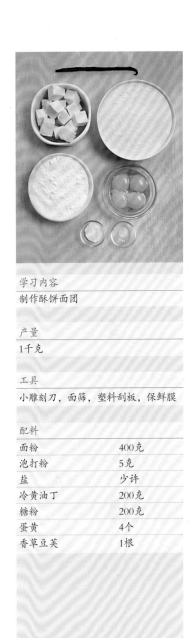

制作方法

1. 面粉和泡打粉过筛到干净的工作台面上。

2. 在过筛配料上撒盐，然后用刮板在中央做一个大井圈。将切成丁的冷黄油置于井圈中央。用手指将黄油捏到面粉中，同时用刮板叠压混合物。继续叠压到黄油松散并为面粉裹住。

3. 用手掌将混合物搓成细砂状。

4. 用刮板将混合物刮齐成堆，并在中央做一个井圈。

5. 将香草豆荚破开，刮出种子投入到井圈内。加入糖粉和鸡蛋黄。用手指将这些配料搅拌在一起，同时用刮板逐渐将边上的干配料调和进混合物。

6. 继续这一过程直到中央混合物呈面团状。

7. 将所有配料集到一起，并用刮板重复对其进行叠压。继续这一过程直到混合物形成均匀面团。

8. 用手掌根，用力将跟前的面团往外搓，以确保所有团块消失。用刮板将面团往上铲，并重复搓面操作直到面团光滑。将面团做成球，用保鲜膜包裹起来，并用手拍成圆饼状。将面团转移到冷藏室静置至少30分钟（最好过夜）。

注 制备完成的酥饼面团可用于制备各种点心。参见各种具有酥饼面团特性的经典配方，包括花纹饼干（checkered biscuits/sables hollandais）等。

学习内容	
制作酥饼面团	
产量	
1千克	
工具	
小雕刻刀，面筛，塑料刮板，保鲜膜	
配料	
面粉	400克
泡打粉	5克
盐	少许
冷黄油丁	200克
糖粉	200克
蛋黄	4个
香草豆荚	1根

甜酥皮面团（sweet shortcrust pastry dough/Pate sucrée）类似于酥饼面团（shorbread pastry dough / pate sablée），具有易碎特点，原因是其含有高浓度黄油，也由于其采用了糖油搓揉技术。这种面团主要用作塔皮糕点壳。

甜酥皮面团

制作方法

1. 将面粉过筛到干净的工作台面上，并集成整齐粉堆。糖粉在面粉前面单独过筛成堆。利用刮板将盐撒到糖粉堆上，然后在这些干配料中央做一大井圈。

注 在以下步骤中，保持一只手干净干燥（用于握刮板）而用另一只手拌和湿配料。

2. 将黄油加入糖粉中央，并用手将它捏软。利用刮板逐渐将边上的糖粉调和到黄油中，同时用手将它们混合起来，一直操作到两者完全混合在一起。

3. 将鸡蛋加入到黄油和糖中，并用手指混合，略起团块。在混合物中加入香草提取物，并用手指将它完全混合到混合物中。

4. 用刮板逐渐加入一些面粉到乳化了的配料中，同时用手指混合。继续操作直到混合物成为稠厚面糊。利用刮板逐渐加入余下的面粉，直到形成松散面团。

5. 用手掌根将面团向前搓，使团块完全消失。用刮板将面团铲在一起，重复搓面动作直到形成光滑面团。将面团做成光滑球，用保鲜膜包起来，用手拍成圆饼状。此面团在冷藏室静置至少30分钟（最好过夜）。

注 制备完成的甜酥皮面团可用于制备各种点心。参见各种具有甜酥皮面团特性的经典配方，包括草莓塔（strawberry tart/tarte aux fraises）、果馅塔（flan tart/flan boulanger）和苹果塔（apple tart/tarte aux pommes）。

学习内容

制作甜酥皮面团
糖油搓揉法

产量

450克面团
两个直径20厘米的塔皮

工具

小雕刻刀，面筛，塑料刮板

配料

配料	
面粉	200克
糖粉	100克
盐	少许
黄油丁	100克
蛋黄	3个
香草提取物	1茶匙

发 酵 面 团

布 里 欧 面 团

可 颂 面 团

法 棍 面 包 面 团

起 子 面 团

甜 发 酵 面 团

布里欧（brioche）是一种含有大量鸡蛋和黄油的面包，具有湿润柔软质地。布里欧面包的甜点特点更突出，被认为是一种发酵的维也纳面包（viennoiserie）。布里欧配方出现于中世纪欧洲。"brioche（布里欧）"一词源于旧法文单词"bris"（意为打破）和"hocher"（意为搅拌），指揉制这种面包面团的过程。

布里欧面团

制作方法

1. 将微温牛乳倒入盆中，加入酵母后置于一边。乳温很关键。如果乳太冷，则无法活化酵母，太热会杀死酵母。如果是冷乳，将它置于酱汁锅中用小火加热到32℃后再加入酵母。

2. 将鸡蛋和糖置于盆中用打蛋器混合。面粉过筛到干净干燥工作台面，加盐，然后用刮板在中央做一大井圈。在井圈中央倒微温的（32℃）牛乳和酵母混合物及鸡蛋液。用手指将这些混合物充分混合均匀，同时用刮板从边上加入少量面粉。继续将中央混合物操作成稠糊状。将所有配料集在一起，用手掌根将它们搓匀。

3. 用手掌根将面团从近身处朝外搓开。

注 此时，湿面团应当能够粘在工作台面上。如果不能粘台面，再加些乳，一次加一匙，直到出现所需要的性状。

4. 重复将面团朝外搓再自身折叠的操作，直到面团起弹性不再发黏为止。

5. 在面团中加发软的黄油小块，并将面团折起来包住黄油。将此面团中的黄油捏和均匀。重复将面团用力掷到工作面上再折叠起来的操作，直到面团形成面筋。

6. 将面团滚成球，稍撒些面粉，置于干净盆中。用湿布将盆罩住，在温暖环境或醒发室让其醒发到体积增大一倍。

7. 将发起的面团转移到撒有面粉的工作台面，揿出所有的空气泡。再将面团滚成球，稍撒上些面粉，再放回到盆中进行第二次醒发。面团可在冷藏室醒发过夜，或者为了加快，也可在温暖环境或醒发室醒发。

注 制备完成的布里欧面团可用于制作各种点心。参见各种具有布里欧面团特征的经典配方，包括布里欧面包（brioche bread）、外交官蛋糕（diplomate cake/diplomat）和洛林蛋糕（lorraine cake/gateau）。

学习内容
制作一个布里欧面团

产量
1千克面团

工具
搅拌盆，洁净厨房毛巾，塑料刮板

配料

配料	
微温牛乳	125毫升
鲜酵母	15克
鸡蛋	4个
白糖	30克
过筛面粉	500克
盐	5克
黄油（室温）	250g克
搅打过的鸡蛋	2个
撒粉用面粉	适量

可颂面团

可颂（croissant）在所有法式糕点中，是一种最具形象特征的糕点，这就是为什么人们了解到它并非源于法国后会感到惊讶的原因。据认为，可颂是为纪念1683年战胜奥斯曼土耳其人对维也纳围攻而创作的糕点。故事是这样的，土耳其人企图乘奥地利人入睡时通过在城墙下挖地道的方式入侵奥地利。那天凌晨唯一没有睡觉的是为当天市场准备产品的面包师们。其中一位面包师听到土耳其军队挖洞的声音，拉响了警报，从而终止了土耳其人的入侵活动。这位英雄面包师的唯一要求是，允许他单独焙烤纪念此次胜利的糕点。这位面包师为其新产品选择了伊斯兰教新月形造型。这位奥地利面包师的英勇事迹使当今人们能够享受这种具脆性、富含黄油、易落薄片和可口的可颂面包，这是一种当今世界最为流行的维也纳糕点之一。

新月形通常只用于人造奶油可颂面包；纯黄油可颂面包一般做成直条形。

制作方法

制备包酥面团

1. 在小盆中将（约32℃的）微温水与酵母混合。

2. 面粉过筛到干净工作台面，并用刮板在中央做一个井圈。将糖和盐加在井圈中，然后搅拌加入融化的黄油、溶解的酵母及一半乳。用手指搅拌配料，缓缓地加入井圈边的面粉。混合物呈现黏滞状时加入其余乳，并继续混合操作。

3. 当所有液体与面粉混合完后，将所有配料集在一起，并用刮板将它们混合成面团。轻揉面团，将其做成球。用大刀在面团顶切出一个十字形口子，并用保鲜膜将此制备成的包酥面团松包住，置于冷藏室静置至少20分钟（最好过夜）。

注 包酥面团是指加入黄油以前的面团。虽然加入黄油的过程与千层饼的方法相同，但可颂面团是用酵母发酵的面团，它比千层饼面团的弹性要大得多。

包入黄油并折叠面团

1. 将冷黄油置于两张油纸间，用擀面杖将其敲击到呈现与包酥面团类似的性状。

2. 用刮板将黄油塑造成厚度约2厘米、大小与包酥面团球大致相同的方块。如果厨房较热，将黄油置于冷藏室，或置于冷工作台面上。

3. 轻轻在工作面上撒些面粉。取走包酥面团保鲜膜，置于撒过面粉的工作台面上。

4. 根据面团上的十字刀痕，将包酥面团滚碾成十字形。十字形的中央部位厚度应略大于四侧面皮的厚度。

5. 将方块黄油置于十字形面团中央，并将两边面带朝上折叠，使其在中间稍微搭接在一起（操作时注意不要使任何空气裹到面团中）。将面团转90°角，将余下的两侧面带折叠到黄油上面，不使任何黄油露出。压实面带搭接缝。

6. 用擀面杖轻轻敲击面团使内部黄油分布均匀。将面团转90°，重复敲击操作。最后得到包封面团。

折叠（三折）

1. 第一折：将包封面团均匀滚碾成长度为原始长度两倍，或厚度约1厘米的长方形。刷除任何多余面粉。将1/3近身面团朝上翻折；然后将1/3远身面团朝上翻折搭接在第一折面团上。确保边缘整齐。将面团右转90°角，使面皮搭接缝在左侧，在面团左上角用手指压一个指印。

注 这些指印用于提醒面团已经折叠的次数；它们也用于指示后面折叠的面团位置。

2. 用保鲜膜将面团包裹起来，转移到冷藏室静置15~20分钟。

3. 第二折：在工作台面上轻撒些面粉。将面团从冷藏室取出并除去保鲜膜，置于撒过面粉的工作面上（使面团的手指印在左上角）。重复折叠操作（底1/3

学习内容

制作发酵面团
发酵面团叠层

产量

2千克面团

工具

搅拌盆，面筛，木铲，洁净厨房毛巾，擀面杖，刷子，大张油纸，保鲜膜，烤盘

配料

配料	用量
水	180毫升
鲜酵母	15克
面粉	500克
白糖	60克
盐	5克
黄油（融化）	5毫升
牛乳	150毫升
黄油	250克
撒粉用面粉	适量

向上，上侧1/3向下翻搭接到第一折面皮上），然后将面团右转90°。在面团左上角压两个手指印，然后用保鲜膜裹住，放回到冷藏室静置15~20分钟。

4. 第三折：在工作台面上轻撒些面粉。将面团从冷藏室取出并除去保鲜膜，置于撒过面粉的工作面上（使面团的两个手指印在左上角）。（以第一次和第二次折叠相同的方式）对面团进行第三折叠操作。在面团左上角压三个手指印，然后用保鲜膜裹住，放回到冷藏室静置到使用时。

注　制备完成的可颂面团可用于制作各种点心。参见各种具有可颂面团特征的经典配方，包括可颂面包（criossants /pains aux criossants）、葡萄干可颂（raisin criossants/pain aux raisins）和巧克力可颂（chocolate criossants / pain aux chocolat）。

　　还有什么比法棍（baguette）更具法国特色？法棍已是全球性法国标志，如果用餐时未吃到法棍，大多数法国人会说还未用过餐。虽然法律没有规定，但标准法棍重量范围在200~250克。比法棍大些的同类圆形面包（pain），重量范围在400~450克。这是一种正宗日常面包。法棍的法文名源于拉丁单词"baculum"，意为棍子。人们说起法国，就会自然联想到葡萄酒、奶酪，以及外脆内软的可口法棍面包。奇怪的是，据认为，这种纯粹法国主食其实并非源于法国。普遍认为，现代法棍可能在蒸汽注入烤箱发明以后才出现，并且最早由19世纪奥地利维也纳面包师创造。难怪法国人一直苦苦地为法棍正名而争辩，并且出现了许多有关法棍起源的传说。其中最有趣的一个传说是，法棍是拿破仑与俄罗斯战争期间法军士兵用风衣输送面包而出现的面包形式。

法棍面包面团

制作方法

1. 将面粉置于干净台面上，并用刮板在中央做一个井圈。将酵母弄碎后投入井圈中，其后加盐。将大部分微温（32℃）水加入到面粉中，并用手指混合到酵母溶解为止。加入发酵面团混合均匀。逐渐加入面粉，直到混合物成为一个粗糙球体，如果需要加些水。

2. 将面团揉搓至光滑不再粘手。将其置于一只稍撒面粉的盆中，用一块布罩上，让其醒发约90分钟，使其体积加倍。

3. 将面团取出置于稍撒面粉的工作台面上，将其分成8~9块。

4. 将每块小面团拍成椭圆长条。握住顶端1/3折到下面，并用手掌将缝隙封掉。用手掌将另一端1/3向上拆封起来。

5. 将面团朝下折使其与下边缘相接，并如前面一样将接缝用手掌封起来。接缝朝下滚动面团。从中间起，一边前后滚动面团一边手向外移。重复操作若干次，直到呈现窄长条面团为止。将面团置于法棍盘，用布罩住，使其醒发60~90分钟，体积增倍。

注 法棍面包面团可用于制作法棍面包。参见经典配方的法棍面包做法。

学习内容
制作使用面肥的基础面团
法棍面团成形

产量
8~9条法棍面包（200~250g）或4~5个法式圆面包（400~500克）

工具
剃须刀片或美工刀，搅拌盆，洁净厨房毛巾，法棍烤盘

配料

配料	
面粉	1千克
面肥	40克
盐	20克
温水	600毫升
面肥（发酵面团）	250克
撒粉用面粉	适量

　　起子面团是一种用酵母发酵的面团。这种发酵过程起着培养酵母的作用，因此可以作为起子，使其他面包面团启动发酵过程。因此，起子面团是一种载有面包制作所需酵母的活性面团。这意味着，一份起子面团可以分成多份，用于启动许多不同的面团。也可以省下一部分面团，加入水和面粉产生新的起子面团。这种活性面团可以不断培养下去，持续发生提供恒定风味的发酵。另外值得注意的是，含盐的起子面团才称为"levain"，而不含盐的起子称为"biga"（酵头）。

　　根据水源情形，必要时可用瓶装水。某些国家或地区的水可能受到氯化或硫化处理过，这对起子面团中的酵母有不利影响。

起子面团

制作方法

1. 将面粉装入一盆中，并在中间做一个井圈。将酵母弄碎加入井圈中，并将大部分水加入。

2. 混合使酵母溶化，然后逐渐加入面粉。如果太干，加入余下的水。将配料混合成发黏的软面团。

3. 用湿布罩住盆子静置发酵过夜。

注　制备成的起子面团可用于制作各式点心。参见各种包含起子面团的经典配方，包括法棍面包。

学习内容
制作起子面团

产量
约2千克面团

工具
搅拌盆，洁净厨房毛巾

配料

面粉	1千克
面包酵母	30克
水	600~800毫升

　　从早期人类文明起，人们就一直受到加甜味剂面包面团的困扰。"pate levée sucrée（甜发酵面团）"指既加酵母又加糖的面团。传统上加糖的非发酵面团用于做塔饼壳，用酵母发酵的面团更常用于制作早餐或面包卷点心，也常用于制作肉桂卷（cinnamon roll）或巴布卡糕（babka）之类面包。制作甜发酵面团时值得注意的一点是，加糖抑制酵母的生长，因此，必须对添加酵母量进行补偿，以使面团在焙烤时得到充分膨发。

甜发酵面团

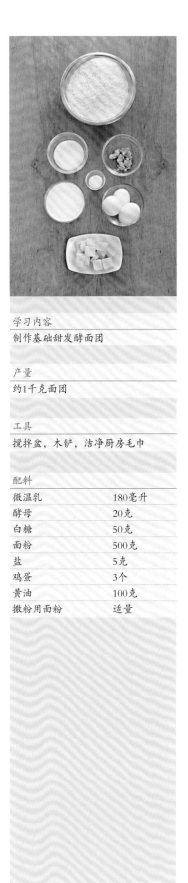

制作方法

1. 将微温（32℃）乳加入盆中，并将酵母和糖溶入其中。加入一些面粉制成糊状物，置于一边醒发10~15分钟。

2. 在上述糊状物中搅拌加入盐、鸡蛋和黄油，然后缓缓加入余下的面粉，形成面团。将面团转移到撒过面粉的工作台面开始进行揉面，添加一些面粉防止发黏。如果面团太硬，在面团上洒点水。继续将面团揉成光滑不再发黏为止。将面团置于一涂过油的盆中，加盖，静置醒发约2小时，使面团体积增倍。

3. 醒发完毕，将面团下压，并转移到干净工作台面。将面团揉至光滑。根据需要对面团造型，然后加盖对面团进行第二次醒发，醒发时间约1小时。

注 制备成的甜发酵面团可用于制作各式点心。参见各种包含甜发酵面团特色的经典配方，包括肉桂卷（cinnamon rolls/rouleaux de cannelle）。

学习内容	
制作基础甜发酵面团	

产量	
约1千克面团	

工具	
搅拌盆，木铲，洁净厨房毛巾	

配料	
微温乳	180毫升
酵母	20克
白糖	50克
面粉	500克
盐	5克
鸡蛋	3个
黄油	100克
撒粉用面粉	适量

奶 油 与 蛋 白 霜

除了少许面粉和玉米淀粉用作增稠剂以外，英式奶油在制备方式和配料方面类似于糕点奶油。然而它们的性状和应用大不相同。这种浇用奶油具有广泛用途，例如可以用作甜食伴侣（如夏洛特），也可作为冰淇淋基料。贝拉帕特在《现代烹饪艺术》（*L'Art culinaire Moderne*）一书中给出了一般建议"如果不巧由于煮过头而使英式奶油分离，可使劲搅打加入少许冷乳或稀奶油"。他进一步指出，这只能使部分英式奶油恢复原状。

英式奶油

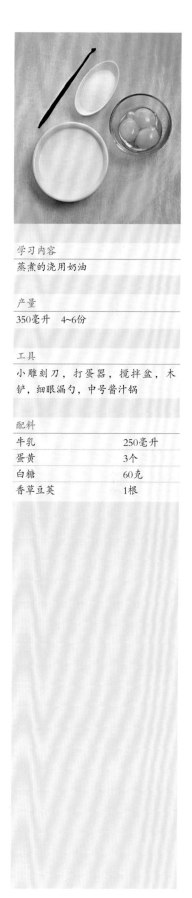

制作方法

1. 将牛乳倒入中号酱汁锅中，用中火加热至微沸。用小刀劈开香草豆荚，从豆荚两边刮出种子，与豆荚一起加入乳中，充分搅拌。

2. 将蛋黄置于搅拌盆中，加入白糖后立即进行搅打，继续搅打至糖完全溶解且混合物颜色呈灰白。

3. 乳加热好后，边搅动边将约1/3热乳加到蛋黄中调和。搅拌使混合均匀，且温度均匀。

4. 将调和后的蛋黄倒入留有热乳的锅中，用木铲搅拌。这里可以选择将香草种子加入到乳中。将锅置于低火下，以8字形形式搅拌。随着搅拌进行，表面出现的泡沫会消失；同时，液体会开始变稠，并成为似油性状。继续加热到增稠并能够裹在木铲背上，并能在上面留下明显手指印。

5. 将锅从炉子取下，用细筛将这种英式奶油过滤到一只（置于冰盆中的）干净盆中。用木铲对其进行来回搅拌，直到冷却。

6. 用保鲜膜盖住盆，将其置于冷藏室至需用时取出。

小窍门 英式奶油应当用75~85℃之间温度加热，建议初学者用数字式温度计。

注 制备完成的英式奶油可用于制作各种点心。参见各种具有英式奶油特征的经典完整配方，包括外交官蛋糕（diplomate cake/diplomt），蛋白蛋糕（floating Island/iles flottante）及苹果夏洛特蛋糕（apple charlotte/charlotte aux pommes）。

学习内容
蒸煮的浇用奶油

产量
350毫升　4~6份

工具
小雕刻刀，打蛋器，搅拌盆，木铲，细眼漏勺，中号酱汁锅

配料	
牛乳	250毫升
蛋黄	3个
白糖	60克
香草豆荚	1根

黄油糖霜

制作方法

1. 糖和水用中号酱汁锅置于中火煮至软球阶段（121℃）。同时，将蛋黄置于搅拌盆中。当糖浆达到软球阶段，缓缓浇到蛋黄上，同时连续搅打。继续搅打至混合物变稠、呈灰白色，且当打蛋器提起时产生带状丝为止。这种混合物是一种"蛋黄糖浆（pate à bombe）"。

2. 搅打蛋黄糖浆至盆子触摸刚好温暖，然后加入所有黄油。用打蛋器使劲搅拌至混合物均匀，并且稠厚至能自己保持形状。对于白色黄油糖霜，继续搅打。

3. 根据需要对黄油糖霜调风味。

小窍门 为了解糖煮到什么程度，先将两指尖及拇指浸入冷水，然后迅速捞取一小滴沸糖浆，再立即将手指放回冷水中。如果糖浆形成可塑性球，则已经达到软球阶段（121℃）。如果糖太软不能形成球，则需要继续加热。如果糖形成硬球，则糖已经煮过头，需要重新开始制备糖浆。

注 制备完成的黄油糖霜可用于制作各种点心。参见各种具有黄油糖霜特征的经典完整配方，包括树根蛋糕（yule log/buche de noel）、奶油咖啡海绵蛋糕（coffee buttercream sponge cake/moka），及榛果奶油蛋糕（hazelnut buttercream meringue cake/succès）。

学习内容

糖煮至软球阶段
制作蛋黄糖浆
制作黄油糖霜

产量

约620克

工具

盆，铲，面刷，打蛋器，中号酱汁锅

配料

白糖	180克
水	60毫升
蛋黄	6个
黄油	360克
风味物	
香草提取物／香草豆	适量
咖啡提取物	适量
不加糖巧克力（融化）	适量

　　这种简单的多空气奶油制备物以"Chantilly（尚蒂伊）"冠名，无疑会使人联想起位于巴黎北部的尚蒂伊城堡（Chàteau Chantilly）。18世纪，尚蒂伊城堡的主人是孔代公主，她经常在此城堡招待路易十四及其他王室成员，其厨房由著名的瓦德勒（Vatel）掌管（而他闻名于世的轶事是，由于所需鱼无法及时送达而自杀）。尚蒂伊奶油（crème Chantilly）不能与鲜奶油（crème fouettée／whipped cream）混淆，后者是不加糖的。

尚蒂伊奶油

制作方法

1. 将盆置于冷藏或冷冻室冷却。

2. 将奶油倒入盆中，并加糖和香草提取物。开始搅打，打蛋器以圆周方式运动，使混合物纳入空气。

3. 如用于其他混合物，搅打至湿性发泡，如作为点缀物使用，搅打至干性发泡。

注　糖和香草用量可根据口味或尚蒂伊奶油的用途而进行调整。一般加糖量为奶油量的10%。

　　制备完成的尚蒂伊奶油可用于制作各种点心。参见各种具有加糖搅打奶油特征的经典完整配方，包括萨伐仑水果蛋糕（savarin cake with fruit/savrin aux fuits et a la creme）、洛林蛋糕（lorraine cake/ gateau lorraine），及马拉可夫夏洛特（malakoff charlotte/ charllotte malakoff）。

学习内容	
打发奶油	
产量	
1升奶油	
工具	
盆，球形打蛋器	
配料	
重奶油或鲜奶油	1升
砂糖或糖粉	100克
香草提取物	15毫升

吉布斯特奶油（crème chibouste）本质上是一种添加（通常以明胶作稳定剂的）蛋白霜的糕点奶油（crème patissière）。这种奶油1846年由巴黎厨师吉布斯特（Chibouste）发明，这种奶油是其签名发明的圣欧诺瑞蛋糕（Gateau St.Honoré）的主要部分。

吉布斯特奶油

制作方法

1. 将明胶片泡在非常冷的水中直至完全发软。

2. 制备糕点奶油：将牛乳倒入中号酱汁锅中。将香草豆荚沿长条方向破开，把种子刮入乳中，并用中火将乳加热至沸。乳中加入1/4糖量，搅拌使其溶解。

3. 同时将蛋黄装在一个小盆中，加入余下的糖。将糖搅打进蛋直到其完全溶解，并且蛋黄颜色变淡。在蛋黄中加入玉米淀粉，搅拌均匀。

4. 待乳煮沸时将其从灶上取走，并将1/3倒入蛋黄。充分搅拌调和蛋黄，然后将调和的蛋黄搅打进热乳锅中。再将锅放到灶上加热到此糕点奶油起泡。继续搅打（确保打蛋器沿锅角搅打），并加热1分钟，以便煮透淀粉。糕点奶油会变得很稠。将糕点奶油转移到干净盆中。

5. 挤掉明胶片多余水分，然后利用打蛋器将其搅拌加入热糕点奶油中。用一小块插在餐叉上的冷黄油，在糕点奶油表面搅动，使其产生一层保护性膜。此糕点奶油于室温静置待用。

6. 制备意式蛋白霜：在大搅拌盆中用球形打蛋器将蛋清搅打起泡。置于一边。糖加水装于酱汁锅在中高火下煮至软球阶段（121℃）。同时，将蛋清搅打至湿性发泡。一旦糖浆煮至软球阶段，缓缓浇入蛋清，同时不停地搅打。继续搅打至蛋白霜坚挺，然后再冷却至室温。备用。

7. 将糕点奶油搅打至光滑有弹性。将一半糕点奶油加入意式蛋白霜，并用胶皮刮刀调匀。加入另一半糕点奶油，再将混合物调匀。

8. 吉布斯特奶油应当在明胶凝固前立即装入裱花袋或使用。

注 制备完成的吉布斯特奶油可用于制作各种点心。参见各种具有吉布斯特奶油特征的经典完整配方，包括圣欧诺瑞蛋糕（gateau st.Honoré）等。

学习内容
制作糕点奶油
调温
制作意式蛋白霜
使用明胶

产量
1.4升成品奶油

工具
搅拌盆，打蛋器，胶皮刮刀，酱汁锅

配料

牛乳	500毫升
香草豆荚	1根
白砂糖	60克
蛋黄	8个
玉米淀粉	40克
明胶片	6片
意式蛋白霜	
蛋清	8个
白砂糖	400克
水	120毫升

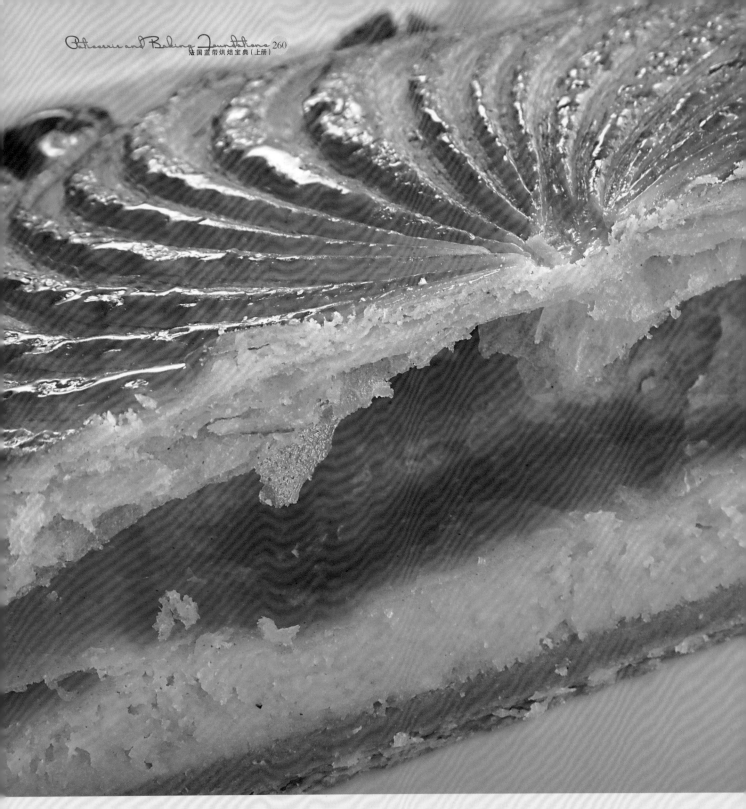

杏仁粉在杏仁奶油中起增稠和风味剂双重作用。拉康在《糕点的历史和地理回忆》（*Mémorial Historique de la Patisserie*）一书中提到"杏仁奶油配方有许多种，我喜欢最好的一种"。

杏仁奶油

制作方法

1. 在一盆中将黄油和糖乳化成轻质泡沫性状。

2. 将鸡蛋搅打均匀。

3. 用小刀将香草豆荚破开，刮出种子。将种子搅打加入混合物中。

4. 加入朗姆酒，最后加入杏仁粉混合均匀。

5. 将杏仁奶油装在带盖盆中，冷藏，待用。

注　制备完成的杏仁奶油可用于制作各种点心。参见各种具有杏仁奶油特征的经典完整配方，包括杏仁奶油酥（puff pasfry filled wifh almand cream/pithiviers）、水果酥盒（fruif furnover/jalousie）及苹果酥皮（apple in puff pastry/boudelots）。

学习内容
制作杏仁奶油
乳化法

产量
1个馅饼用料量
250克杏仁奶油

工具
小雕刻刀，打蛋器，搅拌盆

配料

配料	
软化黄油	60克
白糖	60克
杏仁粉	60克
鸡蛋	1个
朗姆酒	15毫升
香草豆荚	1根

　　糕点奶油是一种稠厚的蛋奶冻，可作为馅料用于各种糕点，如奶油泡芙（choux à la crème）和闪电泡芙（éclairs），也可用于各种其他糕点。该配方可追溯到1653年拉·瓦雷纳将其取名为糕点奶油"crème de patissier"的版本。

糕点奶油

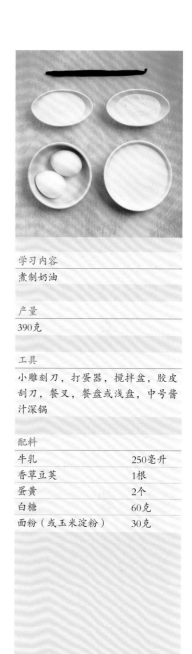

制作方法

1. 将小餐盘或浅盘衬上保鲜膜。

2. 将牛乳倒入一只中号酱汁锅。将香草豆荚破开，刮出种子。将香草种子搅拌加入乳中，然后用中高火加热至沸。在乳中加入约1/4糖量，搅拌使其溶解。

3. 同时，将蛋黄置于小盆中并加入余下的糖。将糖和蛋黄搅打至糖完全溶解，而蛋黄颜色变浅。将面粉或玉米淀粉加入到蛋黄中，搅拌混匀。

4. 乳煮开后即从灶上取走，并将1/3倒入蛋黄中。搅拌充分调和蛋黄，然后将此混合物搅打倒入余下的热乳中。将锅放回到灶上，煮至糕点奶油开始起泡。继续搅打（确保打蛋器沿锅角落运动），并再加热1分钟，将淀粉煮透。此时的糕点奶油会很稠。立即将完成的糕点奶油转移到衬有保鲜膜的餐盘中。用餐叉上的冷黄油轻敲糕点奶油表面，使其形成保护膜。用第二张保鲜膜将盘完全罩住，压出任何气泡。使糕点奶油冷至室温，然后冷藏。

注 制备完成的糕点奶油可用于制作各种点心。参见各种具有糕点奶油特征的经典完整配方，包括乳脂松糕（trifle）和千层饼（millefeuille）。

学习内容	
煮制奶油	
产量	
390克	
工具	
小雕刻刀，打蛋器，搅拌盆，胶皮刮刀，餐叉，餐盘或浅盘，中号酱汁深锅	
配料	
牛乳	250毫升
香草豆荚	1根
蛋黄	2个
白糖	60克
面粉（或玉米淀粉）	30克

蛋白霜是一种多用途配料，可作为主要装饰料，也可作为蛋糕或馅饼收尾料。法式蛋白霜是一种生蛋白霜，即未经煮过的蛋白霜。食用前，蛋白霜需要烹饪，这既可通过烘焙实现，也可通过蒸煮实现。人们常能在糕点中见到焙烤过的、色彩柔和的蛋白霜具有外脆内软的特点。蛋白霜也常作为镶嵌物出现在英式奶油中。

瑞士蛋白霜和意式蛋白霜属于熟蛋白霜。瑞士蛋白霜用恒温槽加热，而意式蛋白霜用热糖浆对蛋清进行加热。瑞士蛋白霜常常用于裱花，再进行焙烤，得到烤制点心，也可以作为瑞士黄油糖霜基料使用，具体做法是搅打加入室温黄油。意式蛋白霜也可用于制备黄油糖霜，但常作为蛋糕或馅饼面料使用，并在供餐前配上棕色成分。

蛋白霜

制作方法

法式蛋白霜

1. 将蛋清置于盆中搅打至湿性发泡。逐渐搅打加入白糖，继续搅打至蛋清光滑有光泽，且糖完全溶解。

2. 搅打程度检查方法：用拇指和食指捏混合物，如果能感觉出糖粒，则继续搅打。

瑞士蛋白霜

1. 将蛋清和白糖装入一只隔热盆中，搅打使二者混合。

2. 将隔热盆置于保温锅中，并搅打至用手触摸有热感。将盆从保温锅取出继续搅打至冷却，并干性发泡。

意式蛋白霜

1. 将方糖和水加入小号酱汁锅内加热至沸，达到沸点时撇去任何可能在表面出现的白泡，并用湿面刷刷锅边。

2. 糖浆煮沸至清澈后，继续煮至软球阶段（约121℃）。煮糖浆的同时，将蛋清用一盆搅打至湿性发泡。

3. 糖浆一煮好，就缓缓加入蛋清，注意倒在盆边上，而不要直接倒在打蛋器上。

4. 继续搅打至冷却。

注 制备完成的三种蛋白霜可用于制作各种点心。参见各种具有这三种（法式，瑞士式和意式）蛋白霜特征的经典完整配方，包括蛋白蛋糕（iles flottante）、树根蛋糕（buche de noel）和柠檬蛋白霜塔（tart au citron au meringuée）。

学习内容
搅打蛋清起泡沫
制作蛋白霜

产量
360克蛋白霜

工具
搅拌盆，打蛋器，保温锅，隔热盆，面刷，酱汁锅

配料

法式蛋白霜	
蛋清	4个
白糖	250克
瑞士蛋白霜	
蛋清	4个
白糖	250克
意式蛋白霜	
蛋清	3个
方糖	250克
水	100毫升

蛋糕（基础混合物）

　　这一蛋糕名称似乎源于一种较早的配方，这种配方不使用裱花袋而是使用匙子进行长条形造型。1750年出版的《酒店职业科学》（ *La Science du Maitre d' Hotel* ）是最早出现名为"biscuits à la cuiller（手指蛋糕）"配方的法国烹饪书。在1913年出版的《实用糕点技术》（ *La Patisserie Pratique* ）一书中，贝拉帕特基本沿用了1750年版配方，当然，采用了更为实用的裱花袋。

手指蛋糕

制作方法

1. 将烤箱预热到190℃。

2. 用硅胶垫或油纸衬烤盘。

3. 将白糖和蛋黄混合，搅打至呈灰白色并具有奶油感。

4. 用另一只盆搅打蛋清至湿性发泡。缓缓加糖，继续搅打至糖溶解，且蛋清坚挺并有光泽。

5. 加入以上1/3蛋清到蛋黄混合物中，调整其质地使其变轻，然后再加入剩余的蛋清。进行搅拌调和，同时加入过筛面粉，最后搅拌均匀。

6. 利用大号平头锥形漏筒将混合物装入裱花袋。将蛋糕混合物挤在准备好的烤盘上，根据配方形成适当的形状，并轻撒上糖粉。也可以将蛋糕糊均匀平铺在烤盘上（此时不用撒糖粉）。

7. 烤（8~10分钟）至轻度金黄色、蛋糕有干燥感，且用手指触摸有弹性。

8. 立即将油纸转移到架子上进行冷却。

注　制备完成的手指蛋糕可用于制作各种点心。

　　参见各种具有手指蛋糕特征的经典完整配方，包括苹果夏洛特蛋糕（charlotte aux poires）、巧克力慕斯蛋糕（entremets chocolat），及黑醋栗慕斯蛋糕（miroir cassis）。

学习内容	
制作手指蛋糕	
搅打蛋清	
制作蛋白霜	
使用裱花袋	

产量	
两只直径22厘米的蛋糕	

工具

搅拌盆，球形打蛋器，胶皮刮刀，裱花袋，平头锥形漏筒，油纸或硅胶垫，烤盘

配料	
蛋黄	8个
白糖	160克
过筛面粉	200克
蛋清	8个
白糖	80克
撒粉用糖粉	适量

　　达克瓦兹蛋糕是法国西南达克斯（Dax）镇附近地区一种传统制品，可作基础蛋糕或分层蛋糕使用。由于达克瓦兹蛋糕含糖量高，有时难使油纸移动。为解决这一问题，可将烤好的达克瓦兹蛋糕翻身，并用稀糖浆湿润油纸，使其容易剥离。

达克瓦兹蛋糕

制作方法

1. 将烤箱预热到190℃。

2. 准备一只烤盘，衬上油纸或硅胶垫。

3. 杏仁粉、糖、面粉和香草过筛混合在一起。待用。

4. 制备蛋白霜：搅打蛋清至湿性发泡。逐渐加糖至蛋白霜坚挺且起光泽，并且用两手指捏时糖粒感完全消失。

5. 加入过筛配料，搅拌混合。

6. 用平头锥形漏筒将混合物转移到裱花袋，并根据配方要求将混合物从袋中挤到准备好的烤盘中造型。也可以直接将混合物平铺在烤盘中。

7. 在裱花蛋糕坯上撒些糖粉。烤（20~25分钟）至呈淡金黄色。从烤箱取出烤盘，将烤盘中的蛋糕转移到油纸上，置于烤架上冷却至室温。

注 以上制备得到的便是一种达克瓦兹蛋糕。参见各种具有达克瓦兹蛋糕特征的经典完整配方，包括柠檬和草莓慕斯蛋糕（gateau pacifique）和榛果奶油蛋糕（succès）。

学习内容

制作达克瓦兹蛋糕
搅打蛋清
制作蛋白霜
使用裱花袋

产量

两只直径22~24厘米圆形蛋糕

工具

面筛，搅拌盆，打蛋器，胶皮刮刀，裱花袋，平头锥形漏筒，金属铲，油纸或硅胶垫，烤盘

配料

配料	用量
杏仁粉	150克
糖粉	225克
香草提取物或1根豆荚	5毫升
面粉	50克
蛋清	6个
白糖	75克

这种蛋糕的一般英文名称为"Genoese spongecake"，据说，这种蛋糕的现代形式最早在1852年被接纳为法国糕点，当时糕点师奥古斯特·朱利安（Auguste Julien）迷上了一位来自杰诺瓦士（Genoese）的员工用低火烤制出的这种蛋糕。

杰诺瓦士蛋糕

制作方法

准备烤具

1. 将烤箱预热到205℃。

2. 用黄油涂一只直径20厘米圆形蛋糕模具，然后将其置于冷藏室5分钟使黄油凝固。再对蛋糕模具进行第二次涂黄油，然后撒上面粉。拍掉任何多余的面粉，再将模具置于冷藏室备用。

制作杰诺瓦士海绵蛋糕

1. 用小号酱汁锅在小火下融化黄油，待用。

2. 面粉过筛到油纸上。

3. 在一只酱汁锅中装1/4深的水，用中火加热至微沸（作保温锅用）。

4. 用大盆搅打鸡蛋，加入糖，搅拌均匀。将盆置于微沸保温锅上，继续搅打至混合物颜色变浅，并且触摸时有热感（45℃）。

5. 此时提起打蛋器，流下的混合物应当呈带状。将搅拌盆从恒温锅中取走，继续搅打至混合冷却到室温。

6. 加入面粉，用胶皮刮刀将其缓缓混合到鸡蛋混合物中，最后混合均匀。加入融化的黄油，搅匀。然后将制备好的蛋糕糊转移到准备好的蛋糕模具中，置于烤箱进行烘烤。

7. 烤箱门关闭后，将温度调低到185℃烤18~20分钟（烤制程度试验方法：将一把刀插入蛋糕中央，如果能利落地取出则已经完全烤好）。将蛋糕从烤箱中取出，在模具中冷却2~3分钟。将蛋糕从模具中翻出，底朝上置于烤架上冷却。

注　以上制备得到的便是杰诺瓦士蛋糕。参见各种具有杰诺瓦士蛋糕特征的经典完整配方，包括黑森林蛋糕（gateau forêt noire）、奶油咖啡海绵蛋糕（moka）和果酱杰诺瓦士蛋糕（génoise confiture）。

学习内容
制作杰诺瓦士蛋糕
在保温锅中搅打鸡蛋

产量
一只直径20厘米圆形蛋糕

工具
面刷，面筛，搅拌盆，球形打蛋器，胶皮刮刀，20厘米蛋糕模，中号酱汁锅

配料	
面粉	30克
黄油	30克
杰诺瓦士蛋糕	
面粉	120克
鸡蛋	4个
糖	120克
融化黄油	20毫升

这种可口、质嫩的杏仁海绵蛋糕是许多分层蛋糕、甜点和甜食的主体。这种蛋糕的名称与莱昂纳多·达·芬奇（Leonardo Da Vinci）的标志性名画《蒙娜丽莎》（Mona Lisa）有关。该画在法国被称为"La Joconde"，此名称由该画意大利别名"La Gioconda"而来。这一别名与该画模特（Lisa Del Giocondo）有关，既代表她的姓名，也代表其著名的"gioconda"微笑。Gioconda是意大利语，意为"愉快的"。

鸠康地蛋糕

制作方法

1. 将烤箱预热至170℃。

2. 用油纸衬烤盘。

3. 将杏仁粉、糖粉和面粉置于搅拌盆中，搅拌混合均匀。加入鸡蛋，一次加一个，每次加入后搅拌均匀。加入香草提取物，继续搅打混合物至颜色变浅，并且打蛋器提起时其上面的混合液呈带状流下。

4. 在另一只盆中搅打蛋清至湿性发泡。加入糖和蛋白霜至混合物呈坚挺和有光泽状态。缓缓地将一些蛋白霜搅拌到杏仁混合物中，使其质地变轻，然后加入其余蛋白霜，搅拌混匀。最后搅拌加入黄油。将混合物均匀地铺在预备的烤盘中，然后放入烤箱。烤（6~8分钟）至蛋糕摸起来有干燥感，并且颜色略变深。

注　以上制备得到的便是鸠康地蛋糕。参见各种具有鸠康地蛋糕特征的经典完整配方，包括金字塔蛋糕（pyramide noisettes）和柠檬草莓慕斯蛋糕（gateau pacifique）。

学习内容	
制作鸠康地蛋糕	
制作蛋白霜	
产量	
760克面团	
工具	
搅拌盆，面筛，面刷，铲子，硅胶打蛋器，烤盘，烤架，油纸	
配料	
杏仁粉	140克
糖粉	140克
面粉	40克
鸡蛋	4个
蛋清	4个
白糖	50克
融化黄油	30毫升
香草提取物	适量

　　高糖蛋糕是指加糖比率高于其他配料的蛋糕。糖具有软化蛋糕糊的性质，因为糖可减缓蛋糕糊面粉中面筋形成速度，这类蛋糕相当湿润。由于高糖起着防腐剂的作用，因此，高糖蛋糕还有一个好处就是其保质期长于其他蛋糕。

高糖蛋糕

制作方法

1. 将烤箱预热至175℃。

2. 用黄油和面粉对两只25厘米的蛋糕盘进行处理。

3. 将面粉、泡打粉和盐过筛放在一起。

4. 将糖和黄油搅打混匀。然后按每次加2个，加入后搅拌匀的方式加入蛋黄。蛋黄加完后加入香草提取物。

5. 将1/3面粉搅拌加入到鸡蛋混合物中，使其完全混匀。然后加入一半牛乳和另外1/3面粉到混合物中。再将剩余的牛乳加到混合物中调匀，最后加入余下的面粉，混合均匀。

6. 将蛋清搅打至起中性发泡。将约1/4发泡的蛋清混合到蛋糕糊中，然后再缓缓调入余下的蛋清，混合均匀。

7. 将制成的蛋糕糊分装在两只蛋糕盘中。置于烤箱中，开始焙烤（约35分钟），到刀插入蛋糕中央可利落取出为止。

学习内容

乳化法

搅打蛋清

产量

2个直径25厘米蛋糕

工具

打蛋器，球形打蛋器，圆底搅拌盆，面刷，胶皮刮刀，面筛，2只25厘米蛋糕盘

配料

面粉	500克
泡打粉	8克
盐	5克
白糖	500克
黄油	360克
蛋黄	6个
香草提取物	30毫升
牛乳	150毫升
蛋清	6个

　　磅蛋糕的名称来自其传统配方的巧妙简单性，该配方简单地由面粉、鸡蛋、糖和黄油各一磅构成。这也说明了磅蛋糕法文名称"quatre-quatre"的来源，它在字面上可以解释为"四个四分之一"，用于指这种蛋糕由等量四种配料构成。磅蛋糕最早出现于18世纪初的英国，首次发表这种配方的是一本1747年汉娜·加斯（Hannah Gasse）所著名为《烹饪的艺术》（The Art of Cookery）的烹饪书。据认为，磅蛋糕早期流行很大程度上是因为其简单性。在一个只有少数人识字的年代，像磅蛋糕这种容易记忆的配方有相当大的流行性。这一配方发展到现在，加入了不同风味剂、水果和酒。现代配方常常会加入泡打粉之类其他发酵配料。然而，其主要配料始终为等量面粉、鸡蛋、糖和黄油四种成分，这就是至今这种营养丰富的黄油蛋糕仍然受到欢迎的原因。

磅蛋糕

制作方法

1. 将烤箱预热至190℃。

2. 用黄油和面粉对面包盘进行处理，或衬上油纸。

3. 将面粉、泡打粉和盐过筛到一只盆中。

4. 另取一只盆，将糖和黄油搅打混匀。然后分批加入鸡蛋，每次加入后搅拌匀。鸡蛋加完后加入香草提取物，然后将混合物搅打成质地柔滑的乳化物。

5. 将蛋糕糊转移到准备好的面包盘中，开始焙烤（40~45分钟），到刀插入蛋糕中央可利落取出为止。

学习内容
乳化法

产量
2个1千克蛋糕

工具
小雕刻刀，搅拌盆，打蛋器，面筛，木匙，2只大号两磅面包盘

配料

配料	
黄油	500克
白糖	500克
鸡蛋	500克（8~10个）
面粉	500克
盐	5克
香草提取物	30毫升

其他制品

皇家蛋奶冻

甘纳许

皇家糖霜

糖浆

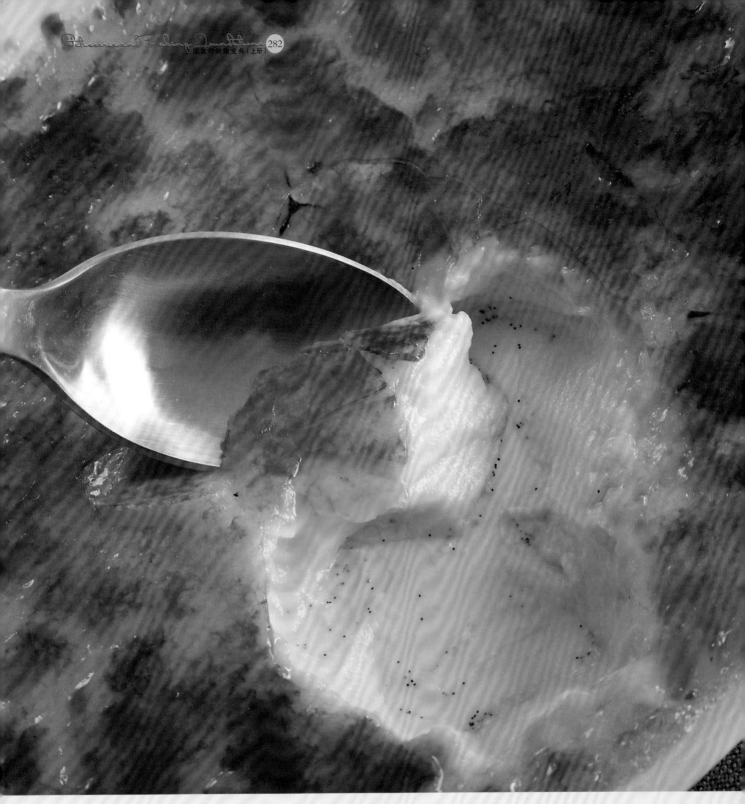

　　皇家蛋奶冻就是乳蛋饼中营养丰富的鸡蛋奶油羹。这种制备物有甜味和咸味两种形式。例如，诺曼底塔饼是一种基础苹果塔饼，其中的苹果上浇甜味蛋奶冻，然后进行烘焙。所用的风味物质基本比例要根据蛋奶冻的用途进行调整。

皇家蛋奶冻

制作方法

1. 将鸡蛋置于一混合盆中，搅打起泡，至颜色变黄。

2. 对于咸味蛋奶冻：按每升乳化物加2茶匙（10克）比例，将盐及其他调味料，如胡椒粉、辣椒粉或肉豆蔻等加到鸡蛋盆中。搅打均匀。

3. 对于甜味蛋奶冻：按每升乳化物加100~120克比率，在鸡蛋盆中加入糖和其他各种风味物质，如香草、肉桂或橙皮，搅打均匀。

4. 将奶油倒入深平底锅，加热至沸后立即停止加热。

5. 一边搅打，一边逐渐将稀奶油加入到鸡蛋混合物中。这样制备得到的便是皇家蛋奶冻基料，可用于糕点配方中。为得到应用灵感，可参见一些经典配方。值得注意的是，尽管本配方使用的是奶油，但有些配方可能会用不同的配料，如牛乳。制备这一基础蛋奶冻以前，要核实待制备物配方中的具体配料要求。

注 以上制备得到的便是蛋奶冻，可用于各种点心。参见各种具有蛋奶冻特征的经典完整配方，包括焦糖布丁（crème brulée）和大米布丁（riz au lait）。

学习内容	
制作蛋奶冻	
产量	
1.25升	
工具	
搅拌盆，打蛋器	
配料	
咸味蛋奶冻	
重奶油	1升
鸡蛋	7~8个
风味物（可选）	
甜味蛋奶冻	
重奶油	1升
鸡蛋	7~8个
风味物（可选）	

甘纳许简单地由加热奶油浇在巧克力块上组合而成。这种制备物虽然简单，但适用性相当强。它可作为蛋糕、糕点和饼面料使用，也可作为闪电泡芙（éclair）和奶油泡芙（profiteroles）的馅料使用，甚至可作为老松露巧克力（decadent truffle）的夹心奶油使用。有关甘纳许出处有许多说法，然而，仅就简单地将巧克力和奶油合在一起来看，人们可能永远找不到其发明者。一般认为，它起源于17世纪50年代的法国或瑞士。不管是谁发明的，甘纳许仍然是一种不可或缺的基本糕点要素。

甘纳许

制作方法

1. 将巧克力简单切碎后置于一盆中。

2. 将奶油加热至沸，然后立即浇在巧克力上面。

3. 用木铲轻轻混合，然后让其冷却。

注 甘纳许具有无数用途：可作为巧克力馅料使用，可作为蛋糕面料使用，也可作为酱料使用。根据用途不同，奶油与巧克力的比例可以进行调整，以便做成较坚硬的甘纳许（例如用于松露巧克力），或做成蛋糕面料（萨赫蛋糕）。

注 以上制备得到的便是甘纳许，可用于各种点心。参见各种具有甘纳许特征的经典完整配方，包括萨赫蛋糕（sacher torte）、金字塔蛋糕（pyramide noisettes）和马卡龙（macarons）。

学习内容
制作甘纳许

产量
800克甘纳许

工具
搅拌盆，酱汁锅，木铲

配料

黑巧克力	400克
重奶油	400毫升

　　皇家糖霜是一种可口的简单糕点装饰料，由糖粉、蛋清和柠檬组成。这种糖霜最早出现于18世纪，由于其亮丽白色及其能硬化成完美喷砂面，所以一直相当流行。这种易硬性使得皇家糖霜可单独用于制作常出现于欧洲君主宴席上的精致雕塑物。由于皇家糖霜变硬很快，因此，用完以前必须加盖，否则会形成硬壳。另外，这种糖霜的稠度也非常重要。如果太稀，就不能很好地用于裱花。如果太稠，就不能很好地涂布开。了解这种糖霜达到完善稠度的判断方法是，将勺子从这种糖霜中取出，让其滴回到盆中，滴下的糖霜应当能够在表面停留几秒钟再消失在混合物中。

皇家糖霜

制作方法

1. 将糖粉过筛到一个大搅拌盆中。

2. 加入蛋清和柠檬汁。将混合物搅打成柔滑泡沫体。

3. 用湿布罩在上面，备用。

注　以上制备得到的便是皇家糖霜，可用于各种点心。参见各种具有皇家糖霜特征的经典完整配方，包括千层饼（mifflefeuille）和果酱夹心海绵蛋糕（génoise confiture）。

学习内容

制作皇家糖霜

产量

300克成品糖霜

工具

搅拌盆，打蛋器，面筛

配料

蛋清	1~2个
糖粉	250克
柠檬汁	5~10毫升

简单的糖浆是一种通用糖浆，可用于水果萨伐仑蛋糕（Savrin aux Fruits et à la Crème）之类吸收蛋糕、煮水果、软化翻糖，也可作为饮料甜味剂使用。糖浆的糖水比应当具有30波美度（Baumé）。（波美计是测量液体密度的仪器）。使用某种液体对蛋糕【如兰姆糕（baba）】进行吸收时，糖浆密度太大会吸收不完全，而密度太小会使兰姆糕变形。这种糖浆也可用于煮水果，同样，可使水果吸收糖浆，而不会使水进入果肉。用葡萄酒煮时，人们会使用相同比率的糖液比。由于糖浆本身无特别风味，因此能够利用柠檬或橙皮、八角或肉桂之类风味剂调味——总之，这类调味的可能性不胜枚举。

糖浆

制作方法

1. 将糖放入一个干净的平底锅中，加水搅拌直至混合均匀。

2. 加热至煮沸，搅拌要充分，以助于糖更好地溶化。

3. 当糖全部溶化后，呈糖浆状，停止加热。

注　以上制备得到的便是糖浆，可用于各种点心。参见各种具有糖浆特征的经典完整配方，包括果酱夹心海绵蛋糕（génoise confiture）和苹果酥盒（chaussons aux pommes）。

学习内容
制作糖浆

产量
2.5升

工具
大平底锅，搅拌用金属铲

配料
| 白糖 | 1.5千克 |
| 水 | 1升 |

附录

换算表

转换说明　对于烹饪与焙烤来说，公制系统可能最容易使用，而厨房中电子天秤使用起来最方便。在进行换算时，我们在尊重配方比例的前提下，某些地方取了整数。

体积

美制	公制
1/4液盎司	5毫升
1/2液盎司	15毫升
3/4液盎司	25毫升
1液盎司	30毫升
2液盎司	60毫升
3液盎司	90毫升
4液盎司	120毫升
5液盎司	150毫升
6液盎司	180毫升
7液盎司	210毫升
8液盎司	240毫升
9液盎司	270毫升
10液盎司	300毫升
11液盎司	330毫升
12液盎司	360毫升
13液盎司	390毫升
14液盎司	420毫升
15液盎司	450毫升
1品脱（16液盎司）	500毫升
1夸脱（2品脱）	1升（1000毫升）
2夸脱	2升（2000毫升）
3夸脱	3升（3000毫升）
1加仑（4夸脱）	4升（4000毫升）

重量

美制	公制
1/4盎司	5克
1/2盎司	15克
3/4盎司	20克
1盎司	30克
2盎司	60克
3盎司	90克
4盎司	120克
5盎司	150克
6盎司	180克
7盎司	200克
1/2磅（8盎司）	250克
9盎司	270克
10盎司	300克
11盎司	330克
12盎司	360克
13盎司	390克
14盎司	420克
15盎司	450克
1磅（16盎司）	500克
1½磅	750克
2磅	1千克

家庭用度量换算

美制	公制
1/4茶匙	1毫升
1/2茶匙	3毫升
3/4茶匙	4毫升
1茶匙	5毫升
1汤匙	15毫升
1/4杯	60毫升
1/2杯	120毫升
3/4杯	180毫升
1杯	250毫升
1/4磅	120克
1/2磅	230克
1磅	450克
1品脱	500毫升
1夸脱	1升
1加仑	4升

美制度量换算

3茶匙	1汤匙	1/2液盎司
2汤匙	1/8杯	1液盎司
4汤匙	1/4杯	2液盎司
5汤匙+1茶匙	1/3杯	2⅔液盎司
8汤匙	1/2杯	4液盎司
10汤匙+2茶匙	2/3杯	5⅓液盎司
12汤匙	3/4杯	6液盎司
14汤匙	7/8杯	7液盎司
16汤匙	1杯	8液盎司
2杯	1品脱	16液盎司
2品脱	1夸脱	32液盎司
4夸脱	1加仑	128液盎司

词汇表

A

Abaisse / 面皮

Abaisser / 压面　用擀面杖将面团滚压成需要的厚度。

Abricoter / 浇杏酱　用杏酱浇盖糕点，以使获得闪亮外观（见 nappage，napper）。

Accommoder / 备料　准备烹饪用原料和调味料。

Acidifier / 酸化　为防止氧化而在果蔬中添加柠檬汁或醋。

Aciduler / 微酸化　通过添加少量柠檬汁或醋使制备物略酸。

Affûter / 磨快、磨尖　利用磨刀石使刀口变锋利。

Aiguiser / 磨快　利用钢材（磨刀锉棒）使刀口保持锋利。

Allumettes / 一种咸味小饼（长条发面糕点）①裹有奶酪或内部填有凤尾鱼。②油炸细土豆条。如：pommes allumettes

Angélique / 当归　一种芳香材料青梗，常用糖渍。用于糕点制作点缀。

Anglaise / 盎格蕾兹（直译：英国的）①一种由全蛋、油、水、盐和胡椒构成的混合物；用于油炸面料。②用水煮（土豆、蔬菜、大米、面糊）。

Aplatir / 弄平　弄平肉块或鱼块，以使其软化或便于烹饪。

Aromate / 香料　具有特殊气味或滋味的调味品或植物（香料和香草）。

Arroser / 涂抹　烹饪前或后用某种液体或脂肪涂抹肉或鱼

Aspic / ①**花色肉冻**：一种由肉、蔬菜和（或）鱼构成的菜肴，先经烹饪，然后冷却并浇在明胶中成型。②**肉冻**：一种由澄清高汤制成的肉冻，用于陶制盖碗浇模，也用作冷盘面料。

Assaisonner / 调味　用某种调味配料为制品调味。

B

Badigeonner / 涂抹　用糕点刷轻刷外皮。

Bain marie(au) / 热水浴　一种将装食品的容器置于热水浴进行烹饪或加热的方式，从而避免食品直接用火加热烹饪。用于精致酱料保温，也可用于融化巧克力。据说 "Bain marie" 一词源于公元前3世纪前后一位名为马里·拉·朱伊（Marie la Juive）的炼金术士的姓名。

Barder / 用薄片肥肉包　利用非常薄的猪肥肉将肉块、禽肉，有时也有鱼肉包住，以在烹饪时对其进行保护并防止失水、干燥。

Barquette / 小船形糕点模　一种小型长椭圆形糕点模具。

Bâtonnet / 丝　切出的条状物，一般尺寸为5毫米×5毫米×5厘米。（例如，蔬菜丝）。

Battre / 拍打，敲击

Bavarois / 果冻蛋糕　用英式奶油或果泥制作的冷甜食，用明胶和搅打奶油定型。

Béchamel / 原味白酱汁　由牛乳和白色露制成的白色酱汁。是一种经典烹饪的母酱汁。该酱汁名取自露易十四的酒水总管的名字（Marguis de Béchamel）。

Beurre / 黄油　由搅乳或稀奶油得到的制品。黄油有若干品种。

beurre demi-sel / 半盐黄油　是一种含盐5%的轻度加盐黄油。

beurre déshydraté / 无水黄油　含脂99.3%和含水0.7%的黄油。

beurre fermier / 农家鲜黄油

beurre laitier / 乳业黄油

beurre pasteurisé / 巴氏消毒黄油

beurre salé / 加盐黄油　含盐10%的黄油。

beurre sec / 干黄油　最高水分含量范围在5%~8%的黄油。

Beurre blanc / 黄油白酱汁　一种大量冷黄油加少量柠檬汁加热搅打而成的乳化物。与煮鱼或烤鱼搭配供餐。

Beurre clarifié / 液态黄油　缓缓加热融化、可提取纯黄油脂的黄油。

Beurre composé / 复配黄油　与一种或多种风味配料混合而成的黄油（例如，凤尾鱼黄油：黄油＋粉碎凤尾鱼）。

Beurre en pommade / 软化黄油　该名称取自其奶油状质地。

Beurre manié / 黄油面团　等量黄油与面粉构成的混合物。用于酱料增稠。

Beurre mou / 软黄油　室温下的黄油。

Beurre noisette / 浅褐色黄油　煮成浅棕色并有榛子风味的黄油。

Beurrer / ①**涂黄油**：为防止粘结而在容器上涂黄油。②**加黄**

油：将黄油加入酱料或面团。

Biscuit / ①小蛋糕或曲奇饼。**②大多作甜食用的特色海绵蛋糕。**

Bisque / 贝类海鲜汤 通常以海贝为基料的汤，传统上用大米增稠。

Blanc(un) / 白汁 由水、面粉和柠檬汁构成的混合物用于防止蔬菜（如朝鲜蓟、芹菜根或芹菜）变色。

Blanchir / ①**预煮**：将蔬菜或肉放入冷水中，然后加热至沸（或投入沸水），进行预煮、软化或除去多余风味（酸味、咸味或苦味），或除去不纯物。②**发白**：将糖和鸡蛋混合在一起至颜色变浅的处理。

Blondir / 变成金黄色 在热油中烹饪以使轻度上色。

Bouchée / 小点心 以不同咸味混合物为馅料的圆形小松糕。作为开胃品使用。

Bouillir / 煮沸 将液体煮到沸点。

Bouler / 搓圆 将面团做成球形。

Bouquet garni / 调味香草束 烹饪时为菜肴提供风味的（用韭菜叶捆扎的）混合香草束。

Braiser / 煨、炖 蔬菜和少量汤汁装在加盖容器中用文火烧煮。

Brochette / ①**钎子、签子**：木质或金属细长棍，用于串食物，然后进行烧烤。②**烧烤串**：串在一起烤制而成的食物。

Broyer / 碾磨 进行精细粉碎。

Brunoise / 蔬菜小丁 切成非常小的方块的蔬菜，每边长2～4毫米。

C

Cacao / 可可 可可豆加工的副产物。以苦味黑色粉末形式（可可粉）销售，或以固体块形式（可可液）销售。

Calvados / 苹果酒 专门产自诺曼底地区的用苹果蒸馏得到的酒。

Canapé / ①**小块(片)烤面包**。②**夹有各种作料的小块面包** 可作为开胃品冷食或热食。

Candir / 糖渍 用35波美度浓糖浆浸渍。

Candissoire / 糖渍盘 上面带有栅架用于沥滴糖渍水果和糖浸糕

点（如朗姆芭芭）的盘子。

Canneler / 切槽纹 在水果或蔬菜上切小凹槽的方式，用于片状物边缘点缀。

Caraméliser / ①**涂焦糖**：用煮过的糖涂模具。②**焦糖化**：将糖煮至焦糖化。

Chantilly / 尚蒂伊奶油 加有糖粉的搅打奶油。名称取自尚蒂伊城堡，17世纪该城堡的主厨是Vatel。（参见monter词条）。

Chapelure / 面包屑、干面包屑 由面包皮和干面包心制成。用于裹面包屑或作为面料使用。

Chaud-froid / 热烹冷食 一道热烹饪但冷食用的菜肴，上面用专门的酱汁（用各1/3白汁、明胶和奶油构成的熟烹冷食酱汁）盖浇。

Chiffonade / 细菜丝 卷成筒切成丝的叶菜或香草。名称来自法文单词"chiffonner"，意为弄皱。

Chinois / 中国筛 一种锥形筛子。

Chiqueter / 划痕 在发面糕点边缘轻轻切口，以确保糕点发面整齐。

Ciseler / ①**切碎**：将蔬菜叶切碎。②**剁碎**：将洋葱、葱和大蒜等切碎。

Citronner / ①**擦柠檬**：用柠檬擦某些食品，以防止其变色。②**加柠檬汁**：将柠檬汁加入菜肴。

Clarifier / ①**澄清**：利用过滤、加热，然后加蛋清缓缓煮沸，使浑浊液体变清。②**纯化**：将乳固体与黄油分离。③**分蛋**：将蛋清与蛋黄分开。

Clouter / 插丁香 用整枝丁香插入某物。

Coller / 上胶，上浆 用明胶增稠或凝固（如果冻、水果慕斯）。

Concasser / 捣碎 用刀或研钵及研杵将物体弄碎。

Confit / 浸焖 一种将食物浸于动物脂肪或糖浆长时煮制至饱和的烹饪方法，用于烹饪或保藏。

Consommé / 清炖肉汤 用肉、鱼或蔬菜制成的清汤，热或冷供餐，通常作澄清处理（清炖老汤）。

Corne / 刮板 用于将面团切割入面粉并刮容器用的塑料工具。

Corser / **使味浓**　增加一种制品的风味强度。

Coucher / ①**摆面坯**：将滚压好的面团放置到烤板上。②**涂抹**：涂布奶油（或其他调料）层。③**挤料**：将混合物从裱花袋挤到烤板上。

Coulis / **(果蔬)泥**　柔滑的水果或蔬菜泥，用作酱料。

Court-bouillon / **鱼汤、肉汤**　用鱼和贝类加水、芳香蔬菜（有时也加白葡萄酒）煮成的液体，有些用肉煮成。

Crème anglaise / **英式奶油**　用鸡蛋、糖和乳加热到85℃制成的甜酱料。

Crème de riz / **米粉**　粉碎大米制成的粉，用于糕点或对酱料增稠。

Crème fouettée / **掼奶油**　经过搅打的奶油。

Crème frache / **酸奶油**　轻度酸化的奶油，酸化的目的是增稠和增加风味。

Crème pâtissière / **糕点奶油**　用面粉、玉米淀粉或果馅饼粉增稠的蛋奶糊，常加糖或风味剂用作糕点馅料。

Crémer / ①**乳化**：将黄油和糖一起搅打成淡色发泡体。②**加奶油**

Croquette / **面拖炸丸子**　裹上面浆后油炸而成的（甜味或咸味）食物。可取各种形状形式。该词源于法语单词"croquer"，意为"咬碎"。

Croustade / **夹馅包**　各种面团制成的食用前加咸味馅料的夹层包。

Croûte / ①**面包皮**：面包棕色外皮。②**上面包皮烹饪**：用面包皮裹肉或鱼后烹饪。

Croûton / **面包头**　加或不加黄油的油炸面包片或面包块，通常就菜肴酱汁食用，或者作为（有可能冲淡酱汁）任何汁液的吸收物使用（例如，罗西尼嫩牛肉片）。

Crudités / **色拉蔬菜**　用于头道菜，加油汁醋或蛋黄酱食用的生蔬菜片或块。

Cuisson / ①**烹饪**：烹饪食物的行动和方式。②**成熟度**：肉烹饪的程度（生、中等，其他）。

D

Décortiquer / ①**去壳**：将贝类和甲壳类动物的壳去掉。②**脱壳**：将坚果壳去掉。

Découper / **切割**　利用剪刀、刀或糕点切割器进行切割。

Décuire / **勾兑软化**　加液体终止焦糖烧煮过程，以防变硬。

Déglacer / **溶垢**　加液体使锅底附物溶解。

Dégorger / ①**漂洗**：将配料浸于冷水除去血块、盐或不纯物。②**脱水**：对蔬菜轻度盐腌以便在烹饪或食用前尽量脱去水分。

Dégraisser / **去脂肪**　修除食品或制备物表面多余脂肪。

Délayer / **掺和、溶化**　用液体混合，用水兑稀；粉末在液体中溶解。

Demi-glace / **稀浇汁**　传统上指一种改良的西班牙酱汁。现代稀浇汁用棕色高汤稀释得到。

Démouler / **脱模**　小心地使制备物从冷却或烹饪的模具中脱出。

Dénoyauter / **去核**　去除核果和橄榄的种子或果核。

Dés / **切丁**　将食品切成小方块。

Dessécher / **干燥**　通过加热除去水分。

Détailler / **切片**　多指切肉、禽、鱼和甲壳类动物。

Détendre / **稀释**　加液体使制备物变稀。

Détrempe / **素面团**　加黄油或脂肪以前由面粉和水构成的面团。

Détremper / ①**和面**：面粉加水制备面团。②**浸泡**：将某物浸于液体中。

Dorer / **涂蛋黄液**　刷搅打蛋或蛋黄，以便在焙烤时加深颜色并产生光泽。

Dorure / **蛋液**　加水和（或）盐的搅打蛋或蛋黄，用于焙烤前的面团，以提供颜色。

Douille / **衬筒**　糕点工具，用金属或塑料制成的锥形件，与糕点袋一起用于糕点裱花。

Dresser / **摆盘**　将制备好的食品布置在盘子上供餐。

Duxelles / **嫩煎蘑菇丁**　蘑菇丁加葱用黄油煎，可作为配菜或馅料使用。

E

Ébouillanter / **漂烫**　水果、蔬菜或鱼在沸水中浸水烫几秒钟。

Ébullition / **沸腾**　热液体（98～100℃）出现气泡。

Écaler / **剥蛋壳**　将煮鸡蛋的壳去掉。

Écumer / **撇去泡沫**　将沸腾液体表面的泡沫去掉。

Effiler / **切薄片**　切成非常薄的片（杏仁）。

Égoutter / **过滤**　将烹饪制备物倒入筛子除去液体。

Émietter / **弄碎**　打成小块

Émincer / **切片**　切成薄片

Émonder / **烫冷脱皮**　将某些水果或蔬菜（桃、番茄）浸入沸水中，再用冰水浴冷却，之后将松皮除去。

Enrober / **涂裹**　用于巧克力之类可凝固液体完全包裹糕点。

Entremets / **原指烤肉与甜食之间的一道菜**　现限于指糕点和整个蛋糕。

Éplucher / 削皮　去除蔬菜皮。

Éponger / 吸干　用抹布或纸巾吸去多余的液体或脂肪。

Escaloper / 切片　从大块肉或鱼上切下薄片。

Essence / ①香精：由风味物提取到的浓缩物（如咖啡香精）。②高汤：具有浓缩风味的高汤。也可是由单一配料（如蘑菇或番茄）制成的浓汤。

Étuver / 焖、炖　装于带盖锅中，加些脂肪用文火慢煮。

Évider / 挖空、去心　去除家禽的内脏，挖去水果蔬菜的心。

F

Façonner / 成形　塑造、铸模、造型。赋予面团制品特殊形状。

Farce / 馅料　各种粉碎配料（肉、香草、蔬菜）的混合物，用作禽、鱼和蔬菜等的馅料。

Farcir / 塞馅、填馅　将馅塞入禽、鱼、肉、水果或蔬菜。

Fariner / 撒以面粉，裹以面粉　在鱼或肉上撒面粉；给模具撒粉并拍除多余的粉。

Ficeler / 捆扎　用细绳捆扎，不用捆扎针。

Flamber / ①燎毛：用火焰去除禽类的绒毛。②用酒点火：点火烧去制备物（如苏泽特薄饼）上面的酒。

Fleurons / 小花饰　切成新月型的小件发面，用作鱼肴的经典点缀物。

Foncer / 填底　将面团衬在模具或盘子底和边上。

Fondant / 翻糖　用作糕点面料的糖制备物，也用于糖果制作。

Fondre / 融化　通过加热使固体成为液体。

Fontaine / 做井圈　在面粉中形成一个深坑，以便加入其他制作面团的配料。

Fouetter / 搅打

Fraiser / 揉面　用手掌根将面团搓揉成具有光滑和均匀混合质地的面团。

Fraser / 见Fraiser

Frémer / 煮至微沸　将沸体加热至沸点，刚好能见到起泡。

Frire / 油炸　将食物浸入容器热油中烹饪。

Friture / 油炸食品

Fumet / ①烹饪香气。②原汁酱料：用烹饪汁制备的酱料。③鱼高汤：用鱼制备的基础高汤，可用于制作酱料。

Fusil / 磨刀锉棒　磨刀用钢棒、金属棒或陶瓷棒，用于维持刀具锋利（见aiguiser）。

G

Ganache / 甘纳许　一种用碎巧克力和煮沸奶油做成的混合物。

Garniture / 配菜　主菜的伴随物。

Gastrique / 醋溶焦糖　用醋溶解下来的焦糖，可作为甜味或咸味酱料的基料使用（例如，橙酱鸭所用的酱料）。

Gelée / ①胶冻、花色胶冻：由澄清肉或鱼高汤加明胶制成的胶冻。用于各种胶冻制备物，或用于为食品增加光泽，也用于防止食品脱水。②果冻：果汁加明胶制成的胶冻，用于点缀蛋糕或甜食。③果冻罐头：用（柑橘、红醋栗、苹果、蓝莓、黑莓、树莓或黑加仑等富含果胶的水果）果汁加糖煮沸，然后装于瓶中凝固的罐头制品，类似于果酱。

Génoise / 杰诺瓦士蛋糕　用糖、面粉和鸡蛋制成的黄色海绵蛋糕；名称取自杰诺瓦市名。

Glaçage / 面料、釉料　具有糖浆般质地的配料混合物，有甜味和咸味两种形式，用于浇盖糕点、糖果，及某些咸味食品。

Glace / ①冰淇淋：由英式奶油搅拌冷冻而成。②高汤酱：由高汤浓缩而成的黏稠浆料。

Glacer / 浇釉料，浇面料　成品用浓缩物或糖之类面料盖浇，以产生光滑、光亮外观，同时增加风味。

Glace à l'eau / 糖面　糖或糖与水的混合物，用于为糕点上光。

Glace royale / 皇家糖面　砂糖、蛋清及柠檬汁混合物，用于糕点点缀。干燥后变硬。

Glucose / 葡萄糖浆　用植物淀粉制成的黏稠、透明糖浆。

Grainer / 起砂　由于过度混合蛋清而引起砂粒感。也指通过混合引起混合物（糊状物）分离。

Graisser / ①涂油脂：焙烤前涂脂肪。②加酸：糖中加酸防止再结晶。

Griller / 烧烤　用烧烤器烹饪。

H

Hacher / 剁切　用刀均匀剁切。

I

Imbiber / 浸　某物浸于高汤或糖浆。

Inciser / 切口　烹饪前在食品上切出一定深度的口子，以便均匀烹饪（例如，在整鱼排划刀口）或增加点缀色彩（如糕点）。

Incorporer / 调入　将配料加入面糊中。

Infuser / 泡制、煎制　将某成分置于微沸液体中，让其风味进入液体。

Intérieur / 本质　指巧克力糖果的实际感觉。

J

Julienne / 切丝　切成非常细的丝（如蔬菜）。一般长度范围3~5厘米，厚度范围1~2毫米。

Jus / ①汁：压缩水果或蔬菜得到的液体。②**卤**：烹饪时从肉中出现的脂肪与汁液混合物。

K

Kirsch / 樱桃白兰地　由发酵樱桃汁蒸馏得到的酒。

L

Lard / 猪脂　由猪肉得到的固体脂肪。猪油只含脂肪；肥瘦肉含某些瘦肉（培根）。

Lardons / 肥腊肉片　专门由培根肉块切成的小片，烹饪后用作肉或鱼的配菜。

Levain / 起子面团　由活酵母和面粉制成的面团发酵剂，用于面包制作。

Lever / 醒发　使（奶油蛋卷、面包、可颂）面团发酵。

Levure / 酵母　一种活的真菌与面粉及温水混合后发酵产生二氧化碳（气泡是趋于逃逸的气体、使面团膨发）。

Levure chimique / 化学发酵剂　发酵粉，无滋味无风味的发酵剂，由碳酸氢钠和酒石酸氢钾构成。

Liaison / 起浆作料、增稠剂　用于液体或酱料增稠的物质。

Lier / 增稠　通过添加增稠剂（如奶油砂面糊、淀粉、鸡蛋、面粉或黄油面团）改善液体性状。

M

Macédoine / ①素什锦丁：切成丁（一般边长4~5毫米）的蔬菜或水果混合物。②**马其顿沙拉**：一种经典沙拉，由胡萝卜丁、芜菁、青豆及豌豆加蛋黄酱制成。蔬菜丁的大小与豌豆相当。

Macérer / 浸渍　将水果和水果干浸于酒中增加风味，并泡软。

Mandoline / 曼陀林切菜器　一种长方形厨房工具，由两把不锈钢刀片（一为直刀片，另一为波浪形刀片）构成。用于切蔬菜片和制作花色薄片。

Margarine / 人造奶油　由植物油和乳或乳清制成的乳化物。是黄油廉价替代物。

Mariner / 浸渍　将肉块或鱼块浸入液体和芳香料中，目的在于嫩化、调味及保藏。也用于降低野味猎物的气味。

Masse / 膏　黏稠混合物或糊状物。

Masser / 重结晶　刻意使糖或糖浆重新结晶的过程。用于制作翻糖和果仁糖。也可在煮糖过程加入杂质引起。

Meringue / 蛋白霜　由搅打蛋精和糖制成的混合物。有三种蛋白霜类型：法式蛋白霜，蛋清中加砂糖搅打而成；意大利蛋白霜，蛋清与热糖浆搅打而成；瑞士蛋白霜，蛋清与糖先在热水浴（见bain marie）上搅打，也在室温下搅打至冷却而成。

Mijoter / 文火慢炖　若干成分混合在一起用文火烧煮，或用设定时间在烤箱中烹饪。

Mirepoix / 调味蔬菜　切成丁的芳香性蔬菜（如洋葱、胡萝卜和芹菜）混合物，用于增加主菜肴的风味。大小根据主菜肴要求确定。

Monder / 脱壳、去皮　将种子或水果的壳或皮去除。

Monter / ①起泡：应用丝球打蛋器搅打蛋清和奶油使空气进入，体积增加。②**加黄油**：将小块黄油加到酱料中。

Mouiller / 加汤汁　烹饪过程中为制备物加液体。

Mouler / 填模　烹饪前或后，浇铸或填充模具。

Mousser / 起泡　设法使产品起泡变轻松。

N

Nappage / 杏镜面酱　用于糕点浇面料，以使其外层闪亮。也用于防止糕点干燥。

Napper / 盖面料　用薄层酱料、花色肉冻或果冻盖住甜味或咸味食品。

Noircir / 发暗　某些水果蔬菜（如洋蓟、苹果）长时间与空气接触颜色变深或退色。

P

Panade / 帕纳德　一种由牛乳、水或高汤，及淀粉（如面粉），鸡蛋、大米或土豆构成的混合物。用作慕斯、法国派、肉圆子和土豆团的胶黏剂。

Paner / 裹面包屑　食品蘸过面粉和搅打鸡蛋（见anglaise）后裹上面包屑，再用黄油或油进行烹饪。

Panier / ①笼：油炸笼用于油炸，方便浸入并从热油中升起。蒸笼用于搁放蒸煮食品。②**巢形炸笼**：由一双长柄勺形网构成的油炸工具，其中一只略比另一只浅，用于夹（作为某些餐盘点缀物用的）油炸土豆。

Parer / 修整　烹饪或食用前，除去肉或鱼的神经或多余脂肪，或除去水果蔬菜的损坏或不可食用部分。

Passer / 过筛　一般通过金属网筛或中筛进行筛分。

Pâte / 面团　一种以面粉为基料，由水、鸡蛋、糖、乳、黄油等混合而成的面体，可用于烹饪、焙烤或油炸。可用于甜味或咸味制备物，可有不同的组合和不同的质地。

Pâté en croûte / 面夹饼　用面团夹肉、禽、鱼馅的烹饪物。

Pâton / 佩顿　有待成型的面团球。

Peler / 去皮　去除水果皮。

Peler à vif / 去橘皮　用刀去除柑橘皮及外层膜，然后切成片状。

Persillade / 香菜蒜蓉　由香菜和蒜头剁成的混合物。

Peser / 称重。

Pétrir / 揉面

Piler / 捣碎　利用研钵及研杵捣碎和混合。

Pilon / 研杵

Pincée / 撮　用拇指和食指撮取少量干料量。

Pincer / 夹　利用糕点夹对烹饪前的面团作最后点缀。

Pincer la tomate / 熬番茄　烧煮除去番茄糊中多余的水分和酸度。

Pincer les os / 熬骨头　用非常热的烤箱使骨头颜色变深，是制备褐色高汤的第一步。

Pincer les sucs / 收汁　使烹饪液颜色变深，以使锅壁粘附物溶解时风味强化。

Piquer / ①刺肉：用肥肉针刺入瘦肉，加入肥肉，以防烹饪时瘦肉发干。**②面团刺孔：**用叉子在面团上刺小孔，以防在烹饪时面团发起。

Pluches / 小叶　从较大香草梗上摘下的小叶。（例如，山萝卜叶）

Pocher / 水煮　在微沸水或其他液体中烧煮。

Poche à douille / 裱花袋

Poêler / 油焖　大块肉用垫有加黄油的芳香辅料的加盖炖锅烧煮。起锅前收汁。

Pointe / ①少量：利用刀尖度量的少量配料（如少量香子兰粉）。**②尖端：**某物的尖端，芦笋尖。

Pousser / ①醒发：使酵母发酵面团增加体积。**②喂料：**为绞肉机加肉料的动作。

Praliné / 核果糖泥　由普莱西-普海朗（Plessis-Pralin）元帅的厨师克里芒·杰里褚（Clément Juuzot）（1598—1675）发明。加有杏仁或榛子的焦糖磨成泥，用于糕点调味或点缀。

Pralines / 果仁糖　裹有结晶糖的果仁。

Puncher / 润湿　用酒糖液等液体为蛋糕加湿。

Q

Quadriller / ①烙方格：用热烙铁在肉上烫方块或菱形。**②刻方块：**用刀划方块。

Quatre-épices / 四等份香料　由胡椒粉、肉桂粉、豆蔻粉和丁香粉构成的香料混合物。常用于肉馅调味。

Quenelles / ①慕斯蛋：用两只勺子制成的蛋形慕斯或其他混合物。**②肉圆：**用帕纳德与肉糜或鱼糜混合而成的制备物，煮后蘸酱食用。

Quiche / 乳蛋饼　用蛋奶羹基料制成的咸味塔饼。（如洛林乳蛋饼、加培根和奶酪的蛋奶塔饼）

R

Rafraîchir / 激冷　将煮到一半的食品浸入冰浴中使食品冷却（用于绿叶菜叶绿素保护）。含液体制备物的激冷方式：装于盆中，再将盆置于冰水浴中，并对液体进行搅拌。

Râper / 刨丝　利用刨子将物料（如干酪）刨成丝。

Rassir / 老化　使面包陈化，以便制作面包屑。（见chapelure）。

Rassis / 不新鲜物　如面包。

Rectifier / 纠正　调整菜肴的口味。

Réduire / 浓缩　将液体加热沸腾，使其体积缩小。随着液体蒸发，酱料变稠。

Relever / 增香　使用香料增加风味。

Revenir / 煎黄　在热油脂中快速使食品着色。

Rissoler / 煎黄　用热油脂烹饪食品使其着色。

Rognures / 面团边料

Roux / 奶油炒面糊　一种等量面粉与黄油烧煮成的混合物，可作增稠剂。有三种因烧煮时间长短不同而产生的不同颜色的奶油炒面糊：白色、金黄色和棕色。奶油炒面糊是一种增稠剂。（见liaison）。

S

Sabler / 砂状搓揉　黄油与面粉混合到起砂粒感程度的过程。可避免形成面筋和面团起弹性。

Saisir / 封住　烹饪开始时在大火下快速烹饪。

Salamandre / 沙拉蒙特　一种烧烤器；烤箱上层加热元件，或指将食品烤成金黄色的专用装置。

Sangler / 预冷　装入冰淇淋或冰糕前将模具或容器预冷。

Saupoudrer / 撒　均匀地在餐肴或甜食上面撒上面料（糖、面包屑）。

Sauter / 炒　用大火烹饪小块物料，使其上色，常需要不断翻动以避免粘锅。

Siroper / 加糖浆　为糕点加糖浆（见imbiber）。

Suer / 煸　加少量油轻轻煸炒蔬菜，不使颜色加深，以保留其风味。

Suprême / ①柑橘块：剥掉皮的柑橘切成的块。**②带翅槌鼓的去骨鸡胸肉。**

Surgeler / 冷冻制品

T

Tailler / 裁切　精确切割。

Tamis / 筒筛　一端由筛布包住的圆筒。

passer au tamis / 过筛　迫使打成糜的固体（如鸡肉或小牛肉）通过筛子，得到细匀质地物，同时除去任何筋腱。

Tamiser / 过筛　用筛布或筛子对干配料进行筛分，除去团块或异杂物。

Tamponner / 加黄油　在奶油或酱料上面加黄油，以防表面结皮。

TPT / 等量核仁粉与糖构成的混合物。

Timbale / ①拇指模具。②由焙烤面团制成的容器：可用于装不同成分。用作热点。

Tourer / 折叠　黄油通过滚压和折叠方式加入（发面、可颂）面团的过程。

Tourner / ①切鼓形：用刀将某些蔬菜削成规则鼓形。**②搅动**：搅拌器以圆周运动方式使配料混合在一起。

Trancher / 离析、分层　由于过度搅拌使混合物破坏，导致脂肪与液体分离。

Travailler / 起作用　揉捏、混合、软化。

Tremper / ①浸泡：使某物（如干豆）浸于液体中。**②蘸**：迅速将某物浸于涂料（如巧克力）中，包裹起来。**③饱和**：使物体饱吸液体。

Truffe / 松露巧克力　一种巧克力糖果，外面滚有可可粉，外观类似松露菌。

Turbiner / 凝冻　将冰淇淋冻结成固体。

V

Vanner / 急冷　冷热液容器置于冰浴上搅拌，以终止烹饪过程发展并将工具冷却下来。

Vapeur / 蒸煮　一种不用油对食品加热的方法。沸腾上升的蒸汽如果被罩住，其热量足以对食品加热。

Velouté / ①白酱汁：一种浓汁，由高汤及一种起增稠作用的（加蛋黄及奶油的）奶油炒面糊构成，它是五种母酱汁之一。**②白酱汁汤**：一种用（含蛋黄和奶油的）白酱汁制成的汤，可与伴菜一起食用。

Venue / 基本食谱准备　指导性用语，准备并制订用于其他糕点或甜食的食谱。

Videler / 包面皮　不规则面皮折叠包住馅料的过程。

Z

Zester / 刮柑橘皮　将柑橘类水果（橙子、柠檬）的有色部分或含精油部分用刨子或小刀除去。

配方索引